직업상점

2026 최신개정판

JN430443

찐 기능장의

3일 끝!

지게차
운전기능사 필기

+ 100% 무료강의 제공

3일 끝!
초압축
이론

10년치 기출
실전 압축
필수 100선

CBT
최신 기출
5회분

찐기능장카페

찐기능장유튜브

전범준 저자

머리말

지게차 필기, 이 책 한 권으로 끝냅시다.

지게차운전기능사 필기시험. 막상 시작하려니 막막하십니까?
생소한 용어, 복잡한 장비 원리, 외워야 할 법규까지.
공부할 양은 많은데 시간은 부족한 것이 현실입니다.

저는 이 문제의 답을 '전략적인 선택과 집중'에서 찾았습니다.
지난 10년간의 기출문제를 완벽히 분석하여,
시험에 3회 이상 나오는 것과 나오지 않는 것을 명확히 구분했습니다.

이 책의 합격 전략은 단순하고 강력합니다.

1. 핵심이론 100선 (+무료강의)
합격의 전부라 해도 과언이 아닙니다. 시험에 반복 출제되는 100가지 학심 주제를 뽑아내고, 그에 맞는 문제와 강의를 엮었습니다. 이것만 제대로 끝내도 합격의 80%는 끝납니다.

2. 최소 분량 이론
'핵심 100선'을 이해하는 데 꼭 필요한 만큼만 담았습니다. 불필요한 내용은 과감히 걷어내 수험생의 학습 부담을 최소화했습니다.

3. 최신 기출문제 5회
최종 점검용입니다. 학습한 내용을 바탕으로 실전 감각을 다지고, 자신의 합격 점수를 확인하는 단계입니다.
이 책은 여러분의 시간을 가장 아껴주기 위해 만들어졌습니다. 뜬구름 잡는 설명 대신, 빠르고 확실한 '합격'이라는 결과로 증명하겠습니다.

저자 **전범준**

이 책의 목차

1 지게차 외부

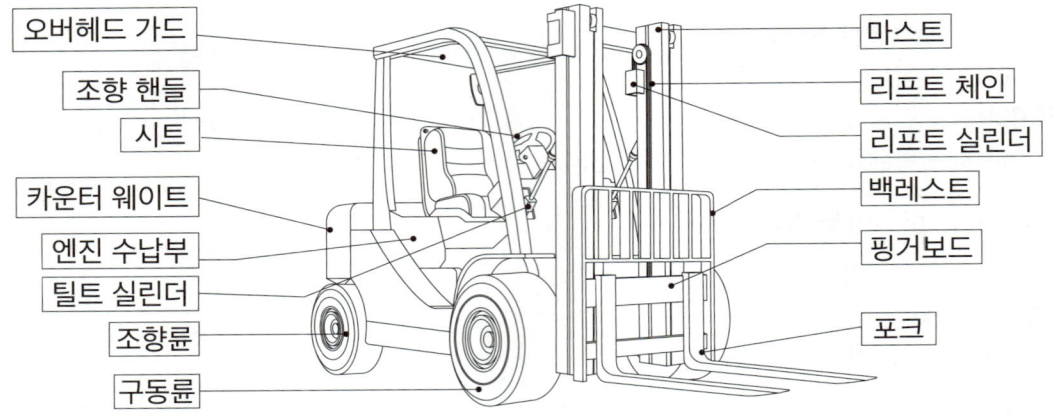

오버헤드 가드
조향 핸들
시트
카운터 웨이트
엔진 수납부
틸트 실린더
조향륜
구동륜

마스트
리프트 체인
리프트 실린더
백레스트
핑거보드
포크

[지게차의 구조]

2 지게차 내부

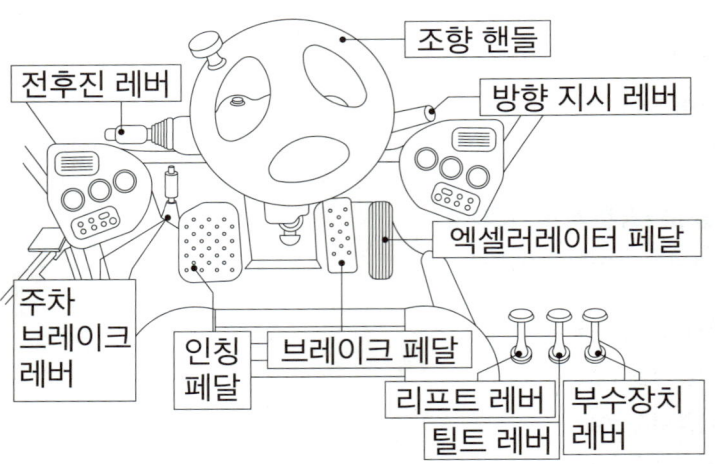

전후진 레버
조향 핸들
방향 지시 레버
엑셀러레이터 페달
주차
브레이크
레버
인칭
페달
브레이크 페달
리프트 레버
부수장치
레버
틸트 레버

[작업장치의 조종레버]

주의표지

 +자형교차로

 T자형교차로

 Y자형교차로

 ㅏ자형교차로

 ㅓ자형교차로

 우선도로

 우합류도로

 좌합류도로

 회전형교차로

 철길건널목

 노면전차

 우로굽은도로

 좌로굽은도로

 우좌로 이중굽은도로

 좌우로 이중굽은도로

 2방향통행

 오르막경사

 내리막경사

 도로폭이 좁아짐

 우측차로없어짐

 좌측차로없어짐

 우측방통행

 양측방통행

 중앙분리대시작

 중앙분리대끝남

 신호기

 미끄러운도로

 강변도로

 노면고르지못함

 과속방지턱

 낙석도로

 횡단보도

 어린이보호

 자전거

 도로공사중

 비행기

 횡풍

 터널

 교량

 야생동물보호

 위험

 상습정체구간

교통안전시설 일람표

규제표지

 통행금지

 자동차통행금지

 화물자동차
통행금지

 승합자동차
통행금지

 이륜자동차 및
원동기장치
자전거통행금지

 개인형이동장치
통행금지

 자동차·이륜
자동차 및
원동기장치
자전거통행금지

 이륜자동차·
원동기장치
자전거 및
개인형이동장치
통행금지

 경운기·트랙터 및
손수레 통행금지

 자전거통행금지

 진입금지

 직진금지

 우회전금지

 좌회전금지

 유턴금지

 앞지르기 금지

 정차·주차금지

 주차금지

 차중량제한

 차높이제한

 차폭제한

 차간거리확보

 최고속도제한

 최저속도제한

 서행

 일시정지

 양보

 보행자보행금지

 위험물적재차량
통행금지

지시표지

 자동차전용도로

 자전거전용도로

 자전거 및 보행자겸용도로

 회전교차로

 직진

 우회전

 좌회전

 직진및우회전

 직진및좌회전

 좌회전및유턴

 좌우회전

 유턴

 양측방통행

 우측면통행

 좌측면통행

 진행방향별 통행구분

 우회로

 자전거및보행자 통행구분

 자전거전용차로

 주차장

 자전거주차장

 개인형이동장치 주차장

 어린이통학버스 승하차

 어린이 승하차

 보행자전용도로

 보행자우선도로

 횡단보도

 노인보호 (노인보호구역안)

 어린이보호 (어린이보호구역안)

 장애인보호 (장애인보호구역안)

 자전거횡단도

 일방통행

 일방통행

 일방통행

 비보호좌회전

 버스전용차로

 다인승차량 전용차로

 노면전차 전용차로

 통행우선

 자전거나란히 통행허용

 도시부

도로명 주소

✓ 도로명 주소

1. 정의

① 부여된 도로명, 건물번호, 상세주소에 의하여 건물을 표기하는 방식이다.

② 도로에는 도로명을 부여하고, 건물에는 도로에 따라 규칙적으로 건물번호를 부여하여 도로명과 건물번호 및 상세주소(동/층/호)로 표기하는 주소제도이다.

2. 주소 표기방법

① 구성

- 시/도 + 시/군/구 + 읍/면 + 도로명 + 건물번호 + 상세주소(동/층/호) + (참고항목)
- 참고항목 = 법정동, 공동주택 명칭)

② 표기방법

- 도로명은 붙여 쓴다. 예 올림픽로62길, 이화여대1길
- 도로명과 건물번호 사이는 띄어 쓴다. 예 천중로51길 5, 언주로136길 15
- 건물번호와 동/층/호 사이에는 쉼표(,)를 사용한다. 예 강서로 325, 103동 501호

3. 주소 부여방법

① 도로명은 도로구간마다 부여한 이름으로, 주된 명사에 대로, 로, 길을 붙인다.

(대로 : 8차로 이상, 로 : 2차로에서 7차로까지, 길 : '로'보다 좁은 도로)

② 건물번호는 도로시작점에서 20m 간격으로 "왼쪽은 홀수", "오른쪽은 짝수"로 한다.

③ 도로구간은 직진성·연속성을 고려하여 "서 → 동", "남 → 북" 방향으로 설정한다.

4. 주소 보는 방법

① 건물번호판

일반용	
세종대로 Sejong-daero **209**	중앙로 **35** Jungang-ro
관공서용	**문화재, 관광지용**
✉ **262** 중앙로 Jungang-ro	♟ **24** 보성길 Boseong-gil

② 도로명판

한 방향용(시작지점)	한 방향용(끝지점)
강남대로 강남대로 1→699 Gangnam-daero 넓은 길, 시작지점을 의미 1 → 현 위치는 도로 시작점 '1' 1 → 699 강남대로는 6.99km (699 X 10m)	**대정로23번길** 1~65 대정로23번길 Daejeong-ro 23beon-gil '대정로' 시작지점에서부터 약 230m 지점에서 왼쪽으로 분기된 도로 ← 65 현 위치는 도로 끝지점 '65' 1 → 65 이 도로는 650m (65 X 10m)

양방향용(교차지점)	앞쪽 방향용(진행방향)
중앙로 92 중앙로 96 Jungang-ro 전방 교차 도로는 중앙로 92 좌측으로 92번 이하 건물 위치 96 우측 96번 이상 건물 위치	**사임당로** 사 임 당 로 250↑92 Saimdang-ro 중간 지점을 의미 92 → 현 위치는 도로상의 92번 92 → 250 남은 거리는 1.5km ((250−92) X 10m)

예고용 도로명판	기초번호판
종로 종 로 200m Jong-ro 현 위치에서 다음에 나타날 도로는 '종로' 200m 현 위치로부터 전방 200m에 예고한 도로가 있음	도로명 → 종 로 Jong-ro 2345 ← 기초번호

CHAPTER

01

안전관리

- 산업현장에서 발생할 수 있는 산업재해로부터 생명 산업시설을 안전하게 보호, 관리할 수 있는 계획적이고 체계적인 활동인 안전관리에 대해 다룬다.

- 공부범위가 가장 많은 부분이다. 따라서 이론을 공부하기에는 많은 어려움이 있으므로, 문제 위주로 공부하고 암기해야 한다.

산업안전 및 안전관리

1. 산업안전

1 산업안전

일반 산업 현장에서 산업 활동 중에 일어날 수 있는 산업재해로부터, 재해 발생의 위험을 감소시키고, 근로자의 생명과 신체를 보호하며, 산업시설의 안정성을 확보하는 등의 일체의 모든 활동이다.

1. **산업안전보건 상 근로자의 의무**
   ① 위험한 장소에의 출입금지
   ② 위험상황발생 시 작업 중지 및 대피
   ③ 보호구 착용
   ④ 안전 규칙의 준수

2. **산업안전의 3요소**
   ① 기술적 요소
   ② 교육적 요소
   ③ 관리적 요소

2 산업재해

근로자가 업무에 관계되는 건설물·설비·원재료·가스·증기·분진 등에 의하거나 작업 또는 그 밖의 업무로 인하여 사망 또는 부상하거나 질병에 걸리는 것이다.

1. **직접적 원인**
   ① 불안전한 행동(인적 원인)
      위험장소 접근, 기계기구의 잘못된 사용, 업무량의 과다 등
   ② 불안전한 상태(물적 원인)
      안전장치의 불량, 불안전한 조명, 불안전한 환경, 작업환경의 불량 등

③ 불가항력
   천재지변(지진, 태풍, 홍수 등)

> 💡 **사고 발생이 많이 일어날 수 있는 원인에 대한 순서**
> ✓ 불안전한 행동(행위) → 불안전한 상태(조건) → 불가항력

2. **간접적 원인**

교육적 원인	안전교육 부족
기술적 원인	안전수칙의 미 준수
신체적 원인	유전적인 요인
관리적 원인	작업관리의 불충분

3. **재해 조사의 목적**
   ① 동종재해의 재발방지
   ② 유사재해의 재발방지
   ③ 재해원인의 규명 및 예방자료 수집
   ④ 적절한 예방대책의 수립

> 💡 **재해의 복합 발생요인**
> ✓ 환경의 결합, 사람의 결함, 시설의 결함

> 💡 **재해예방의 4원칙**
> ✓ 손실우연의 원칙, 예방가능의 원칙, 원인계기의 원칙, 대책선정의 원칙

4. 산업재해의 분류 중 통계적 분류

사망	업무로 인해서 목숨을 잃게 되는 경우
중상해	부상으로 인하여 2주 이상의 노동 상실을 가져온 상해정도
경상해	부상으로 1일 이상 7일 이하의 노동 상실을 가져온 상해 정도
무상해 사고	응급처치 이하의 상처로 작업에 종사하면서 치료를 받는 상해 정도

5. 중대재해

산업재해 중 사망 등 재해의 정도가 심하거나 다수의 재해자가 발생한 경우로서 다음의 재해를 말한다.

① 사망자가 1명 이상 발생한 재해

② 3개월 이상의 요양이 필요한 부상자가 동시에 2명 이상 발생한 재해

③ 부상자 또는 직업 성질병자가 동시에 10명 이상 발생한 재해

6. ILO(국제노동기구)의 근로불능 상해의 종류

사망	안전사고로 사망하거나 사고의 결과로 생명을 잃는 것 • 노동 손실일수 : 7,500일
영구 전노동 불능 상해	부상의 결과로 신체의 전체가 근로 기능을 완전히 상실한 부상(1급~3급) • 노동 손실일수 : 7,500일
영구 일부노동 불능 상해	부상의 결과로 신체의 일부가 근로 기능을 완전히 잃는 부상(4급~14급)
일시 전노동 불능 상해	의사의 소견에 따라 일정 기간 노동에 종사할 수 없는 상해(휴업 상해)
일시 일부노동 불능 상해	의사의 소견에 따라 일시적으로 근로 시간 중 치료를 받는 정도의 상해(통원 상해)
응급(구급) 조치 상해	1일 미만의 치료를 받고 정상작업을 할 수 있을 정도의 상해

7. 재해발생 시 조치순서

운전정지 → 피해자 구조 → 응급처치 → 2차 재해 방지

💡 **소화하기 힘든 정도로 화재가 진행된 현장에서의 최우선 조치사항**

✓ 인명 구조

8. 응급처치 실시자의 준수사항

① 의식 확인이 불가능 하여도 생사를 임의로 판정은 하지 않는다.

② 원칙적으로 의약품의 사용은 피한다.

③ 정확한 방법으로 응급처치를 한 후에 반드시 의사의 치료를 받도록 한다.

💡 **응급처치 중 환자의 상태 확인사항**

✓ 의식, 출혈, 상처 등

💡 **세척작업 중 알칼리 또는 산성 세척유가 눈에 들어갔을 경우 응급처치**

✓ 먼저 수돗물로 씻어 낸다.

💡 **화상을 입었을 때 응급조치**

✓ 찬물에 담갔다가 아연화 연고를 바른다.

2. 안전관리 및 방호장치

1 안전관리

① 안전관리는 산업 현장에서 발생하는 산업재해를 방지하기 위해서 실시하는 계획적이고 조직적인 모든 활동을 의미한다.
② 안전관리에서는 사고발생 가능성을 제거하는 것이 가장 중요하다.
③ 안전의 제일 이념은 무엇보다도 인간 존중이고, 안전제일에서 최우선적으로 선행되어야 할 이념은 인명 보호이다.

💡 안전관리의 목적

✓ 인명의 존중, 생산성의 향상, 경제성의 향상

💡 작업 표준의 목적

✓ 위험요인의 제거, 작업의 효과적 · 효율적 수행 등

2 방호장치

1. 정의

산업 현장 중 위험한 기계나 기구가 있는 장소 및 그 인근에 작업자가 접근하지 못하도록 하는 조치

2. 종류

위치 제한형	작업자가 위험한 장소에 접근하는 것을 방지하기 위해 안전거리 이상을 떨어지게 한다.
접근 반응형	작업자가 위험한 장소에 접근할 때, 센서 등이 작동하여 기계를 정지시키고 소리를 발생한다.
접근 거부형	작업자가 위험한 장소에 접근할 때, 기계 등이 작동하여 작업자를 위험한 장소로부터 밀어낸다.
격리형	차단벽이나 망 등을 설치하여 작업자가 위험한 장소에 접근하는 것을 방지한다.
포집형	외부에서 비산하는 물건(위험원)으로부터 작업자를 보호한다.

안전보호구 및 안전장치

1. 안전보호구

1 안전보호구

산업재해가 발생할 우려가 있는 작업에서 제일 먼저 작업자가 구비해야 하는 기구나 장치로, 반드시 한국 산업안전 보건공단으로부터 보호구 검정을 받아야 한다.

💡 방한복은 검정을 받지 않아도 된다.

1. 안전보호구의 구비조건
① 유해 위험요소에 대한 방호 성능이 충분할 것
② 재료의 품질이 우수하고 사용목적에 적합할 것
③ 외관상 보기가 좋고 착용이 간편할 것
④ 사용방법이 간편하고 손질이 쉬울 것
⑤ 보호구 검정에 합격하고 보호성능이 보장될 것
⑥ 작업 행동에 방해되지 않고 잘 맞을 것
⑦ 착용이 용이하고 크기 등 사용자에게 편리할 것

2. 안전 보호구의 종류

보안경	그라인더를 사용하거나, 유해광선이 있는 작업장에서 사용함
마스크	분진, 유독가스, 산소 결핍 장소 등에서 사용함
방음 보호구	소음이 발생하는 작업현장에서 사용함
안전모	낙하 또는 물건의 추락에 의해 머리의 위험을 방지위해 사용함
안전 작업복	사업장의 종류 또는 작업의 내용에 맞는 작업복을 착용함
안전화	감전 또는 정전기에 의한 위험이 있는 작업어 사용함
안전대	작업 자세 지속, 추락방지 등을 위해 사용함

2 보안경

1. 보안경을 착용해야 하는 작업
① 산소 · 전기 · 가스 · 아크 · 특수용접 작업 시
② 그라인더 작업 시
③ 장비의 하부에서 점검, 정비 작업 시
④ 클러치 탈, 부착 작업 시
⑤ 철분, 모래 등이 날리는 작업 시

2. 보안경을 사용하는 이유
① 유해 광선으로 부터 눈을 보호하기 위하여
② 비산되는 칩으로 부터 눈을 보호하기 위하여
③ 유해 약물로 부터 눈을 보호하기 위하여

3. 보안경의 종류

일반 보안경	유리, 플라스틱, 비산 물체로부터 작업자의 눈을 보호함
차광용 보안경	전기아크용접 또는 가스용접 시 발생하는 유해광선 등으로부터 작업자의 눈을 보호함
도스렌즈 보안경	시력을 보정해주는 렌즈를 착용케 함으로써 작업자의 눈을 보호함

3 마스크, 방음보호구

1. 마스크의 종류
① 방진 마스크 : 분진이 많은 작업장에 사용함
② 방독 마스크 : 유해가스가 있는 작업장에 사용함
③ 공기(송기) 마스크 : 산소가 결핍될 우려가 있는 작업장에 사용함

2. 소음허용기준
8시간 작업 시 90dB이며, 그 이상의 소음이 발생하는 작업현장에서는 귀마개 등을 착용한다.

4 안전모

1. 안전모를 쓰는 이유
① 안전모 착용으로 불안전한 상태를 제거한다.
② 올바른 착용으로 안전도를 증가시킬 수 있다.
③ 안전모의 상태를 점검하고 착용한다.
④ 작업원의 안전을 위해서 이다.

2. 안전모의 선택조건
① 알맞은 규격으로 성능시험에 합격품이어야 한다.
② 각종 위험으로부터 보호할 수 있는 종류의 안전모를 선택해야 한다.
③ 가볍고 성능이 우수하며 머리에 꼭 맞고 충격흡수성이 좋아야 한다.

3. 안전모의 종류

A형 (낙하방지)	물체의 낙하 또는 비래에 의한 위험을 방지 또는 경감시키기 위한 것 (합성수지 금속)
AB형 (낙하, 추락방지)	물체의 낙하 또는 비래 및 추락에 의한 위험을 방지 또는 경감시키기 위한 것 (합성수지)
AE형 (낙하, 감전방지)	물체의 낙하 또는 비래에 의한 위험을 방지 또는 경감하고, 머리부위 감전에 의한 위험을 방지하기 위한 것(합성수지)
ABE형 (다목적)	물체의 낙하 또는 비래 및 추락에 의한 위험을 방지 또는 경감하고, 머리부위 감전에 의한 위험을 방지하기 위한 것(합성수지)

5 안전작업복 및 안전화

1. 안전작업복의 조건
① 잠바형으로 상의 옷자락을 여밀 수 있어야 한다.
② 주머니가 적고 팔이나 발이 노출되지 않는 것이 좋다.
③ 소매를 오무려 붙이도록 되어 있어야 한다.
④ 소매를 손목까지 가릴 수 있어야 한다.
⑤ 단추가 달린 것은 피해야 한다.
⑥ 작업에 따라 보호구 및 기타 물건을 착용할 수 있어야 한다.

2. 안전작업 복장의 유의사항
① 상의의 옷자락이 밖으로 나오지 않도록 한다.
② 기름이 묻은 작업복은 될 수 있는 한 입지 않는다.
③ 화기사용 장소에서는 방염성, 불연성의 것을 사용하도록 한다.
④ 상의의 소매나 바지 자락 끝 부분이 안전하고 작업하기 편리하게 잘 처리된 것을 선정한다.
⑤ 작업복은 몸에 맞고 동작이 편하도록 제작한다.
⑥ 땀을 닦기 위한 수건이나 손수건을 허리나 목에 걸고 작업해서는 안 된다.
⑦ 옷소매는 되도록 폭이 좁게 된 것이나, 단추가 달린 것은 되도록 피한다.
⑧ 물체 추락의 우려가 있는 작업장에서는 아무리 덥더라도 작업모를 착용해야 한다.
⑨ 작업복은 항상 깨끗한 상태로 입어야 한다.

> 💡 안전작업복의 기본 3요소
>
> ✓ 기능성, 심미성, 상징성

> 💡 일반적인 작업장에서 작업안전을 위한 복장
>
> ✓ 작업복의 착용, 안전모의 착용, 안전화의 착용

3. **운반 및 하역 작업 시 착용복장 및 보호구**
　① 상의 작업복의 소매는 손목에 밀착되는 작업복을 착용한다.
　② 하의 작업복은 바지 끝 부분을 안전화 속에 넣거나 밀착되게 한다.
　③ 유해, 위험물을 취급 시 방호 할 수 있는 보호구를 착용한다.

> 💡 **모래, 쇳가루 등이 옷에 묻어있는 경우 안전하게 털어내는 방법**
>
> ✓ 작업복을 벗어서, 솔이나 털이개를 이용하여 완전하게 털어낸다.

> 💡 **강산, 강알칼리 등의 액체를 취급할 때 가장 적합한 복장**
>
> ✓ 고무로 만든 옷

4. **안전화의 등급 및 사용장소**

경 작업용	금속 선별, 전기제품 조립, 화학제품 선별, 반응장치 운전, 식품가공업 등 비교적 경량의 물체를 취급하는 작업장
보통 작업용	기계공업, 금속가공업, 운반, 건축업 등 공구 가공품을 손으로 취급하는 작업 및 차량 사업장, 기계 등을 운전 조작하는 일반작업장
중 작업용	광업, 건설업 및 철광업 등에서 원료취급, 가공, 강제취급 및 강재 운반, 건설업 등에서 중량물 운반 작업, 가공대상물의 중량이 큰 물체를 취급하는 작업장

6 **안전대**

신체를 지지하는 요소 및 걸이 설비에 연결하는 요소로 구성된다.

1. **안전대의 용도**

작업 자세 지속	전신주 작업 등에서 작업할 때 작업 자세를 지속시켜서 추락 방지
작업자 행동 제한	좌·우 측면이 개방되어 있어 추락할 위험이 있는 경우 작업자의 행동반경을 제한하여 추락 방지
추락 통제	비계작업 등에서 추락할 때 충격흡수 장치가 부착된 죔줄을 이용하여 추락 시 추락 하중 감소

2. **안전대용 로프의 구비조건**
　① 충격 및 인장 강도에 강할 것
　② 내마모성, 내열성이 높을 것
　③ 완충성이 많고 매끄럽지 않을 것

2. 안전장치

1 **안전장치**

1. **안전장치에 관한 사항**
　① 안전장치는 반드시 활용하도록 한다.
　② 안전장치가 불량할 때는 즉시 수정한 다음 작업한다.
　③ 안전장치 점검은 작업 전에 하도록 한다.
　④ 안전장치는 어떠한 경우에도 제거하면 안 된다.

2. **안전장치 선정 시의 고려사항**
　① 위험부분에는 안전 방호 장치가 설치되어 있을 것
　② 강도나 기능 면에서 신뢰도가 클 것
　③ 작업하기 불편하지 않는 구조일 것
　④ 간전장치 기능 제거가 쉽지 않을 것

2 지게차의 안전장치

[안전장치]

1. 안전벨트
지게차의 전도, 충격 및 충돌 시 운전자가 외부로 튕겨져 나가는 것을 방지한다.

2. 대형 후사경
지게차의 후진 시 뒷면에 있는 작업자 또는 물체 등을 인지하기 위하여 설치한다.

3. 후방 접근 경보장치
지게차 후진 시 뒷면에 있는 작업자 또는 물체 등과의 충돌을 방지하기 위하여 설치한다.

4. 헤드가드
지게차의 운전석 위의 지붕으로, 물체가 낙하하는 것을 방지한다.

5. 룸미러
지게차 뒷면의 사각지역을 잘 보기 위하여 설치한다.

6. 형광테이프
빛이 부족한 작업장에서 지게차를 쉽게 식별할 수 있도록 지게차의 좌우 및 뒷면에 부착한다.

7. 포크위치표시
① 지게차의 전도, 화물의 낙하사고 등을 방지하기 위해 지면으로부터의 포크위치를 운전자가 쉽게 확인할 수 있도록 마스트와 포크 뒷면에 표지를 부착한다.
② 표지는 지면으로부터 포크를 들어 올린 높이 20 ~ 30㎝ 위치의 마스트와 백레스트가 상호 일치하도록 색상 테이프를 부착한다.

8. 경광등
어두운 작업장에서 주위를 환기시켜 지게차의 운행을 알릴 수 있도록 지게차의 뒷면에 설치한다.

9. 포크 받침대
지게차를 점검하거나 수리할 때, 포크가 갑자기 내려가는 것을 방지하기 위하여 설치한다.

안전표지

1. 안전표지

1 개요

① 위험장소 또는 위험물질에 대한 경고, 비상시에 대처하기 위한 지시 또는 안내, 그 밖에 근로자의 안전·보건의식을 고취하기 위한 사항 등을 그림·기호 및 글자 등으로 표시한 것이다.

② 이는 근로자의 판단이나 행동의 착오로 인하여 산업재해를 일으킬 우려가 있는 작업장의 특정 장소, 시설 또는 물체에 설치하거나 부착하는 표지이다.

2 금지표지(8종)

1. 색체
   ① 바탕은 흰색, 기본모형은 빨간색, 관련 부호 및 그림은 검은색
   ② 적색 원형으로 만들어지는 안전 표지판

2. 종류

출입금지	보행금지	차량통행 금지	사용금지

탑승금지	금연	화기금지	물체이동 금지

3 경고표지(15종)

1. 색체
   ① 바탕은 노란색, 기본모형, 관련 부호 및 그림은 검은색
   ② 인화성물질 경고, 산화성물질 경고, 폭발성물질 경그, 급성독성물질 경고, 부식성물질 경고 및 발암성·변이원성·생식독성·전신독성·호흡기과민성 물질 경고의 경우 바탕은 무색, 기본모형은 빨간색(검은색도 가능)
   ③ 적색 마름모 또는 검은색 삼각형으로 만들어지는 안전 표지판

2. 종류

인화성 물질 경고	산화성 물질 경고	폭발성 물질 경고	급성독성 물질 경고

부식성 물질 경고	방사성 물질 경고	고압전기 경고	매달린 물체 경고

낙하물 경고	고온 경고	저온 경고	몸균형 상실 경고

레이저광선 경고	발암성 · 변이원성 · 생식독성 · 전신독성 · 호흡기 과민성 물질 경고	위험장소 경고

4 지시표지(9종)

1. 색체
① 바탕은 파란색, 관련 그림은 흰색
② 파란색 원형으로 만들어지는 안전 표지판

2. 종류

보안경 착용	방독 마스크 착용	방진 마스크 착용	보안면 착용

안전모 착용	귀마개 착용	안전화 착용	안전장갑 착용

안전복 착용

5 안내표지(8종)

1. 색체
① 바탕은 흰색, 기본모형 및 관련 부호는 녹색, 바탕은 녹색, 관련 부호 및 그림은 흰색
② 녹색 원형 또는 사각형으로 만들어지는 안전 표지판
③ 녹색표지의 부착위치는 작업복의 우측 어깨, 안전완장, 안전모의 좌 · 우면

2. 종류

녹십자 표지	응급구호 표지	들것	세안장치

비상용 기구	비상구	좌측 비상구	우측 비상구

6 색채 및 용도

색채	용도	사용례
빨간색	금지	정지신호, 소화설비 및 그 장소, 유해 행위의 금지
	경고	화학물질 취급 장소에서의 유해 · 위험 경고
노란색	경고	화학물질 취급 장소에서의 유해 · 위험경고 이외의 위험경고, 주의표지 또는 기계 방호물
파란색	지시	특정 행위의 지시 및 사실의 고지
녹색	안내	비상구 및 피난소, 사람 또는 차량의 통행표지
흰색		파란색 또는 녹색에 대한 보조색
검은색		문자 및 빨간색 또는 노란색에 대한 보조색
보라색		방사능 등의 표시에 사용

위험요소 확인

1. 안전수칙

1 안전수칙

작업현장에서 작업자가 작업 시 작업 안전상, 사고 예방을 위하여 반드시 알아두어야 할 중요한 사항이다.

1. 작업상의 안전수칙

① 벨트 등의 회전부위에 주의한다.
② 회전중인 물체를 정지시킬 때는 스스로 정지하도록 한다.
③ 차를 받칠 때는 안전 잭이나 고임목으로 고인다.
④ 전기장치는 접지를 하고, 이동식 전기기구는 방호장치를 한다.
⑤ 엔진에서 배출되는 일산화탄소에 대비한 통풍장치를 설치한다.
⑥ 주요 장비 등은 조작자를 지정하여 누구나 조작하지 않도록 한다.
⑦ 선풍기 날개에 의한 위험방지조치로서 망 또는 울 등을 설치한다.
⑧ 대형 물건의 기중 작업 시 신호 확인을 철저히 한다.
⑨ 고장 중인 기기에는 표시를 해 둔다.
⑩ 정전 시에는 반드시 전원을 차단한다.
⑪ 추락 위험이 있는 장소에서 작업할 때는 안전띠 또는 로프를 사용한다.

2. 작업장의 안전수칙

① 공구는 제자리에 정리한다.
② 무거운 구조물은 인력으로 무리하게 이동하지 않는 것이 좋다.
③ 작업이 끝나면 모든 사용 공구는 정 위치에 정리정돈 한다.
④ 기름 묻은 걸레나 인화물질은 정해진 용기(철제 상자)에 보관한다.
⑤ 우험한 작업장에는 안전수칙을 부착하여 사고예방을 한다.
⑥ 작업장에서 이동 및 선회 시에는 경적을 울려야 한다.
⑦ 작업대 사이, 또는 기계 사이의 통로는 안전을 의한 일정한 너비가 필요하다.
⑧ 전원 콘센트 및 스위치 등에 물을 뿌리지 않는다.
⑨ 작업 중 입은 부상은 즉시 응급조치하고 보고한다.
⑩ 밀폐된 실내에서는 장비의 시동을 걸지 않는다.
⑪ 통로나 마룻바닥에 공구나 부품을 방치하지 않는다.
⑫ 작업복과 안전장구는 반드시 착용한다.
⑬ 각종기계를 불필요하게 공회전 시키지 않는다.
⑭ 기계의 청소나 손질은 운전을 정지 시킨 후 실시한다.
⑮ 작업장에서는 급히 뛰지 말아야 한다.
⑯ 대기 중인 차량엔 고임목을 고여 두어야 한다.
⑰ 공구에는 기름을 묻히지 않는다.

> 💡 **작업장의 승강용 계단을 설치하는 안전한 방법**
>
> ✓ 경사는 30° 이하로 완만하게 설치할 것
> ✓ 구조는 견고하게 할 것
> ✓ 추락위험이 있는 곳은 손잡이를 90㎝이상 높이로 설치할 것

3. 기타 안전수칙 관련

① 장비점검 및 정비작업에 대한 안전수칙
- 알맞은 공구를 사용해야 한다.
- 기관을 시동할 때 소화기를 비치하여야 한다.
- 평탄한 위치에서 한다.

② 동력전달장치에서 안전수칙
- 회전하고 있는 벨트나 기어에 불필요한 점검을 하지 않는다.
- 기어가 회전하고 있는 곳을 커버로 잘 덮어 위험을 방지한다.
- 동력압축기나 절단기를 운전할 때 위험을 방지하기 위해서는 안전장치를 한다.

③ 안전수칙의 준수로 인한 효과
- 기업의 신뢰도를 높여준다.
- 기업의 이직률이 감소된다.
- 상하 동료 간의 인간관계가 개선된다.

💡 작업자가 작업 시 반드시 알아두어야 하는 사항

✓ 안전수칙, 작업량, 기계 기구의 사용방법 등

💡 작업개시 전 운전자의 조치사항

✓ 점검에 필요한 점검내용을 숙지한다.
✓ 장비의 이상 유무를 작업 전에 항상 점검하여야 한다.
✓ 점검표기에 따라 점검한다.
✓ 장비의 구조와 개요, 기능을 숙지한다.
✓ 운전하는 장비의 사양을 숙지 및 고장 나기 쉬운 곳을 파악하여야 한다.

2 지게차 작업 시 안전수칙

① 운전석을 떠날 경우에는 기관을 정지하고, 브레이크를 확실히 건다.
② 주행 시 작업 장치는 진행방향으로 한다.
③ 주행 시 가능한 평탄한 지면으로 주행한다.
④ 후진 시는 후진 전 사람 및 장애물 등을 확인한다.
⑤ 작업 시에는 항상 사람의 접근에 특별히 주의한다.
⑥ 엔진을 가동 시는 소화기를 비치한다.

⑦ 유압 계통을 점검 시 작동유가 식은 다음에 점검한다.
⑧ 엔진 냉각계통을 점검 시에는 엔진을 정지시키고 냉각수가 식은 다음에 점검한다.
⑨ 하중을 달아 올린채로 브레이크를 걸어 두어서는 안 된다.
⑩ 무거운 하중은 5~10cm 들어 올려 보아서 브레이크나 기계의 안전을 확인한 후 작업에 임하도록 한다.

3 안전점검

산업재해를 예방하고 안전을 확보하기 위해, 잠재적 위험성을 발견하고 그 개선대책을 수립하고 확인하는 행위이다.

1. 안전점검의 종류

일상(수시) 점검	사업장, 가정 등에서 일상적으로 실시하는 점검
정기점검	사업장에서 일정한 기간을 정하여 실시하는 점검
특별점검	사업장에서 폭우나 태풍 등 이상기후 현상이 발생했을 때 특별히 실시하는 점검

2. 안전점검을 실시할 때 유의사항

① 안전 점검한 내용은 상호 이해하고 공유할 것
② 안전점검 시 과거에 안전사고가 발생하지 않았던 부분도 점검할 것
③ 과거에 재해가 발생한 곳에는 그 요인이 없어졌는지 확인할 것
④ 안전점검이 끝나면 강평을 실시하여 안전사항을 주지할 것
⑤ 안전을 위하여 눈으로 보고 손으로 가리키고, 입으로 복창하여 귀로 듣고, 머리로 종합적인 판단을 하여 의식을 강화할 것

2. 위험요소 확인

1 **화물의 낙하(물건이 떨어지는 것) 예방**

① 적재된 화물의 상태를 확인한다.
② 허용 하중을 넘는 적재를 하지 않는다.
③ 베인자국, 마모 등이 있는 타이어는 교체한다.
④ 자격이 없는 자의 운전을 금지한다.
⑤ 울퉁불퉁한 곳이 없는지 등 작업장 바닥의 확인한다.

2 **협착(끼는 것) 및 충돌(부딪치는 것) 예방**

① 지게차만 주행할 수 있는 통로를 확보한다.
② 운행구간별 제한속도를 지정한다.
③ 사각지대에는 반사경을 설치한다.
④ 시야를 확보하도록 적재한다.
⑤ 경사진 노면에 지게차를 내버려 두지 않는다.

3 **지게차 전도(넘어지는 것) 예방**

① 지게차의 용량을 고려하여 작업한다.
② 작업장치의 오작동을 방지하기 위해 운전자의 복장, 손, 안전화, 운전선 바닥 오염 여부를 확인한다.
③ 급회전, 급제동은 자제한다.

4 **추락(사람이 떨어지는 것) 예방**

① 안전을 위하여 지게차에는 운전자만 탑승한다.
② 유도자의 신호에 따라 작업한다.
③ 작업 전 안전벨트를 착용하고 작업한다.
④ 운전자가 정 위치에 있을 때만 작업장치를 작동한다.
⑤ 난폭운전은 자제한다.

안전운반 작업

1. 운반 · 이동 안전

1 운반 작업 시 안전수칙

① 인력으로 운반 시 무리한 자세로 장시간 취급하지 않도록 한다.
② 정격하중을 초과하여 권상하지 않도록 한다.
③ 무거운 물건을 이동할 때 체인블록 또는 호이스트 등을 활용한다.
④ 긴 물건을 쌓을 때에는 끝에 표시를 한다.
⑤ 세밀한 물건은 상자에 넣고 쌓는다.
⑥ 가벼운 것은 위에 무거운 것을 밑에 쌓는다.
⑦ 크레인은 규정용량을 초과하지 않는다.
⑧ 화물을 운반할 경우에는 운전반경 내를 확인한다.
⑨ 무거운 물건을 상승시킨 채 오랫동안 방치하지 않는다.

2 작업장에서 공동 작업으로 물건 이동 시 유의사항

① 힘을 균형을 유지하여 이동한다.
② 불안전한 물건은 드는 방법에 주의한다.
③ 보조를 맞추어 들도록 한다.
④ 명령과 지시는 한사람이 한다.
⑤ 최소한 한손으로는 물건을 받친다.
⑥ 긴 화물은 같은 쪽의 어깨에 올려서 운반한다.

3 인력으로 운반 작업 시 유의사항

① 드럼통과 LPG 봄베는 굴려서 운반하면 안 된다.
② 공동운반에서는 서로 협조를 하여 작업한다.
③ 긴 물건은 앞쪽을 위로 올린다.
④ 무리한 몸가짐으로 물건을 들지 않는다.

4 인력운반에 대한 기계운반의 특징

① 단순하고 반복적인 작업에 적합하다.
② 취급물의 크기, 형상 성질 등이 일정한 작업에 적합하다.
③ 표준화되어 있어 지속적이고 운반량이 많은 작업에 적합하다.

5 작업장에서 공동 작업으로 물건 이동 시 유의사항

① 항상 주변의 작업자나 장애물에 주의하여 안전여부를 확인한다.
② 급선회는 피한다.
③ 물체를 높이 올린 채 주행이나 선회하는 것을 피한다.

> 💡 인력운반으로 중량물을 들어 올리거나 운반 시 발생할 수 있는 재해 : 낙하, 협착, 충돌

> 💡 운반 작업을 하는 작업장의 통로에서 통과 우선 순위
> ✓ 짐차 → 빈차 → 사람

2. 크레인 안전

1 크레인 인양 작업 시 안전사항

① 신호자는 크레인운전자가 잘 볼 수 있는 안전한 위치에서 행한다.
② 2인 이상의 고리걸이 작업 시에는 상호 간에는 소리를 내면서 행한다.
③ 신호자는 원칙적으로 1인이다.
④ 하물이 훅에 잘 걸렸는지 확인 후 작업한다.
⑤ 경우에 따라서는 수직방향으로 달아 올린다.
⑥ 신호자의 신호에 따라 작업한다.
⑦ 제한하중 이상의 것은 달아 올리지 않는다.
⑧ 달아 올릴 화물의 무게를 파악하여 제한하중 이하에서 작업한다.
⑨ 매달린 화물이 불안전하다고 생각될 때는 작업을 중지한다.
⑩ 화물의 중량이 많이 걸리는 방향으로 들어 올린다.

2 크레인으로 인양 물체를 인양할 때 확인사항

① 인양 물체의 중심을 측정 후 인양해야 한다.
② 형상이 복잡한 물체의 무게 중심을 확인한다.
③ 인양 물체의 중심이 높으면 물체가 기울 수 있다.
④ 인양 물체를 서서히 올려 지상 약 30cm지점에서 정지하여 확인한다.

3 크레인으로 물건을 운반 시 주의사항

① 적재물이 떨어지지 않도록 한다.
② 로프 등의 안전여부를 항상 점검한다.
③ 운반 중 사람이 다치지 않도록 한다.
④ 규정 무게를 초과하여 적재하면 안 된다.
⑤ 하물이 흔들리지 않게 유의한다.

4 훅(Hook)의 점검기준과 관리 방법

① 입구으 벌어짐이 5% 이상 된 것은 교환하여야 한다.
② 훅의 단전계수는 5 이상이다.
③ 훅은 다모, 균열 및 변형 등을 점검하여야 한다.
④ 훅의 마모는 와이어로프가 걸리는 곳에 2mm의 홈이 생기면 그라인딩 한다.
⑤ 균열이 없는 것을 사용한다.
⑥ 개구부가 원래 간격의 5%를 초과하지 않아야 한다.
⑦ 단면 지름의 감소가 원래 지름의 5%를 초과하지 않아야 한다.
⑧ 두부 및 만곡의 내측에 홈이 없는 것을 사용해야 한다.

5 기타 크레인 안전운반 작업 관련

① 폭풍(초당 30m 바람)이 불어 올 우려가 있을 때 옥외에 있는 주행 크레인에 대하여 이탈을 방지하기 위한 조치를 하여야 한다.
② 2줄 걸이로 하물을 인양 시 인양각도가 커지면 로프에 걸리는 장력은 증가한다.

> 💡 2줄 걸이 로프를 매달 때 로프에 하중이 가장 크게 걸리는 2줄 사이 각도 : 75°

> 💡 기중작업 시 무거운 하중을 들기 전에 반드시 점검해야 할 사항
> : 클러치, 와이어로프, 브레이크 등

장비 안전관리 및 작업안전

1. 장비 안전관리

1 기계, 기구의 안전

① 회전부분(기어, 벨트, 체인) 등은 위험하므로 반드시 커버를 씌어둔다.
② 작업장 통로는 근로자가 안전하게 다닐 수 있도록 정리정돈을 한다.
③ 작업 중 기계장치에서 이상한 소리가 날 경우에는 즉시 작동을 멈추고 점검한다.
④ 정밀한 부속품은 에어건으로 세척하는 것이 가장 안전하다.

💡 작업복 등이 말려드는 위험이 주로 존재하는 기계 및 기구 : 회전축, 커플링, 벨트

💡 기계장치의 세척제로서 우수한 것
: 솔벤트 또는 경유

💡 작업 시 가장 안전거리를 크게 유지해야 하는 기계
: 전동띠톱 기계

2 기계에 사용되는 방호덮개 장치의 구비 조건

① 마모나 외부로부터 충격에 쉽게 손상되지 않을 것
② 검사나 급유조정 등 정비가 용이할 것
③ 최소의 손질로 장시간 사용할 수 있을 것
④ 탈착이 용이하지 않을 것

3 장갑을 착용하지 않아야 하는 작업

① 연삭 작업
② 해머 작업
③ 정밀기계 작업
④ 드릴 작업

💡 건설기계 조종사에게 생길 수 있는 직업병 : 난청

💡 병 속에 들어 있는 약품을 냄새로 알아보려 할 때 방법 : 손바람을 이용하여 확인한다.

2. 작업안전

1 수공구 작업

1. 수공구 사용 시 안전수칙
   ① 무리한 힘이나 충격을 가하지 말아야 한다.
   ② 수공구는 규격에 맞는 공구를 사용한다.
   ③ 공구를 사용 전에 손잡이에 묻은 기름 등은 닦아내어야 한다.
   ④ 끝 부분이 예리한 공구 등을 주머니에 넣고 작업을 하여서는 안 된다.
   ⑤ 공구는 목적 이외의 용도로 사용하지 않는다.

2. 수공구의 보관 및 관리
   ① 사용한 공구는 항상 깨끗이 한 후 일정한 장소에 관리 보관한다.
   ② 공구 사용 점검 후 파손된 공구는 교환한다.
   ③ 공구상자는 잘 정리하여 종류와 수량을 정확히 파악해 둔다.
   ④ 공구함을 준비하여 종류와 크기별로 보관한다.
   ⑤ 날이 있거나 뾰족한 물건은 위험하므로 뚜껑을 씌워 둔다.
   ⑥ 사용한 공구는 면 걸레로 깨끗이 닦고, 윤활유 및 방청유(일주일에 한 번 정도)를 바른 후 보관한다.

2 스패너, 렌치 작업안전

1. 스패너, 렌치 사용방법
① 해머 대용으로 사용하거나 해머로 두들겨서 사용하지 않는다.
② 스패너 자루에 파이프를 이어서 사용해서는 안 된다.
③ 너트를 스패너에 깊이 물리고 조금씩 앞으로 당기는 식으로 풀고 조인다.
④ 스패너는 볼트·너트에 잘 결합하고 앞으로 잡아당길 때 힘이 걸리도록 한다.
⑤ 볼트, 너트에 맞는 것을 사용하며 쐐기를 넣어서 사용하면 안 된다.
⑥ 좁은 장소에서는 몸의 일부를 충분히 기대고 작업한다.
⑦ 녹이 생긴 볼트나 너트에는 오일을 넣어 스며들게 한 다음 돌린다.
⑧ 지렛대용으로 사용하지 않는다.
⑨ 장시간 보관할 때에는 방청제를 바르고 건조한 곳에 보관한다.
⑩ 스패너로 죄고 풀 때 항상 앞으로 당긴다.
⑪ 볼트를 풀 때 렌치를 당겨서 힘을 받도록 한다.
⑫ 렌치의 조정 죠에 잡아당기는 힘이 가해지면 안 된다.

2. 오픈 엔드 렌치(스패너)
① 연료 파이프의 피팅을 조이고 풀 때 사용한다.
② 입(jaw)이 변형된 것은 사용하지 않는다.
③ 자루에 파이프를 끼워 사용하지 않는다.

3. 복스 렌치
① 공구의 끝부분이 볼트나 너트를 완전히 감싸게 되어 있어 사용 중에 미끄러지지 않는다.
② 여러 방향에서 사용이 가능하다.
③ 오픈 렌치와 규격이 동일하다.
④ 6각 볼트, 너트를 조이고 풀 때 가장 적합하다.

4. 토크 렌치
① 볼트 등을 조일 때 조이는 힘을 측정하기 위하여 사용한다.
② 볼트나 너트의 조이는 힘을 규정 값에 정확히 맞도록 하기 위해 사용한다.
③ 오른손은 렌치 끝을 잡고 돌리고, 왼손은 지지점을 누르면서 눈은 게이지 눈금을 확인한다.

5. 소켓 렌치
① 큰 힘으로 조일 때 사용한다.
② 오픈 렌치와 규격이 동일하다.
③ 사용 중 잘 미끄러지지 않는다.

6. 조정 렌치(멍키 렌치)
① 제한된 범위 내에서 어떠한 규격의 볼트나 너트에도 사용할 수 있다.
② 볼트, 너트를 풀거나 조일 때 볼트머리나 너트에 꼭 끼워서 잡아당기며 작업을 한다.

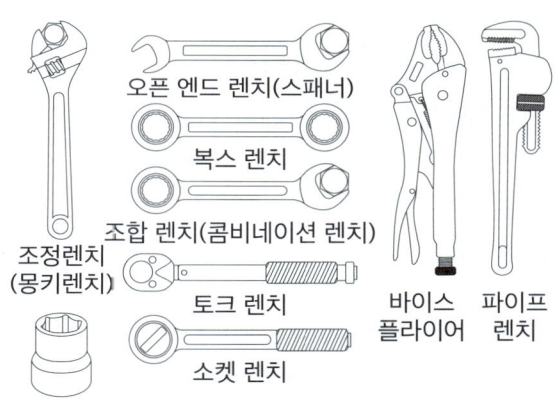

오픈 엔드 렌치(스패너)
복스 렌치
조합 렌치(콤비네이션 렌치)
조정렌치 (몽키렌치)
토크 렌치
소켓 렌치
바이스 플라이어
파이프 렌치
소켓 렌치용 소켓

[스패너, 렌치 등]

3 드라이버 작업안전

① 날 끝이 홈의 폭과 길이에 맞는 것을 사용한다.
② 날 끝이 수평이어야 한다.
③ 전기 작업 시에는 절연된 자루를 사용한다.
④ 작은 크기의 부품인 경우 바이스(vise)에 고정시키고 작업하는 것이 좋다.
⑤ 강하게 조여 있는 작은 공작물이라고 손으로 잡고 조이지 않는다.
⑥ 드라이버에 충격압력을 가하지 말아야 한다.
⑦ 자루가 쪼개졌거나 또한 허술한 드라이버는 사용하지 않는다.
⑧ 드라이버의 끝을 항상 양호하게 관리하여야 한다.
⑨ 드라이버는 정 또는 지렛대를 대신하여 사용하지 않는다.
⑩ 이가 빠지거나 둥글게 된 것은 사용하지 않는다.

4 해머 작업안전

① 타격면이 닳아 경사진 것은 사용하지 않는다.
② 타격면에 기름을 바르거나, 장갑 또는 기름 묻은 손으로 자루를 잡지 않는다.
③ 물건에 해머를 대고 몸의 위치를 정한다.
④ 쐐기를 박아서 자루가 단단한 것을 사용한다.
⑤ 처음에는 작게 휘두르고, 차차 크게 휘두른다.
⑥ 해머작업 중에는 수시로 해머 상태를 확인한다.
⑦ 해머의 공동 작업은 호흡을 맞추고, 작업자가 서로 마주보고 두드리지 않는다.
⑧ 작업에 알맞은 무게의 해머를 사용한다.
⑨ 열처리 된 재료는 해머로 때리지 않도록 주의한다.
⑩ 녹이 있는 재료를 작업할 때는 보호안경을 착용하여야 한다.
⑪ 자루가 불안정한 것은 사용하지 않는다.
⑫ 해머 사용 전 주위를 살펴본다.
⑬ 담금질한 것은 무리하게 두들기지 않는다.
⑭ 타격범위에 장해물을 없도록 한다.
⑮ 1~2회 정도는 가볍게 치고 나서 본격적으로 작업한다.

5 연삭기, 드릴, 줄 작업안전

1. 연삭기
   ① 숫돌의 측면을 사용하면 안 된다.
   ② 숫돌덮개를 설치 후에 작업한다.
   ③ 보안경과 방진마스크를 착용하고 작업한다.
   ④ 숫돌과 받침대 간격을 가능한 좁게 유지한다.

2. 드릴
   ① 드릴 작업을 하고자 할 때에는 장갑을 착용하지 않는다.
   ② 드릴머신으로 구멍을 뚫을 때 일감 자체가 가장 회전하기 쉬운 때는 구멍을 거의 뚫었을 때이다.
   ③ 드릴이 움직일 때는 칩을 손으로 제거하면 위험하다.
   ④ 작업이 끝나면 드릴을 척에서 빼놓는다.
   ⑤ 칩을 털어낼 때는 칩털이를 사용한다.

3. 줄
   ① 망치를 대신하여 사용해서는 안 된다.
   ② 줄질 후 쇳가루는 입으로 불어내면 안 된다.

6 전기용접 안전

1. **전기 용접 아크 광선**
   ① 전기 용접 아크에는 다량의 자외선이 포함되어 있다.
   ② 전기 용접 아크를 볼 때에는 헬멧이나 실드를 사용하여야 한다.
   ③ 전기 용접 아크 빛이 직접 눈으로 들어오면 전광성 안염 등의 눈병이 발생한다.

2. **전기용접 작업 시 용접기에 감전이 될 경우**
   ① 발 밑에 물이 있을 때
   ② 몸에 땀이 배어 있을 때
   ③ 옷이 비에 젖어 있을 때

> 💡 용접작업의 유해광선으로 눈에 이상이 생겼을
> 때 적절한 조치

✓ 냉수로 씻어낸 다음, 병원에서 치료한다.

✓ 냉수로 씻어낸 냉수포를 얹은 다음, 병원에서 치료한다.

7 가스용접 안전

1. **산소, 아세틸렌가스 용기의 취급 방법**
   ① 용기의 온도는 40℃ 이하로 유지 할 것
   ② 용기는 반드시 세워서 보관 할 것
   ③ 전도, 전락 방지 조치를 할 것
   ④ 충전용기와 빈 용기는 명확히 구분하여 각각 보관 할 것
   ⑤ 산소용기 운반 시 충격을 주지 않도록 주의한다.

2. **가스용접의 안전사항**
   ① 산소, 아세틸렌가스 누설 시험에는 비눗물을 사용한다.
   ② 토치 끝으로 용접물의 위치를 바꾸거나 재를 제거하면 안 된다.
   ③ 산소 봄베와 아세틸렌 봄베 가까이에서 불꽃 조정을 피한다.
   ④ 봄베 몸통에 녹슬지 않도록 그리스를 바르면 폭발할 수 있다.
   ⑤ 용접 가스를 들이 마시지 않도록 한다.
   ⑥ 토치에 점화시킬 때는 아세틸렌 밸브를 먼저 열고 다음에 산소 밸브를 연다.
   ⑦ 토치의 점화는 성냥불이나 담뱃불을 사용하면 안 된다.

3. **가스용기, 호스(도관)의 도색 구분**

	산소	아세틸렌
가스용기	녹색	황색(노란색)
호스(도관)	녹색	적색

4. **아세틸렌가스 용접**
   ① 아세킬렌 용접장치의 안전기는 발생기와 가스용기 사이에 설치한다.
   ② 아세틸렌 용접장치를 사용하여 용접 또는 절단할 때에는 아세틸렌 발생기로부터 5m이내, 발생기실로부터 3m이내의 장소에서는 흡연 등의 불꽃이 발생하는 행위를 금지하여야 한다.

> 💡 인화성 물질
> : 아세틸렌가스, 프로판가스, 가솔린, 알코올 등

> 💡 조연성 물질 : 산소

8 전기작업 안전

1. **전기작업의 안전사항**
   ① 퓨즈는 규정 및 용량에 맞는 것을 끼워야 한다.
   ② 전선이나 코드의 접속부는 절연물로서 완전히 피복하여야 한다.
   ③ 스위치 조작은 항상 오른손으로 해야 한다.
   ④ 전기장치는 사용 후 스위치를 OFF로 해야 한다.
   ⑤ 전기장치는 반드시 접지하여야 한다.
   ⑥ 모든 계기 사용 시는 최대 측정 범위를 초과하지 않도록 해야 한다.
   ⑦ 동력기구 사용 시 정전 되었다면 전원 스위치를 끈다.
   ⑧ 퓨즈가 끊어졌다고 함부로 손을 대어서는 안 된다.
   ⑨ 전기기구의 스위치 off를 확인하고 플러그에 연결한다.

2. **감전재해의 대표적인 발생 형태**
   ① 누전상태의 전기기기에 인체가 접촉되는 경우
   ② 전기기기의 충전부와 대지 사이에 인체가 접촉되는 경우
   ③ 전선이나 전기기기의 노출된 충전부의 양단간에 인체가 접촉되는 경우
   ④ 절연·열화·손상·파손 등에 의해 누전된 전기기기 등에 접촉되는 경우
   ⑤ 콘덴서나 고압케이블 등의 잔류전하에 의할 경우

9 가스작업 안전

1. 가연성 가스 저장실의 안전사항
① 휴대용 전등을 사용한다.
② 담뱃불을 가지고 출입하지 않는다.
③ 실내에 스위치를 설치하지 않는다.

2. 폭발우려가 있는 가스 발생장소에서의 준수사항
① 화기의 사용금지
② 인화성 물질 사용금지
③ 점화의 원인이 될 수 있는 기계 사용금지
④ 가연성 재료의 사용금지

10 벨트작업 안전

1. 벨트 취급에 대한 안전 사항
① 벨트의 교환 및 점검은 회전을 완전히 멈춘 상태에서 한다.
② 벨트의 적당한 장력 및 유격을 유지하도록 한다.
③ 벨트에 기름이 묻지 않도록 한다.
④ 벨트의 이음쇠는 돌기가 없는 구조로 한다.
⑤ 벨트가 풀리에 감겨 돌아가는 부분은 커버나 덮개를 설치한다.
⑥ 벨트의 회전이 스스로 정지한 후 손으로 잡는다.
⑦ 벨트를 풀리에 걸 때는 회전을 중지시킨 후 건다.

2. 기계장치 및 동력전달장치 계통에서의 안전 수칙
① 벨트를 빨리 걸기위해서 회전하는 풀리에 걸어서는 안 된다.
② 기어가 회전하고 있는 곳은 커버를 잘 덮어서 위험을 방지한다.
③ 동력 전단기를 사용할 때는 안전방호장치를 장착하고 작업을 수행하여야 한다.
④ 동력전달장치 중 재해가 가장 많이 일어날 수 있는 것은 벨트이다.

11 화재 안전

1. 화재의 분류

종류	급수	표시색상	소화방법
일반화재	A급	백색	냉각소화
유류화재	B급	황색	질식소화
전기화재	C급	청색	질식소화
금속화재	D급	무색	피복소화
가스화재	E급	황색	질식소화
주방화재	K급	-	질식+냉각소화

💡 유류화재 시 물을 사용하면 화재면이 확대되어 위험하므로... 물 소화기는 사용하지 않고, 가스 소화기 또는 모래를 사용한다.

💡 전기화재 시 물을 사용하면 감전되어 위험하므로... 포말 소화기(물 소화기)는 사용하지 않고, 이산화탄소 소화기(가스 소화기)를 사용한다.

2. 소화
① 연소하고 있는 물질에서 가연물, 산소공급원, 점화원 중 한 가지 이상을 제거, 차단하여 연소를 끝내는 것이다.
② 물리적 소화의 방법으로는 냉각소화, 질식소화, 제거소화, 희석소화 등이 있다.
③ 화학적 소화의 방법은 억제소화 또는 부촉매소화라고 한다.

💡 연소의 3요소 : 가연물, 산소공급원, 점화원

💡 에어폼(거품)은 소화의 주된 작용이 질식소화이다.

CHAPTER

02

작업 전·후 점검

- 지게차의 외관상태, 누유·누수, 계기판, 마스트·체인, 엔진시동 상태 등의 작업 전 점검사항과 안전주차, 연료상태, 작업 및 관리일지 작성 등의 작업 후 점검사항에 대해 알아본다.

- 실무와 직접적으로 관련된 부분으로, 최대한 이론을 이해한 후 문제에 적용하는 것이 효과적이다.

작업 전 점검

1. 외관점검

1 일상점검 실시

1. 작업 전 점검
① 냉각수, 연료량, 윤활유(엔진 오일) 등
② 볼트, 너트의 이완여부
③ 벨트의 장력상태
④ 타이어의 공기압, 손상 여부
⑤ 축전지 점검

2. 작업 중 점검
① 클러치의 작동상태
② 경고등 점멸 여부
③ 작동 중 기계 이상음
④ 냉각수 온도게이지, 연료량 게이지, 오일압력계 등
⑤ 배기가스 색깔

3. 작업 후 점검
① 오일의 누유 상태
② 연료의 보충 상태

2 지게차의 외관점검

각 부분 장치의 휨, 고정, 균열, 변형 등을 작업 전에 확인함으로써 외관상 이상이 없는지 점검한다.
① 오버헤드 가드의 고정, 균열 및 변형여부 확인
② 백레스트의 고정, 균열 및 변형여부 확인
③ 포크의 휨, 고정, 균열 및 변형여부 확인
④ 핑거보드의 고정, 균열 및 변형여부 확인

3 장비 점검

① 팬벨트의 장력 점검
② 전조등, 후미등, 브레이크등 점등여부
③ 에어클리너(공기청정기) 점검
④ 그리스 주입상태
⑤ 후방 경보장치 점검
⑥ 대형 후사경 점검

> 💡 **팬벨트의 장력 점검 방법**
>
> ✓ 오른손 엄지손가락으로 팬벨트 중앙을 약 10kgf의 힘으로 눌렀을 때 벨트가 처지는 양이 13~20mm이면 정상이다.
> ✓ 벨트의 장력이 느슨하면 엔진 시동 시에 벨트가 미끄러져서 소음이 발생한다.

4 타이어 공기압 및 손상 점검

1. 타이어의 역할
① 하중을 지지한다.
② 동력 등을 전달한다.
③ 지면에서의 충격을 흡수한다.

2. 타이어의 마모 한계를 초과하여 사용할 때 발생하는 현상
① 제동력이 떨어져서 브레이크 페달을 밟았을 때 제동거리가 길어진다.
② 빗길 주행 시 물 위에 떠서 미끄러지는 수막현상이 발생한다.
③ 작은 이물질에도 타이어 트레드에 상처가 발생하여 사고의 원인이 된다.

5 **조향장치 점검**

1. **지게차에서 조향 핸들의 조작을 가볍게 하는 방법**
   ① 동력조향을 사용한다.
   ② 바퀴의 정렬을 정확히 한다.
   ③ 타이어의 공기압을 적정압으로 한다.

2. **지게차에서 조향 핸들이 무거울 때 점검해야할 사항**
   ① 기어박스 내의 오일
   ② 타이어의 공기압이 부족할 경우
   ③ 앞바퀴 정렬

6 **제동장치 점검**

1. **브레이크가 잘 듣지 않는 원인**
   ① 마스터 실린더, 휠 실린더의 오일이 누출되었을 때
   ② 브레이크의 오일 부족 및 라이닝이 마모되었을 때
   ③ 브레이크 드럼과 라이닝의 간극이 클 때

2. **브레이크를 밟았을 때 차가 한쪽방향으로 쏠리는 원인**
   ① 타이어의 좌 · 우 공기압이 틀릴 때
   ② 브레이크 드럼이나 브레이크 슈에 그리스나 오일이 붙었을 때
   ③ 브레이크 드럼이 변형되었을 때

💡 브레이크 오일의 성분
   : 에틸렌클리콜 + 피마자기름

7 **엔진 시동 전 · 후 점검**

① 공회전 시 소음 발생여부
② 밸브기구 불량 시 소음 발생여부
③ 기관 내 · 외부 베어링 불량 시 소음 발생여부
④ 워터 펌프 구동벨트의 불량 시 소음 발생여부
⑤ 배기계통 불량 시 소음 발생여부

2. 누유 · 누수 확인

1 **엔진 누유 점검**

① 엔진에서의 누유부분 육안 점검
② 엔진오일의 양 점검
③ 엔진오일 부족 시 보충

2 **유압실린더 누유 점검**

① 유압오일의 누유부분 육안 점검
② 유압펌프 배관 및 호스 이음새 누유 점검
③ 리프트실린더 및 틸트 실린더의 누유 점검
④ 유압오일 부족 시 보충

3 **제동장치 누유 점검**

① 마스터 실린더의 누유 점검
② 제동계통 파이프 연결부위 누유 점검

4 **조향장치 누유 점검**

조향계통 파이프 연결부위 누유 점검

5 **냉각수 점검**

① 냉각장치에서의 누유부분 육안 점검
② 냉각수의 양 점검
③ 냉각수 부족 시 보충

💡 기관에 사용하는 냉각수의 정상적인 온도
   : 75 ~ 95℃

3. 계기판 점검

1 게이지 및 경고등 점검

1. **엔진오일 윤활압력게이지 점검**
   ① 엔진오일 경고등 점등 시 엔진오일 양
   ② 엔진오일 양 점검 시 점도와 색
   ③ 엔진오일 부족 시 보충

2. **냉각수 온도게이지 점검**
   ① 냉각수의 정상 순환 작동여부 확인
   ② 냉각수의 양

3. **연료게이지 점검**
   ① 연료게이지 경고등 점등 시 연료 주유
   ② 연료 주유 시 엔진 정지

2 방향지시등 및 전조등 점검

① 방향지시등 및 전조등의 점등여부 육안 점검
② 미점등 시 전구 교환

3 아워미터 점검

아워미터(시간계) 점검을 통해 지게차 가동시간 확인

4. 마스트 · 체인 점검

1 마스트와 체인 점검

1. **마스트 상 · 하 작동상태 점검**
   작업장치의 정상 작동을 위하여 마스트의 휨, 균열 여부 등을 점검하고, 리프트 실린더 조작 시 마스트의 정상 작동상태 확인

2. **포크와 체인의 연결부위 균열 상태 점검**
   적재물의 안전을 위하여 포크의 휨, 균열 및 핑거보드와의 연결 상태 등 점검

3. **리프트 체인 및 마스트 베어링 상태 점검**
   작업장치의 정상 작동을 위하여 리프트 레버를 조작 시 리프트 체인 및 베어링 상태를 점검

4. **좌 · 우 리프트 체인 점검**
   안전한 작업을 위하여 좌우 리프트 체인 유격의 동일여부를 점검

2 지게차의 체인장력 조정법

① 좌우체인이 동시에 평행한가 확인한다.
② 포크를 지상에서 10 ~ 15 cm 올린 후 조정한다.
③ 손으로 체인을 눌러보아 양쪽이 다르면 조정 너트로 조정한다.
④ 조정 후 록크 너트(풀림방지장치)를 조여 잠근다.

> 💡 지게차에서 한쪽 체인이 늘어질 때 발생하는 현상
> ✓ 중량차로 인해 균형이 맞지 않으므로, 포크가 한쪽으로 기울어진다.

3 **지게차에서 주행 중 핸들이 떨리는 원인**

① 노면에 요철이 있을 때
② 휠이 휘었을 때
③ 타이어 밸런스가 맞지 않을 때

> 💡 지게차의 유압탱크 유량을 점검하기 전 포크의 위치지면에 내려놓고 점검한다.

5. 엔진시동 상태 점검

1 **축전지 점검**

1. **단자 및 결선상태 점검**
   ① 단자의 파손상태 확인
   ② 단자의 보호를 위해 고무커버로 덮음
   ③ 배선의 결선상태 확인

2. **축전지 관리**
   ① 시동이 걸리지 않으면 전기장치를 사용하지 말 것
   ② 시동을 위해 무리하게 엔진을 회전시키지 말 것
   ③ 지게차를 장시간 내버려 두지 말 것

> 💡 축전지의 정상 상태를 확인하는 방법
>
> ✓ 축전지 점검창을 통해 충전상태를 파악하고 방전 시에는 충전한다.

3. **축전지 충전방법**

정전류 충전	일정한 전류로 충전하는 방법으로 가장 많이 사용한다.
정전압 충전	일정한 전압으로 충전하는 방법이다.
단별 전류 충전	전류를 단계적으로 줄여가며 충전하는 방법이다.
급속 충전	급속 충전기를 사용하여 단 시간 내에 충전하는 방법이다.

4. **축전지 충전 시 주의사항**
   ① 충전 시 전해액의 온도를 45℃ 이하로 유지할 것
   ② 충전 시 과 충전, 급속 충전은 피할 것
   ③ 보관, 관리할 경우 15일마다 정기적으로 충전할 것
   ④ 과 충전 상태가 되면 증류수를 자주 보충해 줄 것

5. **MF(Maintenance Free) 축전지**
   유지보스가 필요 없는 축전지로, 일명 무보수용 축전지라고 한다.

> 💡 MF 축전지 점검방법
>
> ✓ 초록샥 : 충전 상태
> ✓ 검정샥 : 방전 상태
> ✓ 흰색 : 교환 필요

2 **예열장치 점검**

① 엔진의 정상적인 시동을 위하여 동절기에 예열플러그의 작동 여부 및 예열시간을 확인한다.
② 예열플러그가 15~20초에서 완전 가열되는 경우는 정상상태를 나타낸다.

> 💡 예열플러그의 오염원인 : 불완전 연소 또는 노킹

3 **시동장치 점검**

① 엔진의 정상적인 시동을 위하여 기동전동기의 정상 작동 상태를 확인한다.
② 기동전동기는 10초 이상 연속 사용하면 안 된다.
③ 엔진이 시동되면 재가동하지 않는다.
④ 기동전동기의 최대 연속 사용 시간은 30초 이내이다.
⑤ 기동전동기의 회전속도가 규정 이하이면 오랜 시간 연속 회전시켜도 시동이 되지 않으므로 회전속도에 유의해야 한다.

4 **충전장치 점검**

① 작업 중 충전경고등에 빨간불이 들어오는 경우는 충전이 잘 되지 않고 있음을 나타낸다.

② 운전 중 충전표시등이 점등되면 충전계통을 점검해야 한다.

③ 충전경고등의 점검은 기관 가동 전과 가동 중에 한다.

④ 충전경고등 표시 : ▭

5 **난기운전**

1. 개요

① 날씨가 추울 때 지게차를 시동한 후 작업을 바로 시작하면 유압기기가 갑자기 동작하여 유압장치가 고장날 수 있으므로 작업 전에 유압오일의 온도를 높이는 것이다.

② 작업 전 유압 오일의 온도를 최소 20 ~ 27℃ 이상 상승시킨다.

2. 방법

① 엔진 시동 후 5분 정도 저속 운전을 실시하여 엔진 온도를 정상 온도까지 상승시킨다.

② 가속페달을 서서히 밟으면서 리프트 실린더의 상승, 하강을 반복한다.(2~3회 실시)

③ 가속페달을 서서히 밟으면서 틸트 실린더의 전경, 후경을 반복한다.(2~3회 실시)

④ 동절기에는 횟수를 증가시켜 실시한다.

작업 후 점검

1. 안전주차

1 주기장(건설기계 주차장소) 선정

① 바닥이 평탄하여 건설기계를 주차하기에 적합하여야 한다.
② 진입로는 건설기계 및 수송용 트레일러가 통행할 수 있어야 한다.

2 지게차 주차 시 안전조치

① 평탄한 장소에 주차시킨다.
② 전·후진 레버를 중립에 위치시킨다.
③ 포크를 내린 후 끝부분이 완전히 지면에 닿게 마스트를 앞쪽으로 기울인다.
④ 주차 브레이크를 작동시킨 후 엔진(기관)을 정지한다.
⑤ 시동을 끈 후 시동스위치의 키는 빼내어 지정된 곳에 안전하게 보관한다.
⑥ 경사지에 주차할 경우 안전을 위하여 바퀴에 고임대를 사용한다.

2. 연료 상태 점검

1 연료 주입 시 주의사항

① 급유 중에는 엔진을 정지하고 차량에서 하차해야 한다.
② 연료를 채우는 장소에서는 폭발성 가스에 조심한다.
③ 급유 장소에서는 흡연을 해서는 안 된다.
④ 급유는 지정된 장소에서 하여야 하며, 실내 보다는 실외에서 하는 것이 좋다.
⑤ 연료 러벨을 너무 낮게까지 내려가게 하거나, 연료를 완전히 소진시키지 않아야 한다.

> 💡 작업 후 연료탱크 내에 연료를 가득 채워주는 이유
> ✓ 다음의 작업을 준비하기 위해서
> ✓ 연료의 기포방지를 위해서
> ✓ 연료탱크에 수분이 생겨 엔진의 손상되는 것을 방지하기 위해

2 연료 주입방법

① 지게차를 지정된 장소에 안전하게 주기한다.
② 전·후진 레버를 중립에 위치시키고 포크를 지면까지 너린다.
③ 주차 제동장치를 체결하고 엔진의 가동을 정지시킨다.
④ 연료 주입구 캡을 열고 연료탱크를 서서히 채운다.
⑤ 연료 주입구 캡을 닫는다. 만약에 연료가 넘치면 닦아나고 흡수제로 깨끗이 정리한다.

3. 외관 점검

1 휠 볼트, 너트 풀림 상태 점검

① 휠의 볼 시트 또는 휠 너트의 볼 면에는 윤활유를 주입 하지 않는다.
② 24시간 운전한 다음 휠, 너트들을 다시 조인다.

2 타이어 공기압 및 손상유무 점검

① 휠 너트를 풀기 전에 타이어의 공기를 뺀다.
② 림의 정비와 교환 작업은 고도의 기술을 요하므로 전문가인 정비 숙련공이 수행한다.
③ 언제나 타이어의 접지면 뒤에 서 있어야 하며, 림 앞에 서 있어서는 안 된다.
④ 타이어 또는 림의 정비 숙련공이 제공하는 특수한 정보는 관심을 가져야 한다.
⑤ 타이어의 마모, 홈, 베인 자국 등을 검사한다.

3 그리스 주입 점검

1. 그리스 주유
   솔이나 헝겊으로 깨끗이 닦고 주입한다.
   ① 마스트 서포트 : 2개소
   ② 킹 핀, 조향 실린더 링크, 틸트 실린더 핀 : 4개소

2. 각 부의 그리스 주유
   주유할 부분을 깨끗이 닦고 주입한다.

리프트 체인	오일로 닦은 후 그리스 바름
슬라이드 레일	전체적으로 고르게 그리스 바름
내·외측 마스트 사이	전체적으로 고르게 그리스 바름
포크와 핑거바 사이	그리스 바름

4. 작업 및 관리일지 작성

1 작업일지 작성

① 운전 중 발생하는 특이사항을 관찰하여 작업 일지에 기록한다.
② 장비의 효율적인 관리를 위하여 사용자의 성명과 작업의 종류, 가동시간 등을 작업일지에 기록한다.
③ 연료 게이지를 확인하여 연료를 주입하고 작업일지에 기록한다.

2 관리일지 작성

장비 안전관리를 위하여 정비개소 및 사용부품 등을 장비 관리일지에 기록한다.

화물 적재, 하역, 운반작업

CHAPTER

03

화물 적재, 하역, 운반작업

- 지게차를 이용하여 다른 차량 또는 장비에 화물을 효율적으로 적재, 하역, 운반작업을 수행한다.
- 실무와 직접적으로 관련된 부분으로, 이론보다는 문제 위주로 공부하고 암기해야 한다.

화물 적재 및 하역작업

1. 화물 적재작업

1 화물 일반

① 화물은 종류에 따라 무게가 다르므로 작업 시 화물 중량을 잘 파악하고 있어야 한다.

② 유동성이 있는 액체 화물의 경우에는 동하중이 발생하므로 내용물의 점성 및 유동성을 참고하고 주의하여야 한다.

③ 화물의 종류 및 포장된 상태를 사전에 파악하여 적재 시 안전하게 인양한다.

④ 화물은 컨테이너 또는 팔레트에 적재된 상태, 박스로 포장된 상태 등으로 구분된다.

2 화물의 적재상태 확인

① 적재할 화물의 무게중심을 파악하여 포크의 폭을 조정한다.

② 단위 화물의 바닥이 불균형일 경우 포크와 화물 사이에 고임목을 사용하여 안정시킨다.

③ 팔레트(화물 운반대)에 실려 있는 화물은 안전하고 확실하게 적재되어 있는지 확인한다.

④ 불안정한 적재 또는 화물이 무너질 우려가 있는 경우에는 밧줄로 묶거나 그 밖의 안전조치를 한다.

⑤ 팔레트는 적재하는 화물 중량에 따른 충분한 강도를 가지고 있으며, 손상이나 변형이 없는지 확인한다.

⑥ 인양물이 불안정하면 로프, 체인블록 등 도구를 사용하여 지게차와 결착한다.

3 적재 작업

① 운반하려고 하는 화물의 바로 앞에 가면 안전한 속도로 줄인다.

② 화물 앞에서 일단 정지하여 마스트를 수직으로 한다.

③ 포크의 폭은 컨테이너 및 팔레트 폭의 1/2 이상 3/4 이하 정도로 유지하여 적재한다.

④ 화물을 올리거나 내릴 때에는 포크를 수평으로 한다.

⑤ 화물을 실을 때 무거운 물건의 중심 위치는 하부에 둔다.

⑥ 포크를 지면으로부터 5~10㎝ 들어 올린 후에 화물의 안정 상태와 포크에 대한 편하중이 없는지 확인한다.

⑦ 이상이 없음을 확인하고 마스트를 충분히 뒤로 기울이고, 포크를 바닥면으로부터 약 10~30cm의 높이를 유지한 상태에서 약간의 후진 시 브레이크 작동으로 화물의 내용물에 동하중이 발생하는지 확인한다.

⑧ 적재 후 마스트를 지면에 내려놓은 후 필히 화물의 적재상태의 이상 유무를 확인한 후 주행한다.

> 💡 화물을 올릴 때는 가속페달을 밟는 동시에 레버를 조작한다.

2. 화물 하역작업

1 화물 하역 시 주의사항

① 팔레트에 실은 짐이 안정되고 확실하게 실려 있는가를 확인한다.

② 화물 앞에서 정지한 후 마스트가 수직이 되도록 기울여야 한다.

③ 포크는 상황에 따라 안전한 위치로 이동한다.

④ 팔레트를 사용하지 않고 밧줄로 짐을 걸어 올릴 때에는 포크에 잘 맞는 고리를 사용한다.

⑤ 리프트 레버를 사용할 때 시선은 포크를 주시한다.

⑥ 하역장소를 답사하여 하역장소의 지반 및 주변 여건을 확인한다.

⑦ 지정된 장소로 이동한 후 낙하에 주의하여 하역한다.

⑧ 비포장인 경우 야적장의 지반이 견고한지를 확인하고, 불안정 시에는 작업관리자에게 통보하여 수정 후 작업한다.

> 💡 짐을 내릴 때는 가속페달의 사용은 필요 없다.

2 하역 작업

① 하역하는 장소의 바로 앞에 오면 안전한 속도로 줄인다.

② 하역하는 장소의 앞에 접근하면 일단 정지한다.

③ 하역하는 장소에 화물의 붕괴, 파손 등의 위험이 없는지 확인한다.

④ 마스트를 수직으로 하고 포크를 수평으로 한 후 내려놓을 위치보다 약간 높은 위치까지 올린다.

⑤ 내려놓을 위치를 잘 확인한 후 천천히 전진하여 예정된 위치에 내린다.

⑥ 천천히 후진하여 포크를 10~20㎝ 정도 빼내고, 다시 약간 들어 올려 안전하고 올바른 하역 위치까지 밀어 넣고 내린다.

⑦ 팔레트 또는 스키드로부터 포크를 빼낼 때에도 넣을 때와 마찬가지로 접촉 또는 비틀리지 않도록 조작한다.

⑧ 하역하는 경우에 포크를 완전히 올린 상태에서는 마스트 전후 작동을 거칠게 조작하지 않는다.

⑨ 하역하는 상태에서는 절대로 차에서 내리거나 이탈해서는 안 된다.

⑩ 하역할 때에 전후 안정도는 4% 이내, 좌우 안정도는 6% 이내이며, 마스트는 전후 작동이 5~12%로써 마스트 작동 시에 변동 하중이 가산됨을 숙지한다.

> 💡 지게차 작업의 위험요인 3가지
>
> ✓ 화물 낙하, 협착 및 충돌, 차량 전도

화물 운반작업

1. 화물 운반작업

1 지게차 운행 시 주의사항

① 운반 중 마스트를 뒤로 4°~6° 가량 경사시킨다.
② 화물을 적재하고 주행할 때 포크는 지면에서 20 ~ 30cm정도 유지한다.
③ 기관을 필요 이상 공회전 시키지 않는다.
④ 급가속 급브레이크는 장비에 악영향을 주므로 피한다.
⑤ 커브주행은 커브에 도달하기 전에 속력을 줄이고, 주의하여 주행한다.
⑥ 주행 중에 이상소음, 냄새 등의 이상을 느낀 경우에는 주행을 멈추고 즉시 점검한다.
⑦ 주행 중 노면상태에 주의하고 노면이 고르지 않는 곳에서 천천히 운행한다.
⑧ 내리막길에서는 급회전을 삼간다.
⑨ 화물 적재 시 속도는 10km/h를 초과하지 못한다.
⑩ 운전 중 좁은 장소에서 지게차를 방향 전환시킬 때 뒷바퀴 회전에 주의하여 방향 전환한다.
⑪ 짐을 싣고 주행할 때는 절대로 속도를 내서는 안 된다.
⑫ 적하 장치에 사람을 태워서는 안 된다.
⑬ 운전 시 급정지, 급선회를 하지 않는다.
⑭ 포크는 화물의 받침대 속에 정확히 들어갈 수 있도록 조작한다.
⑮ 운행 조작은 시동 후 5분이 경과한 후 한다.
⑯ 포크의 끝단으로 화물을 들어 올리지 않는다.
⑰ 포크의 끝을 밖으로 경사지게 하지 않는다.
⑱ 포크를 상승 시에는 액셀레이터를 밟으면서 상승시킨다.
⑲ 경사면에서 운전할 때 짐은 언덕 위쪽으로 가도록 한다.

⑳ 내리막길에서는 기어변속을 저속상태로 놓고 후진으로 내려온다.

> 💡 경사지에서의 지게차 운행 방법
>
> ✓ 화물을 적재하고 운전할 때
> 내리막 시 : 후진(화물 낙하 방지),
> 오르막 시 : 전진(충돌 방지)
> ✓ 공차로 운전할 때
> 내리막 시 : 전진(시야 확보),
> 오르막 시 : 후진(충돌 방지)

2 창고 또는 공장 출입 시 주의사항

① 짐이 출입구 높이에 닿지 않도록 주의한다.
② 팔이나 몸을 차체 밖으로 내밀지 않는다.
③ 주위 장애물 상태를 확인 후 이상이 없을 때 출입한다.
④ 차폭과 출입구의 폭을 확인하여야 한다.

3 전 · 후진 레버 조작 및 주행방법

① 지게차를 정지시킨 후 전 · 후진 전환을 한다.
② 조향핸들의 좌측에 위치한 전 · 후진 레버를 중립 위치에서 앞으로 밀면 전진하고, 뒤로 당기면 후진한다.
③ 적재작업 시에는 1~2단으로 한다.
④ 전 · 후진 레버를 전환 시에는 전환방향의 안전을 확인한다.
⑤ 고속에서는 전 · 후진 방향의 전환을 자제한다.
⑥ 전 · 후진 속도는 작업 시에는 저속을 사용하며, 공차 주행 시에는 고속을 사용한다.
⑦ 적재 후 후진작업 시에는 후진 레버의 작동 전에 후사경으로 뒷면을 확인 후 주행하고자 하는 방향을 주시하여 이상이 없을 경우 레버를 조작하고, 조작 후 경고음을 작동시켜 주위를 환기시킨 후 가속한다.

2. 운전시야 확보

1 야간작업 시 주의사항

① 야간에는 원근감 등이 확실하지 않으므로 착각을 일으키기 쉽다.
② 야간작업을 하는 작업장에는 조명시설이 되어 있어야 한다.
③ 전조등, 후미등 등의 고장 상태로 작업하지 말아야 한다.

2 지게차 운행통로 등의 확보

① 지게차 운행통로의 폭은 지게차의 최대폭 이상으로 한다.
② 지게차 운행통로의 선은 황색 실선으로 하고, 선의 폭은 12㎝로 한다.
③ 화물의 적재, 출구의 신설 등을 할 때에는 지게차 운전자 및 보행자의 시야를 전반적으로 생각한다.

> 💡 **지게차의 운행통로의 폭**
>
> ✓ 지게차 1대 : 지게차의 최대 폭 + 60㎝ 이상
> ✓ 지게차 2대 : 지게차 2대의 최대 폭 + 90㎝ 이상

3 운행동선 확인

① 화물의 폭을 측정하여 운행동선을 확인하고 통행 가능 여부를 판단한다.
② 출입구 진입 시 높이와 폭을 확인하여 진입 가능 여부를 판단한다.
③ 주행 시 적재화물의 낙하에 주의한다.
④ 주행 전에 통행로에 문제점이 있는지 확인한다.

4 신호수의 도움으로 동선 확보

① 신호수와는 서로의 맞대면으로 항시 소통한다.
② 운반용 차량에 적재 시에는 차량 운전자의 입회하에 작업을 진행한다.
③ 지게차의 화물은 전방 작업이므로 시야가 확보되지 않은 작업 상태에서는 신호수를 요구하여 적재 화물 낙하 및 충돌사고를 사전에 예방한다.

3. 장비 및 주변상태 확인

1 이상 소음 확인

1. **동력전달장치**
클러치 및 클러치 페달, 변속기, 파워 트랜스미션 등의 0 상 소음 여부를 확인한다.

2. **조향장치**
핸들의 허용 유격이 정상인지 여부 및 상하좌우, 앞뒤 모든 방향에서 덜컹거림의 발생 여부를 확인한다.

3. **주차브레이크**
레버를 완전히 당긴 상태에서 여유를 확인하고 저속주행 시 레버 작동으로 브레이크 작동상태 및 이상 소음 여부를 확인한다.

4. **주행브레이크**
페달의 여유 및 페달을 밟았을 때 페달과 바닥판의 간격 유무를 확인한다.

5. **작업장치**
① 마스트 고정핀 및 부싱 상태 확인
② 리드트 실린더 및 연결핀, 부싱 상태 확인
③ 리드트 체인 마모 및 좌우 균형 상태 확인
④ 마스트를 올림 상태에서 정지시켰을 때 자체 하강이 없는지 확인

6. **포크 이송장치**
   ① 유압실린더 고정핀 및 부싱 정상 연결 상태 확인
   ② 구조물의 손상 및 외관 상태 확인
   ③ 가이드 및 롤러 베어링 정상 작동 상태 확인
   ④ 포크 이동 및 각 부분의 주유 상태 확인

7. **작동장치**
   ① 마스트를 최대한 올리고 내리는 것을 2~3회 반복하여 이상 소음 확인
   ② 마스트를 앞뒤로 2~3회 반복 조종하여 이상 소음 확인
   ③ 포크 폭을 2~3회 반복 조종하여 이상 소음 확인

2 후각에 의한 이상 확인

① 운전 중 냄새로 이상 유무 확인
② 기관 과열로 엔진오일의 타는 냄새 확인
③ 작동유의 과열로 인한 냄새 확인
④ 여러 종류의 구동부위 베어링 타는 냄새 확인
⑤ 브레이크 라이닝 타는 냄새 확인

> 💡 포크 절곡 부위의 균열이 의심될 때 실시하는 검사
> : 형광탐색검사

CHAPTER

04

도로주행

- 건설기계란 건설공사에 사용할 수 있는 기계로서 대통령령으로 정하는 것을 의미하며, 건설기계의 도로주행과 관련하여 필요한 법령규정사항을 체계적으로 학습한다.

- 법령을 다루는 부분으로 전체 중 공부하기가 가장 힘들다. 이론을 공부하기 보다는 큰 제목을 중심으로 법 전체의 체계를 이해하고, 문제위주로 공부하고, 암기해야 한다.

건설기계 관리법

1. 총칙

1 목적

건설기계의 등록·검사·형식승인 및 건설기계사업과 건설기계조종사면허 등에 관한 사항을 정하여 건설기계를 효율적으로 관리하고 건설기계의 안전도를 확보하여 건설공사의 기계화를 촉진함을 목적으로 한다.

2 정의 등

용어	정의
건설기계	건설공사에 사용할 수 있는 기계로서 대통령령으로 정하는 것
건설기계사업	건설기계대여업, 건설기계정비업, 건설기계매매업 및 건설기계해체재활용업
건설기계대여업	건설기계의 대여를 업으로 하는 것
건설기계정비업	건설기계를 분해·조립 또는 수리하고 그 부분품을 가공제작·교체하는 등 건설기계를 원활하게 사용하기 위한 모든 행위를 업으로 하는 것
건설기계매매업	중고건설기계의 매매 또는 그 매매의 알선과 그에 따른 등록사항에 관한 변경신고의 대행을 업으로 하는 것
건설기계해체재활용업	폐기 요청된 건설기계의 인수, 재사용 가능한 부품의 회수, 폐기 및 그 등록말소 신청의 대행을 업으로 하는 것
중고건설기계	건설기계를 제작·조립 또는 수입한 자로부터 법률행위 또는 법률의 규정에 따라 건설기계를 취득한 때부터 사실상 그 성능을 유지할 수 없을 때까지의 건설기계
건설기계형식	건설기계의 구조·규격 및 성능 등에 관하여 일정하게 정한 것

💡 건설기계관리법령상 건설기계의 종류 수
: 27종(26종 및 특수건설기계)

💡 건설기계적재중량 측정 시 측정인원 기준
: 1인당 65kg

2. 건설기계의 등록

1 등록 등

① 건설기계의 소유자는 대통령령으로 정하는 바에 따라 건설기계를 등록하여야 한다.
② 건설기계 소유자의 주소지 또는 건설기계의 사용본거지를 관할하는 특별시장·광역시장·도지사 또는 특별자치도지사(시·도지사)에게 등록신청을 하여야 한다.
③ 건설기계를 취득한 날부터 2월(전시·사변 기타 이에 준하는 국가비상사태 하에서는 5일) 이내에 등록신청을 하여야 한다.

2 등록사항의 변경신고

① 소유자 또는 점유자는 대통령령으로 정하는 바에 따라 시·도지사에게 신고하여야 한다.
② 변경이 있은 날부터 30일(상속의 경우에는 상속 개시일부터 6개월, 전시·사변 기타 이에 준하는 국가비상사태 하에서는 5일) 이내에 신고를 하여야 한다.
③ 건설기계의 등록사항의 변경신고 시 제출 서류
  • 건설기계 등록사항 변경신고서
  • 변경내용을 증명하는 서류
  • 건설기계 등록증
  • 건설기계 검사증

> 💡 건설기계 매매업자를 거치지 아니하고 건설기계를 매수한 자가 등록사항의 변경신고를 하지 아니한 경우에는 해당 매수인을 갈음하여 매도인이 신고할 수 있다.

> 💡 시 · 도지사는 건설기계등록원부를 건설기계의 등록을 말소한 날부터 10년간 보존하여야 한다.

3 등록의 말소 등

1. 등록말소 사유

시 · 도지사는 등록된 건설기계가 다음의 어느 하나에 해당하는 경우 소유자의 신청이나 시 · 도지사의 직권으로 등록을 말소할 수 있다.

① 거짓이나 그 밖의 부정한 방법으로 등록을 한 경우
② 건설기계가 천재지변 또는 이에 준하는 사고 등으로 사용할 수 없게 되거나 멸실된 경우
③ 건설기계의 차대가 등록 시의 차대와 다른 경우
④ 건설기계가 규정에 따른 건설기계안전기준에 적합하지 아니하게 된 경우
⑤ 정기검사의 유효기간이 만료된 날부터 3월 이내에 최고를 받고 지정된 기한까지 정기검사를 받지 아니한 경우
⑥ 건설기계를 수출하는 경우
⑦ 건설기계를 도난당한 경우
⑧ 건설기계를 폐기한 경우
⑨ 건설기계 해체재활용업을 등록한 자에게 폐기를 요청한 경우
⑩ 구조적 제작 결함 등으로 건설기계를 제작자 또는 판매자에게 반품한 경우
⑪ 건설기계를 교육 · 연구 목적으로 사용하는 경우
⑫ 대통령으로 정하는 내구연한을 초과한 건설기계
⑬ 건설기계를 횡령 또는 편취당한 경우

2. 등록말소 신청 기간

위의 사유 중 ②⑧⑨⑩⑪	사유가 발생한 날부터 30일 이내
건설기계를 도난당한 경우	사유가 발생한 날부터 2개월 이내
건설기계를 수출하는 경우	건설기계를 수출하는 자가 수출 전까지

4 등록의 표시 등

1. 등록번호표

① 등록된 건설기계에는 국토교통부령으로 정하는 바에 따라 등록번호표를 부착 및 봉인하고, 등록번호를 새겨야 한다.
② 건설기계 소유자는 등록번호표 또는 그 봉인이 떨어지거나 알아보기 어렵게 된 경우에는 시 · 도지사에게 등록번호표의 부착 및 봉인을 신청하여야 한다.
③ 누구든지 등록번호표를 부착 및 봉인하지 아니한 건설기계를 운행하여서는 안 된다.
④ 건설기계소유자는 시 · 도지사로부터 등록번호표 제작통지를 받은 날부터 3일 이내에 등록번호표제작을 신청하여야 한다.
⑤ 등록번호표제작자는 등록번호표제작등의 신청을 받은 날부터 7일 이내 등록번호표제작등을 하여야 한다.

2. 등록번호의 표시

① 등록번호표에는 용도 · 기종 및 등록번호를 표시한다.
② 등록번호표는 압형으로 제작한다.
③ 등록번호표 재질로 알루미늄판을 사용한다.
④ 등록번호표에 표시되는 모든 문자 및 외곽선은 1.5㎜ 튀어나와야 한다.
⑤ 색상 및 숫자

구분	색상	숫자
관용 (비사업용)	흰색 바탕에 검은색 문자	0001~0999
자가용 (비사업용)	흰색 바탕에 검은색 문자	1000~5999
대여 사업용	주황색 바탕에 흰색 문자	6000~9999

⑥ 기종별 기호표시

기호표시	기종	기호표시	기종
01	불도저	06	덤프트럭
02	굴착기	07	기중기
03	로더	08	모터그레이더
04	지게차	09	롤러
05	스크레이퍼	10	노상안정기

3. 등록번호표의 반납

등록된 건설기계의 소유자는 다음의 어느 하나에 해당하는 경우 10일 이내에 등록번호표의 봉인을 떼어낸 후 그 등록번호표를 시·도지사에게 반납하여야 한다.

① 건설기계의 등록이 말소된 경우

② 건설기계의 등록사항 중 대통령령으로 정하는 사항이 변경된 경우

③ 등록번호표 또는 그 봉인이 떨어지거나 알아보기 어렵게 되어 등록번호표의 부착 및 봉인을 신청하는 경우

5 대형건설기계

1. 특별표지판

다음의 대형건설기계에는 기준에 적합한 특별표지판을 등록번호가 표시되어 있는 면에 부착하여야 한다.

① 길이가 16.7미터를 초과하는 건설기계

② 너비가 2.5미터를 초과하는 건설기계

③ 높이가 4.0미터를 초과하는 건설기계

④ 최소회전반경이 12미터를 초과하는 건설기계

⑤ 총중량이 40톤을 초과하는 건설기계

⑥ 총중량 상태에서 축하중이 10톤을 초과하는 건설기계

2. 특별도색

당해 건설기계의 식별이 쉽도록 전후 범퍼에 특별도색을 하여야 한다. 다만, 최고주행속도가 35km/h 미만인 건설기계의 경우에는 도색을 하지 않아도 된다.

3. 경고표지판

대형건설기계에는 조종실 내부의 조종사가 보기 쉬운 곳에 기준에 적합한 경고표지판을 부착해야 한다.

4. 안전기준 초과 적재물 표지

안전 기준을 초과하는 화물의 적재허가를 받은 자는 그 길이 또는 폭의 양끝에 너비 30cm이상, 길이 50cm이상의 빨간 헝겊으로 된 표지를 달아야 한다.

6 임시운행

건설기계의 등록 전에 일시적으로 운행할 수 있는 경우는 다음과 같다.

① 등록신청을 하기 위하여 건설기계를 등록지로 운행하는 경우

② 신규등록검사 및 확인검사를 받기 위하여 건설기계를 검사장소로 운행하는 경우

③ 수출을 하기 위하여 건설기계를 선적지로 운행하는 경우

④ 수출을 하기 위하여 등록말소 한 건설기계를 점검·정비의 목적으로 운행하는 경우

⑤ 신개발 건설기계를 시험·연구의 목적으로 운행하는 경우

⑥ 판매 또는 전시를 위하여 건설기계를 일시적으로 운행하는 경우

⑦ 임시운행기간은 15일 이내로 한다. 다만, 신개발 건설기계를 시험·연구의 목적으로 운행하는 경우에는 3년 이내로 한다.

3. 건설기계의 검사

1 검사 등

건설기계의 소유자는 그 건설기계에 대하여 다음의 구분에 따라 국토교통부령으로 정하는 바에 따라 국토교통부장관이 실시하는 검사를 받아야 한다.

신규 등록 검사	건설기계를 신규로 등록할 때 검사대행자가 실시하는 검사
정기검사	건설공사용 건설기계로서 3년의 범위에서 국토교통부령으로 정하는 검사유효기간이 끝난 후에 계속하여 운행하려는 경우에 실시하는 검사
구조변경 검사	건설기계의 주요 구조를 변경하거나 개조한 경우 실시하는 검사
수시검사	성능이 불량하거나 사고가 자주 발생하는 건설기계의 안전성 등을 점검하기 위하여 수시로 실시하는 검사와 건설기계 소유자의 신청을 받아 실시하는 검사

2 정기검사

1. 신청
   ① 정기검사 유효기간의 만료일 전후 각각 31일 이내의 기간에 신청한다.
   ② 정기검사신청서와 보험 또는 공제의 가입을 증명하는 서류를 시·도지사 또는 검사대행자에게 제출하여야 한다.
   ③ 시·도지사 또는 검사대행자는 신청을 받은 날부터 5일 이내에 검사일시와 검사장소를 지정하여 신청인에게 통지해야 한다.

2. 유효기간

기종	구분	검사유효 기간
1. 굴착기	타이어식	1년
2. 로더	타이어식	2년
3. 지게차	1톤 이상	2년
4. 덤프트럭	–	1년
5. 기중기	타이어식, 트럭적재식	1년
6. 모터그레이더	–	2년
7. 콘크리트 믹서트럭	–	1년
8. 콘크리트펌프	트럭적재식	1년
9. 아스팔트살포기	–	1년
10. 천공기	트럭적재식	2년
11. 타워크레인	–	6개월

3. 재검사 신청

① 시·도지사 또는 검사대행자는 검사결과 해당 건설기계가 검사기준에 부적합하다고 인정되는 때에는 건설기계 부적합 통지서에 부적합 항목 및 그 사유 등을 적어 신청인에게 교부해야 한다.
② 건설기계의 소유자는 부적합판정을 받은 항목에 더하여 부적합판정을 받은 날부터 10일 이내에 이를 보완하여 보완항목에 대한 재검사를 신청할 수 있다.

3 구조변경검사

1. 신청
주요구조를 변경 또는 개조한 날부터 20일 이내에 시 · 도지사 또는 검사대행자에게 제출해야 한다.

2. 구조변경범위 등
주요구조의 변경 및 개조의 범위는 다음과 같다.
① 원동기 및 전동기의 형식변경
② 동력전달장치의 형식변경
③ 제동장치의 형식변경
④ 주행장치의 형식변경
⑤ 유압장치의 형식변경
⑥ 조종장치의 형식변경
⑦ 조향장치의 형식변경
⑧ 작업장치의 형식변경
⑨ 건설기계의 길이 · 너비 · 높이 등의 변경
⑩ 수상작업용 건설기계의 선체의 형식변경

> 💡 **구조변경을 할 수 없는 경우**
> ✓ 건설기계의 기종변경
> ✓ 육상작업용 건설기계 규격의 증가를 위한 구조변경
> ✓ 육상작업용 건설기계 적재함의 용량증가를 위한 구조변경

4 수시검사

① 시 · 도지사는 안전성 등을 점검하기 위하여 국토교통부령으로 정하는 바에 따라 수시검사를 명령할 수 있다.
② 수시검사를 받아야 할 날로부터 10일 이전에 건설기계 소유자에게 수시검사명령서를 교부하여야 한다.

5 검사대행

1. 검사대행
국토교통부장관은 필요하다고 인정하면 건설기계의 검사에 관한 시설 및 기술능력을 갖춘 자를 지정하여 검사의 전부 또는 일부를 대행하게 할 수 있다.

2. 검사대행자 지정 또는 취소 사유
① 거짓이나 그 밖의 부정한 방법으로 지정을 받은 경우
② 규정에 따른 기준에 적합하지 아니하게 된 경우
③ 검사대행자 또는 그 소속 기술인력이 규정에 따른 준수사항을 위반한 경우
④ 경영 부실 등의 사유로 검사대행 업무를 계속하게 하는 것이 적합하지 아니하다고 인정될 경우
⑤ 사업정지명령을 위반하여 사업정지기간 중에 검사를 한 경우
⑥ 규정에 따른 자료를 제출하지 아니하거나 거짓으로 제출한 경우
⑦ 이 법을 위반하여 벌금 이상의 형을 선고받은 경우

6 출장검사

당해 건설기계가 위치한 장소에서 받을 수 있는 검사이다.

1. 검사소에서 검사를 하여야 하는 건설기계
① 덤프트럭
② 콘크리트믹서트럭
③ 콘크리트펌프(트럭 적재식)
④ 아스팔트살포기
⑤ 트럭지게차(국토교통부장관이 정하는 특수건설기계인 트럭지게차를 말함)

2. 출장검사를 받을 수 있는 경우
① 도서지역에 있는 경우
② 자체중량이 40톤을 초과하거나 축하중이 10톤을 초과하는 경우
③ 너비가 2.5미터를 초과하는 경우
④ 최고속도가 시간당 35km 미만인 경우

7 정비명령

① 시 · 도지사는 검사에 불합격된 건설기계에 대해서는 31일 이내의 기간을 정하여 해당 건설기계의 소유자에게 검사를 완료한 날부터 10일 이내에 정비명령을 해야 한다.

② 시 · 도지사는 검사대행자가 지정된 경우에는 정비 명령의 통지 또는 공고 사실을 검사대행자에게 통보해야 한다.

8 건설기계의 사후관리

① 건설기계형식에 관한 승인을 얻거나 그 형식을 신고한 자(제작자등)는 건설기계를 판매한 날부터 12개월 동안 무상으로 건설기계의 정비 및 정비에 필요한 부품을 공급하여야 한다.

② 12개월 이내에 건설기계의 주행거리가 2만km(원동기 및 차동장치의 경우에는 4만km)를 초과하거나 가동시간이 2천 시간을 초과하는 때에는 12개월이 경과한 것으로 본다.

4. 건설기계사업

1 건설기계사업 등

건설기계사업을 하려는 자는 대통령령으로 정하는 바에 따라 사업의 종류별로 시장 · 군수 또는 구청장에게 등록하여야 한다.

건설기계 대여업	건설기계의 대여를 업으로 하는 것
건설기계 정비업	건설기계를 분해 · 조립 또는 수리하고 그 부분품을 가공제작 · 교체하는 등 건설기계를 원활하게 사용하기 위한 모든 행위를 업으로 하는 것
건설기계 매매업	중고건설기계의 매매 또는 그 매매의 알선과 그에 따른 등록사항에 관한 변경신고의 대행을 업으로 하는 것
건설기계 해체 재활용업	폐기 요청된 건설기계의 인수, 재사용 가능한 부품의 회수, 폐기 및 그 등록말소 신청의 대행을 업으로 하는 것

💡 건설기계 정비업의 종류
✓ 종합건설기계 정비업, 부분건설기계 정비업, 전문건설기계 정비업

2 건설기계 정비업 사업범위

정비항목		종합건설기계정비업	부분건설기계정비업	전문건설기계정비업		
				원동기	유압	타워크레인
1. 원동기	가. 실린더헤드의 탈착정비	○		○		
	나. 실린더·피스톤의 분해·정비	○		○		
	다. 크랭크샤프트 · 캠샤프트의 분해 · 정비	○		○		
	라. 연료(연료공급 및 분사)펌프의 분해 · 정비	○		○		
	마. 위의 사항을 제외한 원동기 부분의 정비	○	○	○		
2. 유압장치의 탈부착 및 분해·정비		○	○		○	
3. 변속기	가. 탈부착	○	○			
	나. 변속기의 분해·정비	○				
4. 전후차축 및 제동장치정비 (타이어식으로 된 것)		○	○			
5. 차체부분	가. 프레임 조정	○				
	나.롤러 · 링크 · 트랙슈의 재생	○				
	다. 위의 사항을 제외한 차체부분의 정비	○	○			
6. 이동정비	가. 응급조치	○	○	○	○	○
	나. 원동기의 탈 · 부착	○	○	○		○
	다. 유압장치의 탈 · 부착	○	○		○	○
	라. 나목 및 다목 외의 부분의 탈 · 부착	○	○			○

💡 건설기계 정비업의 범위에서 제외되는 행위

✓ 오일의 보충
✓ 에어클리너 엘리먼트 및 필터류의 교환
✓ 배터리 · 전구의 교환
✓ 타이어의 점검 · 정비 및 트랙의 장력 조정
✓ 창유리의 교환

5. 건설기계조종사면허

1 건설기계조종사면허

1. 건설기계조종사면허
   ① 건설기계를 조종하려는 사람은 시장·군수 또는 구청장에게 건설기계조종사면허 또는 자동차운전면허를 받아야 한다.
   ② 건설기계조종사면허를 받으려는 사람은 국가기술자격법에 따른 해당 분야의 기술 자격을 취득하고 적성검사에 합격하여야 한다.

> 💡 운전면허로 조종하는 건설기계(1종 대형면허)
>
> ✓ 덤프트럭
> ✓ 아스팔트살포기
> ✓ 노상안정기
> ✓ 콘크리트믹서트럭
> ✓ 콘크리트펌프
> ✓ 천공기(트럭 적재식을 말함)
> ✓ 특수건설기계 중 국토교통부장관이 지정하는 건설기계

2. 소형건설기계
   국토교통부령으로 정하는 소형 건설기계의 건설기계조종사면허의 경우 시·도지사가 지정한 교육기관에서 실시하는 소형 건설기계의 조종에 관한 교육과정의 이수로 기술자격의 취득을 대신할 수 있다.
   ① 5톤 미만의 불도저, 로더
   ② 5톤 미만의 천공기(트럭 적재식은 제외)
   ③ 3톤 미만의 지게차, 굴착기, 타워크레인
   ④ 공기압축기, 쇄석기, 준설선
   ⑤ 콘크리트펌프(이동식에 한정)

> 💡 3톤 미만의 지게차를 조종하고자 하는 자는 자동차운전면허를 소지해야 한다.

2 건설기계조종사면허의 종류

면허의 종류	조종할 수 있는 건설기계
불도저	불도저
5톤 미만의 불도저	5톤 미만의 불도저
굴착기	굴착기
3톤 미만의 굴착기	3톤 미만의 굴착기
로더	로더
3톤 미만의 로더	3톤 미만의 로더
5톤 미만의 로더	5톤 미만의 로더
지게차	지게차
3톤 미만의 지게차	3톤 미만의 지게차
기중기	기중기
롤러	롤러, 모터그레이더, 스크레이퍼, 아스팔트피니셔, 콘크리트피니셔, 콘크리트살포기 및 골재살포기
이동식 콘크리트펌프	이동식 콘크리트펌프
쇄석기	쇄석기, 아스팔트믹싱플랜트 및 콘크리트뱃칭플랜트
공기압축기	공기압축기
천공기	천공기(타이어식, 무한궤도식 및 굴진식을 포함한다. 다만, 트럭적재식은 제외), 항타 및 항발기
5톤 미만의 천공기	5톤 미만의 천공기(트럭적재식은 제외)
준설선	준설선 및 자갈채취기
타워크레인	타워크레인
3톤 미만의 타워크레인	3톤 미만의 타워크레인

3 건설기계조종사면허의 결격사유

① 18세 미만인 사람
② 정신질환자 또는 뇌전증환자
③ 앞을 보지 못하는 사람, 듣지 못하는 사람, 그 밖에 국토교통부령으로 정하는 장애인
④ 마약·대마·향정신성의약품 또는 알코올중독자
⑤ 건설기계조종사면허가 취소된 날부터 1년이 지나지 아니하였거나 건설기계조종사면허의 효력정지 처분 기간 중에 있는 사람

4 건설기계조종사의 적성검사의 기준

① 두 눈을 동시에 뜨고 잰 시력(교정시력을 포함)이 0.7이상이고 두 눈의 시력이 각각 0.3이상일 것
② 55데시벨(보청기를 사용하는 사람은 40데시벨)의 소리를 들을 수 있고, 언어분별력이 80% 이상일 것
③ 시각은 150도 이상일 것
④ 정신질환자 또는 뇌전증환자가 아닐 것
⑤ 앞을 보지 못하는 사람, 듣지 못하는 사람, 그 밖에 국토교통부령으로 정하는 장애인이 아닐 것
⑥ 마약 · 대마 · 향정신성의약품 또는 알코올중독자가 아닐 것

5 건설기계조종사면허의 취소 · 정지 사유

시장 · 군수 또는 구청장은 건설기계조종사가 다음의 어느 하나에 해당하는 경우 국토교통부령으로 정하는 바에 따라 건설기계조종사면허를 취소하거나 1년 이내의 기간을 정하여 건설기계조종사면허의 효력을 정지시킬 수 있다.
① 거짓이나 그 밖의 부정한 방법으로 건설기계조종사면허를 받은 경우
② 건설기계조종사면허의 효력정지기간 중 건설기계를 조종한 경우
③ 정신질환자 또는 뇌전증환자, 앞을 보지 못하는 사람, 듣지 못하는 사람, 그 밖에 국토교통부령으로 정하는 장애인, 마약 · 대마 · 향정신성의약품 또는 알코올중독자
④ 건설기계의 조종 중 고의 또는 과실로 중대한 사고를 일으킨 경우
⑤ 국가기술자격법에 따른 해당 분야의 기술 자격이 취소되거나 정지된 경우
⑥ 건설기계조종사면허증을 다른 사람에게 빌려 준 경우
⑦ 술에 취하거나 마약 등 약물을 투여한 상태 또는 과로 · 질병의 영향이나 그 밖의 사유로 정상적으로 조종하지 못할 우려가 있는 상태에서 건설기계를 조종한 경우
⑧ 정기적성검사를 받지 아니하고 1년이 지난 경우
⑨ 정기적성검사 또는 수시적성검사에서 불합격한 경우

> 💡 중상은 3주 이상의 치료를 요하는 진단이 있는 경우이며, 경상은 3주 미만의 치료를 요하는 진단이 있는 경우이다.

> 💡 사고로 인한 피해 중 처분 받을 조종사 본인의 피해는 산정하지 않는다.

> 💡 면허효력정지처분의 일수를 계산하는 경우에 소수점 이하는 산입하지 않는다.

6 건설기계조종사면허의 취소 · 정지 처분기준

위반행위	처분기준
① 거짓이나 그 밖의 부정한 방법으로 건설기계조종사면허를 받은 경우	취소
② 건설기계조종사면허의 효력정지 기간 중 건설기계를 조종한 경우	취소
③ 정신질환자 또는 뇌전증환자, 앞을 보지 못하는 사람, 듣지 못하는 사람, 그 밖에 국토교통부령으로 정하는 장애인, 마약 · 대마 · 향정신성의약품 또는 알코올중독자	취소
④ 건설기계의 조종 중 고의 또는 과실로 중대한 사고를 일으킨 경우	
㉠ 인명피해	
ⓐ 고의로 인명피해(사망 · 중상 · 경상 등)를 입힌 경우	취소
ⓑ 과실로 「산업안전보건법」의 규정에 따른 중대재해가 발생한 경우	취소
㉢ 그 밖의 인명피해를 입힌 경우	
· 사망 1명마다	면허효력정지 45일
· 중상 1명마다	면허효력정지 15일
· 경상 1명마다	면허효력정지 5일

위반행위	처분기준
ⓒ 재산피해 : 피해금액 50만원마다	면허효력 정지 1일 (90일을 넘지 못함)
ⓒ 건설기계의 조종 중 고의 또는 과실로 도시가스사업법의 규정에 따른 가스공급시설을 손괴하거나 가스공급시설의 기능에 장애를 입혀 가스의 공급을 방해한 경우	면허효력 정지 180일
⑤ 국가기술자격법에 따른 해당 분야의 기술 자격이 취소되거나 정지된 경우	국가기술자격법의 규정에 따라 조치
⑥ 건설기계조종사면허증을 다른 사람에게 빌려 준 경우	취소
⑦ 술에 취하거나 마약 등 약물을 투여한 상태에서 조종한 경우	
㉠ 술에 취한 상태(혈중알콜농도 0.03% 이상 0.1% 미만)에서 건설기계를 조종한 경우	면허효력 정지 60일
㉡ 술에 취한 상태에서 건설기계를 조종하다가 사고로 사람을 죽게 하거나 다치게 한 경우	취소
㉢ 술에 만취한 상태(혈중알콜농도 0.08% 이상)에서 건설기계를 조종한 경우	취소
㉣ 2회 이상 술에 취한 상태에서 건설기계를 조종하여 면허효력정지를 받은 사실이 있는 사람이 다시 술에 취한 상태에서 건설기계를 조종한 경우	취소
㉤ 약물(마약, 대마, 향정신성 의약품 및 유해화학물질 관리법 시행령 규정에 따른 환각물질)을 투여한 상태에서 건설기계를 조종한 경우	취소
⑧ 정기적성검사를 받지 않고 1년이 지난 경우	취소
⑨ 정기적성검사 또는 수시적성검사에서 불합격한 경우	취소

7 건설기계조종사면허증 등의 반납 등

건설기계조종사면허를 받은 사람은 다음의 어느 하나에 해당하는 때에는 그 사유가 발생한 날부터 10일 이내에 시장·군수 또는 구청장에게 그 면허증을 반납하여야 한다.
① 면허가 취소된 때
② 면허의 효력이 정지된 때
③ 면허증의 재교부를 받은 후 잃어버린 면허증을 발견한 때

6. 벌칙 및 과태료

1 벌칙

1. 2년 이하의 징역 또는 2천만원 이하의 벌금
   ① 등록되지 아니한 건설기계를 사용하거나 운행한 자
   ② 등록이 말소된 건설기계를 사용하거나 운행한 자
   ③ 시·도지사의 지정을 받지 아니하고 등록번호표를 제작하거나 등록번호를 새긴 자
   ④ 건설기계의 주요 구조나 원동기, 동력전달장치, 제동장치 등 주요 장치를 변경 또는 개조한 자
   ⑤ 등록을 하지 아니하고 건설기계사업을 하거나 거짓으로 등록을 한 자
   ⑥ 등록이 취소되거나 사업의 전부 또는 일부가 정지된 건설기계사업자로서 계속하여 건설기계사업을 한 자

2. **1년 이하의 징역 또는 1천만원 이하의 벌금**
   ① 거짓이나 그 밖의 부정한 방법으로 등록을 한 자
   ② 등록번호를 지워 없애거나 그 식별을 곤란하게 한 자
   ③ 구조변경검사 또는 수시검사를 받지 아니한 자
   ④ 정비명령을 이행하지 아니한 자
   ⑤ 사후관리에 관한 명령을 이행하지 아니한 자
   ⑥ 건설기계조종사면허를 받지 아니하고 건설기계를 조종한 자
   ⑦ 건설기계조종사면허를 거짓이나 그 밖의 부정한 방법으로 받은 자
   ⑧ 소형 건설기계의 조종에 관한 교육과정의 이수에 관한 증빙서류를 거짓으로 발급한 자
   ⑨ 건설기계조종사면허가 취소되거나 건설기계조종사면허의 효력정지처분을 받은 후에도 건설기계를 계속하여 조종한 자
   ⑩ 건설기계를 도로나 타인의 토지에 버려둔 자

2 과태료

1. **300만원 이하의 과태료**
   ① 등록번호표를 부착하지 아니하거나 봉인하지 아니한 건설기계를 운행한 자
   ② 정기검사를 받지 아니한 자
   ③ 건설기계임대차 등에 관한 계약서를 작성하지 아니한 자
   ④ 정기적성검사 또는 수시적성검사를 받지 아니한 자
   ⑤ 시설 또는 업무에 관한 보고를 하지 아니하거나 거짓으로 보고한 자
   ⑥ 소속 공무원의 검사·질문을 거부·방해·기피한 자

2. **100만원 이하의 과태료**
   ① 등록번호표를 부착·봉인하지 아니하거나 등록번호를 새기지 아니한 자
   ② 등록번호표를 가리거나 훼손하여 알아보기 곤란하게 한 자 또는 그러한 건설기계를 운행한 자
   ③ 등록번호의 새김명령을 위반한 자
   ④ 건설기계안전기준에 적합하지 아니한 건설기계를 도로에서 운행하거나 운행하게 한 자
   ⑤ 건설기계사업자의 의무를 위반한 자

3. **50만원 이하의 과태료**
   ① 임시번호표를 부착하지 아니하고 운행한 자
   ② 등록사항의 변경신고를 하지 아니하거나 거짓으로 신고한 자
   ③ 등록의 말소를 신청하지 아니한 자
   ④ 등록번호표 제작자가 지정받은 사항을 변경신고를 하지 아니하거나 거짓으로 변경신고한 자
   ⑤ 등록번호표를 반납하지 아니한 자
   ⑥ 건설기계의 소유자 또는 점유자의 금지행위에 위반하여 건설기계를 세워 둔 자

> 💡 과태료는 대통령령에 따라 국토교통부장관, 시·도지사, 시장·군수 또는 구청장이 부과·징수한다.

도로교통법

1. 총칙

1 목적

도로에서 일어나는 교통상의 모든 위험과 장해를 방지하고 제거하여 안전하고 원활한 교통을 확보함을 목적으로 함

2 정의 등

용어	정의
도로	• 도로법에 따른 도로 • 유료도로법에 따른 유료도로 • 농어촌도로 정비법에 따른 농어촌도로
자동차 전용도로	자동차만 다닐 수 있도록 설치된 도로
고속도로	자동차의 고속 운행에만 사용하기 위하여 지정된 도로
횡단보도	보행자가 도로를 횡단할 수 있도록 안전표지로 표시한 도로의 부분
안전지대	도로를 횡단하는 보행자나 통행하는 차마의 안전을 위하여 안전표지나 이와 비슷한 인공구조물로 표시한 도로의 부분
안전표지	교통안전에 필요한 주의·규제·지시 등을 표시하는 표지판이나 도로의 바닥에 표시하는 기호·문자 또는 선 등
긴급 자동차	소방차, 구급차, 혈액 공급차량, 그 밖에 대통령령으로 정하는 자동차
어린이	13세 미만인 사람
주차	운전자가 승객을 기다리거나 화물을 싣거나 차가 고장 나거나 그 밖의 사유로 차를 계속 정지 상태에 두는 것 또는 운전자가 차에서 떠나서 즉시 그차를 운전할 수 없는 상태에 두는 것
정차	운전자가 5분을 초과하지 아니하고 차를 정지시키는 것으로서 주차 외의 정지 상태
안전거리	앞차가 갑자기 정지하게 되는 경우에 그 앞차와의 충돌을 피할 수 있는 필요한 거리

3 신호의 종류와 신호의 뜻

1. 녹색의 등화
① 차마는 직진 또는 우회전할 수 있다.
② 비보호좌회전표지 또는 비보호좌회전표시가 있는 곳에서는 좌회전할 수 있다.

2. 황색의 등화
① 차마는 정지선이 있거나 횡단보도가 있을 때에는 그 직전이나 교차로의 직전에 정지하여야 하며, 이미 교차로에 차마의 일부라도 진입한 경우에는 신속히 교차로 밖으로 진행하여야 한다.
② 차마는 우회전할 수 있고 우회전하는 경우에는 보행자의 횡단을 방해하지 못한다.

3. 적색의 등화
① 차마는 정지선, 횡단보도 및 교차로의 직전에서 정지해야 한다.
② 차마는 우회전하려는 경우 정지선, 횡단보도 및 교차로의 직전에서 정지한 후 신호에 따라 진행하는 다른 차마의 교통을 방해하지 않고 우회전할 수 있다.
③ 차마는 우회전 삼색등이 적색의 등화인 경우 우회전할 수 없다.

4. 황색등화의 점멸
차마는 다른 교통 또는 안전표지의 표시에 주의하면서 진행할 수 있다.

5. 적색등화의 점멸
차마는 정지선이나 횡단보도가 있을 때에는 그 직전이나 교차로의 직전에 일시정지한 후 다른 교통에 주의하면서 진행할 수 있다.

4 **신호등의 신호 순서**

1. **이색(2색)등화로 표시**
   녹색 → 녹색의 점멸 → 적색

2. **삼색(3색)등화로 표시**
   녹색(적색 및 녹색화살표) → 황색 → 적색

3. **사색(4색)등화로 표시**
   녹색 → 황색 → 적색 및 녹색화살표 → 적색 및 황색 → 적색

5 **신호 또는 지시에 따를 의무**

① 도로를 통행하는 보행자와 차마의 운전자는 교통안전시설이 표시하는 신호 또는 지시와 교통정리를 하는 국가경찰공무원(의무경찰 포함), 제주특별자치도의 자치경찰공무원 및 경찰보조자의 신호 또는 지시에 따라야 한다.

② 도로를 통행하는 보행자와 차마의 운전자는 교통안전시설이 표시하는 신호 또는 지시와 교통정리를 하는 경찰공무원 또는 경찰보조자(경찰공무원 등)의 신호 또는 지시가 서로 다른 경우에는 경찰공무원등의 신호 또는 지시에 따라야 한다.

2. 차마의 통행방법 등

1 **차마의 통행방법**

1. **차마의 통행**
   ① 차마의 운전자는 보도와 차도가 구분된 도로에서는 차도로 통행하여야 한다.
   ② 도로 외의 곳으로 출입할 때 차마의 운전자는 보도를 횡단하기 직전에 일시 정지하여 좌측과 우측 부분 등을 살핀 후 보행자의 통행을 방해하지 아니하도록 횡단하여야 한다.
   ③ 차마의 운전자는 도로의 중앙우측 부분을 통행하여야 한다.

④ 차마의 운전자는 안전지대 등 안전표지에 의하여 진입이 금지된 장소에 들어가서는 아니된다.
⑤ 차마(자전거 제외)의 운전자는 안전표지로 통행이 허용된 장소를 제외하고는 자전거도로 또는 길가장자리구역으로 통행하여서는 아니된다.

2. **도로의 중앙 또는 좌측 부분으로 통행**
   ① 도로가 일방통행인 경우
   ② 도로의 파손, 도로공사나 그 밖의 장애 등으로 도로의 우측 부분을 통행할 수 없는 경우
   ③ 도로 우측 부분의 폭이 6미터가 되지 아니하는 도로에서 다른 차를 앞지르려는 경우(단, 다음의 경우에는 도로의 중앙이나 좌측으로 통행할 수 없다)
   • 도로의 좌측 부분을 확인할 수 없는 경우
   • 반대 방향의 교통을 방해할 우려가 있는 경우
   • 안전표지 등으로 앞지르기를 금지하거나 제한하고 있는 경우
   ④ 도로 우측 부분의 폭이 차마의 통행에 충분하지 아니한 경우

> 💡 **차마의 통행 우선순위**
>
> ✓ 긴급자동차 → 긴급자동차 외의 자동차 → 원동기장치자전거 → 자동차 및 원동기장치자전거 외의 차마

2 **차로의 설치 등**

1. **차로의 설치**
   ① 차로의 너비는 3미터 이상으로 하여야 한다.
   ② 차로는 횡단보도 · 교차로 및 철길건널목에는 설치할 수 없다.
   ③ 보도와 차도의 구분이 없는 도로에 차로를 설치하는 때에는 보행자가 안전하게 통행할 수 있도록 그 도로의 양쪽에 길가장자리구역을 설치하여야 한다.

2. 차로에 따른 통행구분

① 운전자가 느린 속도로 진행하여 다른 차의 통행을 방해할 때는 통행하던 차로의 오른쪽 차로로 통행하여야 한다.

② 차로의 순위는 도로의 중앙선 쪽에 있는 차로부터 1차로로 한다.(단, 일방통행도로에서는 도로의 왼쪽부터 1차로)

> 💡 편도 4차로의 고속도로외의 도로에서 건설기계는 4차로로 통행한다.

> 💡 편도 4차로 일반도로에서 4차로가 버스 전용차로일 때, 건설기계는 3차로로 통행한다.

3. 차로의 통행 시 위반사항

① 여러 차로를 연속적으로 가로 지르는 행위
② 갑자기 차로를 바꾸어 옆 차선에 끼어드는 행위
③ 두 개의 차로를 걸쳐서 운행하는 행위

3 차로에 따른 통행차의 기준

도로	차로 구분	통행할 수 있는 차종
고속도로 외의 도로	왼쪽 차로	승용자동차 및 경형 · 소형 · 중형 승합자동차
	오른쪽 차로	대형승합자동차, 화물자동차, 특수자동차, 건설기계, 이륜자동차, 원동기장치자전거
고속도로	편도 2차로 1차로	• 앞지르기를 하려는 모든 자동차. • 시속 80킬로미터 미만으로 통행할 수밖에 없는 경우
	편도 2차로 2차로	모든 자동차
	편도 3차로 이상 1차로	• 앞지르기를 하려는 승용·경형 · 소형 · 중형 승합자동차. • 시속 80킬로미터 미만으로 통행할 수밖에 없는 경우
	편도 3차로 이상 왼쪽 차로	승용자동차 및 경형 · 소형 · 중형 승합자동차
	편도 3차로 이상 오른쪽 차로	대형 승합자동차, 화물자동차, 특수자동차, 건설기계

4 자동차 등의 속도

1. 자동차 등의 운행속도

도로 구분		최고속도	최저 속도
일반도로	편도 2차로 이상	매시 80km 이내	제한 없음
	편도 1차로	매시 60km 이내	
고속도로	편도 2차로 이상 / 모든 고속도로	• 매시 100km • 매시 80km(적재중량 1.5톤 초과 화물자동차, 특수자동차, 위험물운반자동차, 건설기계)	매시 50km
	편도 2차로 이상 / 지정 · 고시한 노선 또는 구간의 고속도로	• 매시 120km 이내 • 매시 90km 이내(적재중량 1.5톤 초과 화물자동차, 특수자동차, 위험물 운반자동차, 건설기계)	매시 50km
	편도 1차로	매시 80km	매시 50km
자동차 전용도로		매시 90km	매시 30km

2. 감속운행

비 · 안개 · 눈 등으로 인한 악천후 시에는 다음의 기준에 의하여 감속 운행해야 한다.

운행속도	이상기후 상태
최고속도의 20/100을 줄인 속도	• 비가 내려 노면이 젖어있는 경우 • 눈이 20mm 미만 쌓인 경우
최고속도의 50/100을 줄인 속도	• 폭우 · 폭설 · 안개 등으로 가시거리가 100m 이내인 경우 • 노면이 얼어붙은 경우 • 눈이 20mm 이상 쌓인 경우

3. 자동차를 견인할 때의 속도

구분	속도
총중량 2,000kg 미만인 자동차를 총중량이 그의 3배 이상인 자동차로 견인하는 경우	30km/h 이내
그 외의 경우 및 이륜자동차가 견인하는 경우	25km/h 이내

💡 피견인 차(견인당하는 차)는 자동차의 일부로 본다.

5 앞지르기 금지

1. 앞지르기 방법
① 다른 차를 앞지르려면 앞차의 좌측으로 통행하여야 한다.
② 반대방향의 교통과 앞차 앞쪽의 교통에도 주의를 충분히 기울여야 한다.
③ 앞차의 속도·진로와 그 밖의 도로 상황에 따라 방향지시기·등화 또는 경음기를 사용할 수 있다.
④ 앞지르기를 하는 차가 있을 때에는 속도를 높여 경쟁하거나 차의 앞을 가로막는 등의 방법으로 앞지르기를 방해하여서는 아니 된다.
⑤ 앞지르기를 하는 때에는 안전한 속도와 방법으로 하여야 한다.

2. 앞지르기 금지 장소
① 교차로, 터널 안, 다리 위
② 도로의 구부러진 곳
③ 비탈길의 고갯마루 부근
④ 가파른 비탈길의 내리막
⑤ 시·도경찰청장이 필요하다고 인정하는 곳으로서 안전표지로 지정한 곳

3. 앞지르기 금지 시기
① 앞차의 좌측에 다른 차가 앞차와 나란히 가고 있는 경우
② 앞차가 다른 차를 앞지르고 있거나 앞지르려고 하는 경우
③ 경찰공무원의 지시에 따라 정지하거나 서행하고 있는 차
④ 위험을 방지하기 위하여 정지하거나 서행하고 있는 차

6 철길 건널목의 통과

① 신호기 등이 없는 경우에는 철길 건널목 앞에서 일시 정지하여 안전한지 확인한 후에 통과하여야 한다.
② 신호기 등이 표시하는 신호에 따르는 경우에는 정지하지 아니하고 통과할 수 있다.
③ 건널목의 차단기가 내려져 있거나 내려지려고 하는 경우 또는 건널목의 경보기가 울리고 있는 동안에는 그 건널목으로 들어가서는 아니 된다.

💡 건널목을 통과하다가 고장 등의 사유로 건널목 안에서 차를 운행할 수 없게 된 경우 조치

✓ 즉시 승객을 대피시키고 비상 신호기 등을 사용하거나 그 밖의 방법으로 철도공무원이나 경찰공무원에게 그 사실을 알려야 한다.

7 교차로 통행방법 등

① 교차로에서 우회전을 하려는 경우에는 미리 도로의 우측 가장자리를 서행하면서 우회전하여야 한다.
② 우회전하는 차의 운전자는 신호에 따라 정지하거나 진행하는 보행자 또는 자전거 등에 주의하여야 한다.
③ 교차로에서 좌회전을 하려는 경우에는 미리 도로의 중앙선을 따라 서행하면서 교차로의 중심 안쪽을 이용하여 좌회전하여야 한다.
④ 교차로에서 우회전이나 좌회전을 하기 위하여 손이나 방향지시기 또는 등화로써 신호를 하는 차가 있는 경우에 그 뒤차의 운전자는 신호를 한 앞차의 진행을 방해하여서는 아니 된다.
⑤ 신호기로 교통정리를 하고 있는 교차로에 들어가려는 경우 진행하려는 진로의 앞쪽에 있는 차의 상황에 따라 교차로에 정지하게 되어 다른 차의 통행에 방해가 될 우려가 있는 경우에는 그 교차로에 들어가서는 아니 된다.
⑥ 교통정리를 하고 있지 아니하고 일시정지나 양보를 표시하는 안전표지가 설치되어 있는 교차로에 들어가려고 할 때에는 다른 차의 진행을 방해하지 아니하도록 일시정지하거나 양보하여야 한다.

⑦ 교차로에서 직진하려는 차는 이미 교차로에 진입하여 좌회전하고 있는 차의 진로를 방해하여서는 아니 된다.

⑧ 비보호 좌회전 교차로에서는 녹색 신호시 반대방향의 교통에 방해되지 않게 좌회전하여야 한다.

⑨ 녹색신호에서 교차로 내를 직진 중에 황색신호로 바뀌었을 때에는 계속 진행하여 신속히 교차로를 통과해야 한다.

> 💡 편도 4차로의 경우 우회전을 하려면 교차로 30m 전방에서 4차로로 통행하여야 한다.

> 💡 교차로에서 진로 변경 시 교차로의 가장자리에 이르기 전 30m 이상의 지점으로부터 방향지시등을 켜야 한다.

8 보행자의 보호

① 보행자가 횡단보도를 통행하고 있거나 통행하려고 하는 때에는 보행자의 횡단을 방해하거나 위험을 주지 아니하도록 그 횡단보도 앞에서 일시정지하여야 한다.

② 교통정리를 하고 있는 교차로에서 좌회전이나 우회전을 하려는 경우에는 신호기 또는 경찰공무원 등의 신호나 지시에 따라 도로를 횡단하는 보행자의 통행을 방해하여서는 아니 된다.

③ 교통정리를 하고 있지 아니하는 교차로 또는 그 부근의 도로를 횡단하는 보행자의 통행을 방해하여서는 아니 된다.

④ 도로에 설치된 안전지대에 보행자가 있는 경우와 차로가 설치되지 아니한 좁은 도로에서 보행자의 옆을 지나는 경우에는 안전한 거리를 두고 서행하여야 한다.

⑤ 보행자가 횡단보도가 설치되어 있지 아니한 도로를 횡단하고 있을 때에는 안전거리를 두고 일시정지하여 보행자가 안전하게 횡단할 수 있도록 하여야 한다.

> 💡 보도와 차도의 구분이 없는 도로에서 아동이 있는 곳을 통행할 때에 운전자는 서행 또는 일시 정지하여 안전 확인 후 진행하여야 한다.

> 💡 보호자 없이 아동, 유아가 자동차의 진행전방에서 놀고 있을 때 운전자는 일시 정지하여야 한다.

> 💡 도로교통법 상 어린이보호와 관련하여 위험성이 큰 놀이기구로 지정한 것
> ✓ 킥보드, 롤러스케이트, 인라인스케이트, 스케이트보드

9 긴급자동차

소방차, 구급차, 혈액 공급차량, 그 밖에 대통령령으로 정하는 자동차로서 그 본래의 긴급한 용도로 사용되고 있는 자동차를 의미한다.

1. 대통령령으로 정하는 긴급자동차의 종류
① 경찰용 자동차 중 범죄수사, 교통단속, 그 밖의 긴급한 경찰업무 수행에 사용되는 자동차
② 군 내부의 질서 유지나 부대의 질서 있는 이동을 유도하는 데 사용되는 자동차
③ 도주자의 체포 또는 수용자, 보호관찰 대상자의 호송·경비를 위하여 사용되는 자동차
④ 국내외 요인에 대한 경호업무 수행에 공무로 사용되는 자동차
⑤ 전신·전화의 수리공사 등 응급작업에 사용되는 자동차
⑥ 긴급한 우편물의 운송에 사용되는 자동차

2. 긴급자동차의 우선통행
① 긴급하고 부득이한 경우에는 정지하지 아니할 수 있고, 도로의 중앙이나 좌측 부분을 통행할 수 있다.
② 긴급자동차의 운전자는 교통안전에 특히 주의하면서 통행하여야 한다.
③ 긴급 용무중일 때에만 우선통행 특례의 적용을 받는다.
④ 우선통행 특례의 적용을 받으려면 경광등을 켜거나 사이렌을 작동하여야 한다.

10 진로 양보의 의무 등

① 긴급자동차 외의 자동차 운전자는 뒤에서 따라오는 차보다 느린 속도로 가려는 경우에는 도로의 우측 가장자리로 피하여 진로를 양보하여야 한다.
② 비탈진 좁은 도로에서 자동차가 서로 마주보고 진행하는 경우에는 올라가는 자동차가 도로의 우측 가장자리로 피하여 진로를 양보하여야 한다.
③ 비탈진 좁은 도로에서 사람을 태웠거나 물건을 실은 자동차와 동승자가 없고 물건을 싣지 아니한 자동차가 서로 마주보고 진행하는 경우에는 동승자가 없고 물건을 싣지 아니한 자동차가 도로의 우측 가장자리로 피하여 진로를 양보하여야 한다.

11 서행 또는 일시정지할 장소

1. 서행하여야 하는 장소
① 교통정리를 하고 있지 아니하는 교차로
② 도로가 구부러진 부근
③ 비탈길의 고갯마루 부근
④ 가파른 비탈길의 내리막
⑤ 시 · 도경찰청장이 필요하다고 인정하여 안전표지로 지정한 곳

2. 일시정지하여야 하는 장소
① 교통정리를 하고 있지 아니하고 좌우를 확인할 수 없거나 교통이 빈번한 교차로
② 시 · 도경찰청장이 필요하다고 인정하여 안전표지로 지정한 곳

12 정차 및 주차의 금지

1. 주 · 정차 금지 장소
① 교차로 · 횡단보도 · 건널목이나 보도와 차도가 구분된 도로의 보도
② 교차로의 가장자리나 도로의 모퉁이로부터 5m 이내인 곳
③ 안전지대가 설치된 도로에서는 그 안전지대의 사방으로부터 각각 10m 이내인 곳
④ 버스의 정류지임을 표시하는 기둥이나 표지판 또는 선이 설치된 곳으로부터 10m 이내인 곳
⑤ 건널목의 가장자리 또는 횡단보도로부터 10m 이내긴 곳
⑥ 소방용수시설 또는 비상소화장치가 설치된 곳으로부터 5m 이내인 곳
⑦ 시 · 도경찰청장이 필요하다고 인정하여 지정한 곳
⑧ 시장 등이 지정한 어린이 보호구역

2. 주차금지 장소
① 터널 안 및 다리 위
② 도로공사를 하고 있는 경우 그 공사 구역의 양쪽 가장자리로부터 5m 이내인 곳
③ 다중이용업소의 영업장이 속한 건축물로 소방본부장의 요청에 의하여 시 · 도경찰청장이 지정한 곳으로부터 각각 10m 이내인 곳
④ 시 · 도경찰청장이 필요하다고 인정하여 지정한 곳

13 정차방법

① 도로에서 정차할 때에는 차도의 오른쪽 가장자리에 정차해야 한다.
② 차도와 보도의 구별이 없는 도로에 정차할 경우에는 도로의 오른쪽 가장자리로부터 중앙으로 50cm 이상의 거리를 두어야 한다.
③ 정차하거나 주차할 때에는 다른 교통에 방해가 되지 아니하도록 하여야 한다.

14 자동차의 등화

1. 자동차의 등화
① 밤에 차가 서로 마주보고 진행할 때에는 전조등의 밝기를 줄이거나 불빛의 방향을 아래로 향하게 하거나 잠시 전조등을 꺼야 한다.
② 밤에 차가 앞차의 바로 뒤를 따라갈 때에는 전조등 불빛의 방향을 아래로 향하게 하고, 전조등 불빛의 밝기를 함부로 조작하여 앞차의 운전을 방해하여서는 아니 된다.

③ 밤에 차를 교통이 빈번한 곳에서 운행할 때에는 전조등 불빛의 방향을 계속 아래로 유지하여야 한다.

> 💡 최고주행속도 15km/h 미만의 타이어식 건설기계가 필히 갖추어야 할 조명장치
> : 전조등, 후부반사기, 제동등

2. 차를 운행할 때의 등화(야간)
① 자동차 : 자동차안전기준에서 정하는 전조등, 차폭등, 미등, 번호등과 실내조명등
② 원동기장치자전거 : 전조등 및 미등
③ 견인되는 차 : 미등 · 차폭등 및 번호등
④ 노면전차 : 전조등, 차폭등, 미등 및 실내조명등
⑤ 위 외의 차 : 시 · 도경찰청장이 정하여 고시하는 등화

3. 주 · 정차할 때의 등화(야간)
① 자동차(이륜자동차 제외) : 자동차안전기준에서 정하는 미등 및 차폭등
② 이륜자동차 및 원동기장치자전거 : 미등(후부반사기 포함)
③ 노면전차 : 차폭등 및 미등
④ 위 외의 차 : 시 · 도경찰청장이 정하여 고시하는 등화

15 승차 또는 적재의 방법과 제한

① 운전자는 승차 인원, 적재중량 및 적재용량에 관하여 대통령령으로 정하는 운행상의 안전기준을 넘어서 승차시키거나 적재한 상태로 운전하여서는 아니 된다.(단, 출발지를 관할하는 경찰서장의 허가를 받은 경우 가능)
② 시 · 도경찰청장은 도로에서의 위험을 방지하고 교통의 안전과 원활한 소통을 확보하기 위하여 필요하다고 인정하는 경우에는 차의 운전자에 대하여 승차 인원, 적재중량 또는 적재용량을 제한할 수 있다.

3. 운전자 등의 의무

1 술에 취한 상태에서의 운전 금지

① 누구든지 술에 취한 상태에서 자동차 등(건설기계를 포함)을 운전하여서는 아니 된다.
② 운전이 금지되는 술에 취한 상태의 기준은 운전자의 혈중알코올농도가 0.03% 이상인 경우로 한다.

2 모든 운전자의 준수사항 등

① 물이 고인 곳을 운행할 때에는 고인 물을 튀게 하여 다른 사람에게 피해를 주는 일이 없도록 하여야 한다.
② 운전자가 차를 떠나는 경우에는 교통사고를 방지하고 다른 사람이 함부로 운전하지 못하도록 필요한 조치를 하여야 한다.
③ 도로에서 자동차등을 세워둔 채 시비 · 다툼 등의 행위를 하여 다른 차마의 통행을 방해하지 아니하여야 한다.
④ 운전자는 자동차등의 운전 중에는 휴대용 전화를 사용하지 아니하여야 한다.
⑤ 운전자는 자동차의 화물 적재함에 사람을 태우고 운행하지 아니하여야 한다.
⑥ 운전자는 운전할 때 안전띠를 착용해야 한다.
⑦ 보행자가 안전지대에 있는 때에는 서행하여야 한다.

> 💡 30km/h이상의 속도를 낼 수 있는 타이어식 건설기계에는 안전띠를 설치해야 한다.

4. 운전면허

1 운전할 수 있는 차량의 종류

운전면허 종별	구분	운전할 수 있는 차량
제1종	대형면허	1. 승용자동차 2. 승합자동차 3. 화물자동차 4. 건설기계 　① 덤프트럭, 아스팔트살포기, 노상안정기 　② 콘크리트믹서트럭, 콘크리트펌프, 천공기(트럭 적재식) 　③ 콘크리트믹서트레일러, 아스팔트콘크리트재생기 　④ 도로보수트럭, 3톤 미만의 지게차 5. 특수자동차[대형견인차, 소형견인차 및 구난차(구난차 등)는 제외] 6. 원동기장치자전거
	보통면허	1. 승용자동차 2. 승차정원 15명 이하의 승합자동차 3. 적재중량 12톤 미만의 화물자동차 4. 건설기계(도로를 운행하는 3톤 미만의 지게차로 한정) 5. 총중량 10톤 미만의 특수자동차(구난차 등은 제외) 6. 원동기장치자전거
	소형면허	1. 3륜 화물자동차 2. 3륜 승용자동차 3. 원동기장치자전거
	특수면허 · 대형견인차	1. 견인형 특수자동차 2. 제2종 보통면허로 운전할 수 있는 차량
	특수면허 · 소형견인차	1. 총중량 3.5톤 이하의 견인형 특수자동차 2. 제2종 보통면허로 운전할 수 있는 차량
	특수면허 · 구난차	1. 구난형 특수자동차 2. 제2종 보통면허로 운전할 수 있는 차량

운전면허 종별	구분	운전할 수 있는 차량
제2종	보통면허	1. 승용자동차 2. 승차정원 10명 이하의 승합자동차 3. 적재중량 4톤 이하의 화물자동차 4. 총중량 3.5톤 이하의 특수자동차(구난차 등은 제외) 5. 원동기장치자전거
	소형면허	1. 이륜자동차(운반차를 포함) 2. 원동기장치자전거
원동기장치자전거면허		원동기장치자전거

2 교통사고처리 특례법상 12개 중과실 항목

① 신호 · 지시 위반

② 중앙선 침범

③ 제한속도를 시속 20km 초과하여 운전

④ 앞지르기 방법 위반

⑤ 철길건널목 통과방법 위반

⑥ 횡단보도에서의 보행자보호의무 위반

⑦ 무면허 운전

⑧ 음주 운전

⑨ 보도 침범

⑩ 승객의 추락 방지의무 위반

⑪ 어린이보호구역 안전운전의무 위반

⑫ 화물의 낙하 방지조치 위반

3 벌점

① 1회의 위반 · 사고로 인한 벌점 또는 연간 누산점수가 다음 표의 벌점 또는 누산점수에 도달한 때에는 운전면허를 취소한다.

기간	벌점 또는 누산점수
1년간	121점 이상
2년간	201점 이상
3년간	271점 이상

② 운전면허 정지처분은 1회의 위반 · 사고로 인한 벌점 또는 처분벌점이 40점 이상이 된 때부터 결정하여 집행하되, 원칙적으로 1점을 1일로 계산하여 집행한다.

💡 자동차의 승차 정원 : 등록증에 기재된 인원

💡 면허시험에 합격하고 면허증 교부 전에 있는 사람은 무면허 운전자이다.

💡 면허정지기간에 운전한 경우 운전면허취소 처분에 해당한다.

5. 교통안전표지

교통안전에 필요한 주의 · 규제 · 지시 등을 표시하는 표지판이나 도로의 바닥에 표시하는 기호 · 문자 또는 선 등의 노면표시를 의미한다.

1 교통안전표지의 구분

1. 주의표지
도로상태가 위험하거나 도로 또는 그 부근에 위험물이 있는 경우에 필요한 안전조치를 할 수 있도록 이를 도로사용자에게 알리는 표지

2. 규제표지
도로교통의 안전을 위하여 각종 제한 · 금지 등의 규제를 하는 경우에 이를 도로사용자에게 알리는 표지

3. 지시표지
도로의 통행방법 · 통행구분 등 도로교통의 안전을 위하여 필요한 지시를 하는 경우에 도로사용자가 이에 따르도록 알리는 표지

4. 보조표지
주의표지 · 규제표지 또는 지시표지의 주 기능을 보충하여 도로사용자에게 알리는 표지

5. 노면표시
① 도로교통의 안전을 위하여 각종 주의 · 규제 · 지시 등의 내용을 노면에 기호 · 문자 또는 선으로 도로사용자에게 알리는 표시
② 노면표시에 사용되는 각종 선에서 점선은 허용, 실선은 제한, 복선은 의미의 강조를 나타낸다.

2 교통안전표지의 예

좌우로 이중 굽은 도로	진입 금지 표지	회전형 교차로 표지
좌/우회전 표지	최저 시속 30km 제한 표지	최고속도 제한 표지

응급대처

1. 고장 시 응급처치

1 고장 유형별 응급처치 매뉴얼

① 이상의 징후가 발견되면 신속히 조치를 취하여야 한다.
② 평상시에 이상의 원인을 확인하고, 정비하여 고장을 미연에 방지하여야 한다.
③ 고장은 한 가지가 아니라 여러 가지의 원인에 의해 복합적으로 발생되므로 상시 매뉴얼에 따라 계통적으로 점검하여야 한다.
④ 원인불명의 징후가 나타나는 경우에는 가까운 지역의 서비스센터와 상담하고 대처하여야 한다.
⑤ 유압기기와 전기전자 부품의 분해, 수리 등은 고도의 기술이 요구되므로 반드시 가까운 지역의 서비스센터에 연락하여 전문가의 도움을 받아야 한다.

2 지게차 응급 견인 방법

① 견인은 단거리 이동 시에 사용하는 방법이다.
② 견인하는 지게차는 견인되는(고장 난) 지게차보다 커야 한다.
③ 견인되는 지게차는 운전자의 핸들과 브레이크 조작이 금지된다.
④ 견인되는 지게차에는 안전을 위하여 운전자 외에 어느 누구도 탑승하여서는 아니 된다.
⑤ 고장 난 지게차를 경사로 아래로 이동할 경우 자칫 지게차가 굴러 내려갈 위험이 있으므로, 훨씬 큰 지게차나 몇 대의 지게차를 뒤에 연결하여 이동한다.

> 💡 **고장 난 지게차의 장거리 이동방법**
>
> ✓ 반드시 수송 트럭으로 운반하여야 한다.

3 고장 유형별 응급처치

1. **시동이 꺼졌을 때**
   ① 후면 간전거리에 고장표시판을 설치한다.
   ② 다음의 고장내용을 점검한다.
   - 연료계통 불량
   - 충전계통 불량
   - 냉각계통 불량
   - 시동계통 불량

2. **제동불량 시**
   ① 안전주차하고 후면 안전거리에 고장표시판을 설치한다.
   ② 다음의 고장내용을 점검한다.
   - 브레이크 오일의 부족 및 라이닝의 마모
   - 페이드 현상, 베이퍼 록
   - 마스터 실린더의 오일의 누출

3. **타이어 펑크 시**
   ① 안전주차하고 후면 안전거리에 고장표시판을 설치한다.
   ② 정비사에게 지원 요청한다.
   ③ 다음의 고장내용을 점검한다.
   - 타이어 과팽창
   - 타이어 노화

4. **전 · 후진 주행장치 고장 시**
   ① 안전주차하고 후면 안전거리에 고장표시판을 설치한다.
   ② 견인조치를 의뢰한다.
   ③ 다음의 고장내용을 점검한다.
   - 변속기 불량
   - 앞 구동축 불량
   - 최종감속장치 불량

5. 마스트 유압라인 고장 시

① 안전주차하고 후면 안전거리에 고장표시판을 설치한다.
② 포크를 마스트에 고정한다.
③ 주차 브레이크를 푼다.
④ 상용브레이크 페달을 놓는다.
⑤ 시동스위치를 off로 한다.
⑥ 전 · 후진 레버를 중립에 위치한다.
⑦ 지게차에 견인봉을 연결한다.
⑧ 지게차를 천천히 견인한다.
⑨ 주행속도는 2km/h 이하로 한다.
⑩ 다음의 고장내용을 점검한다.
   • 리프트 실린더 불량
   • 틸트 실린더 불량
   • 유압(호스 · 펌프 · 필터) 불량
   • 방향전환 밸브 불량

2. 교통사고 시 대처

1 인명사고 시

① 신속한 응급조치 후에 긴급구호 요청을 하여야 한다.
② 차의 운전 등 교통으로 인하여 사람을 사상하거나 물건을 손괴한 경우에는 그 차의 운전자나 그 밖의 승무원은 즉시 정차하여 다음의 조치를 하여야 한다.
   • 사상자를 구호하는 등 필요한 조치
   • 피해자에게 인적 사항(성명 · 전화번호 · 주소 등) 제공
③ 차의 운전자 등은 경찰공무원이 현장에 있을 때에는 그 경찰공무원에게, 경찰공무원이 현장에 없을 때에는 가장 가까운 국가경찰관서에 다음의 사항을 지체 없이 신고하여야 한다.
   • 사고가 일어난 곳
   • 사상자 수 및 부상 정도
   • 손괴한 물건 및 손괴 정도
   • 그 밖의 조치사항 등
④ 경찰공무원(자치경찰공무원은 제외)은 교통사고가 발생한 경우에는 필요한 조사를 하여야 한다.

> 💡 긴급자동차, 부상자를 운반 중인 차 및 우편물자동차 등의 운전자는 긴급한 경우에는 동승자로 하여금 신고를 하게하고 운전을 계속할 수 있다.

2 차량사고 시

① 차량을 이동시킬 수 있는 상황이면 2차 사고를 방지하기 위하여 안전한 장소로 차량을 옮겨야 한다.
② 차량전복 시 차량에서 빠져나오지 못할 경우를 대비하여 유리를 깰 수 있는 비상용 망치를 구비하여야 한다.
③ 차량화재 시 화재가 확산되는 것을 방지하기 위해 적응성이 있는 소화기를 반드시 준비하여야 한다.

CHAPTER

05

기관(엔진)구조

- 기관이란 건설기계가 주행하는데 필요한 동력을 발생시키는 장치로써, 일반적으로 엔진이라고 한다. 이는 사람에게 있어 심장에 비유될 정도로, 건설기계에서 매우 중요하다.

- 지게차에 대한 전반적인 이해의 측면에서 중요하므로, 이론을 충분히 이해위주로 공부해야 한다..

기관(엔진)본체

1. 기관

1 기관의 분류

기관(엔진)은 1차적으로 연료의 화학에너지를 열에너지로 변환시킨 후, 2차적으로 그 열에너지를 기계적 에너지로 변환시켜 주는 장치이다.

1. 사용 연료
① 가솔린(휘발유) : 가솔린기관
② 경유 : 디젤기관

2. 점화 방식
① 전기(불꽃)점화 기관 : 가솔린기관
② 압축착화 기관 : 디젤기관

3. 내연기관 및 외연기관
① 내연기관 : 가솔린기관, 디젤기관 등
② 외연기관 : 증기기관, 증기터빈 등

2 디젤기관

1. 점화(착화)방법
공기를 실린더 내로 흡입하여 고압축비로 압축한 다음 연료를 분사하여 자기착화로 연소시킨다.

2. 디젤기관에만 있는 부품
① 분사(인젝션)펌프, 분사노즐 등
연료의 분사와 관련된 부품이 필요하고, 점화와 관련 부품[점화(스파크)플러그, 배전기 등]은 필요 없다.
② 예열플러그 회로
연소실 내의 공기를 추가적으로 가열하여, 연료의 자기착화를 쉽게 하기 위한 예열장치가 필요하다.

3. 디젤기관의 장점
① 열효율이 높다.
② 인화점이 높은 경유를 사용하므로 취급이 용이하다.
③ 연료 소비량(소비율)이 적다(낮다).
④ 공기만을 압축하므로, 엔진의 압축비가 높다.
⑤ 공기가 충분히 공급된 상태에서 연소가 진행되므로, 유해 배기가스 배출량이 적다.

> 💡 열효율이 높다는 것은 같은 연료를 이용할 때, 손실이 적어서 큰 출력(동력)을 얻는 것을 의미한다.

4. 디젤기관의 단점
① 소음 및 진동이 크다.
② 마력 당 무게가 무겁다.
③ 엔진 각 부분의 구조가 튼튼해야 한다.

> 💡 가솔린기관은 디젤기관에 비해 회전수가 빠르고, 가속성이 좋으며, 운전이 정숙하다.

3 4행정 사이클 기관

피스톤의 4행정(흡입, 압축, 폭발, 배기)을 크랭크축이 2회전 하면 1사이클이 되는 기관이다.

1. 작동 원리
① 흡입 행정
피스톤이 상사점에서 하사점으로 이동할 때 실린더 내부의 압력이 낮아져 공기가 흡입되는 행정
② 압축 행정
피스톤이 하사점에서 상사점으로 이동할 때 실린더 내부의 공기가 압축되고 고온으로 되는 행정

③ 폭발(동력, 연소팽창)행정

　피스톤이 상사점에서 하사점으로 이동할 때 연
료분사 노즐로부터 실린더 내로 연료를 분사하
여 동력을 얻는 행정

④ 배기 행정

　피스톤이 하사점에서 상사점으로 이동할 때 연
소된 가스를 배출하는 행정

2. 행정 순서

흡입 → 압축 → 폭발 → 배기

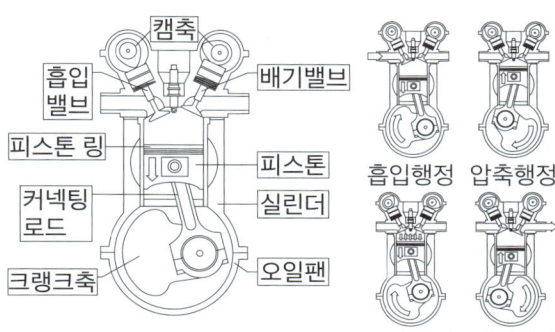

[행정순서]

3. 각 행정 시 밸브의 개·폐 상태

	흡입 행정	압축 행정	폭발 행정	배기 행정
흡기밸브	열림	닫힘	닫힘	닫힘
배기밸브	닫힘	닫힘	닫힘	열림

4. 크랭크축 기어와 캠축 기어의 지름 비 및 회전 비

① 지름 비 - 1 : 2

② 회전 비 - 2 : 1 (크랭크축이 2회전 시, 캠축은 1회전)

💡 행정 : 상사점(피스톤이 가장 높은 위치)과 하사
점(피스톤이 가장 낮은 위치)과의 거리

💡 4행정 사이클 기관에서 분사펌프 회전수는 기관
회전수의 1/2이다.

💡 rpm(Revolution Per Minute)
　: 엔진의 1분당 회전수

2. 기관 본체

1 　실린더 헤드 및 실린더 헤드 개스킷

1. 실린더 헤드

① 실린더 블록 위에 설치되는 것으로써 피스톤,
실린더와 함께 연소실을 형성한다.

② 상부는 밸브 및 밸브기구, 측면은 흡기·배기
포트, 내부는 워터 재킷(물 통로)으로 구성되어
있다.

💡 실린더 헤드에 균열이 생기면 기관이 작동 중 라
디에이터 캡 쪽으로 물이 상승하면서 연소가스
가 누출된다.

💡 기관의 온도를 측정하기 위해 냉각수의 수온을
측정하는 곳 : 실린더 헤드 워터 재킷 부분

2. 실린더 헤드 개스킷

실린더 헤드와 실린더 블록 사이에 설치되어 기밀
성을 높이며... 냉각수, 엔진오일, 압축가스 등의 누
출을 방지한다.

💡 실린더 헤드 개스킷의 구비조건

✓ 기밀 유지와 복원성이 좋아야 한다.

✓ 내열성과 내압성이 있어야 한다.

✓ 강도가 적당하여야 한다.

💡 실린더 헤드 개스킷의 손상 시 일어나는 현상

✓ 압축압력과 폭발압력이 낮아진다.

✓ 냉각계통으로 배기가스가 누설된다.

✓ 라디에이터의 캡을 열어 냉각수 점검 시 엔진오일
이 떠 있게 된다.

2 실린더 블록 및 실린더

1. 실린더 블록

① 엔진의 뼈대를 구성하는 구조물로써 상부에는 실린더 헤드, 하부에는 오일 팬이 설치되어 있다.
② 내부는 실린더 및 워터 재킷, 하부는 크랭크축 지지부와 크랭크 케이스로 구성되어 있다.

> 💡 실린더 블록의 찌든 기름때를 깨끗이 세척하고자 할 때에는 솔벤트나 경유를 사용한다.

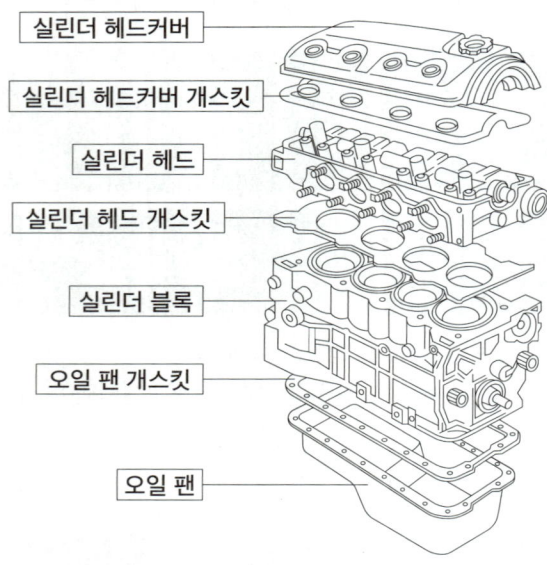

실린더 헤드커버
실린더 헤드커버 개스킷
실린더 헤드
실린더 헤드 개스킷
실린더 블록
오일 팬 개스킷
오일 팬

[실린더 블록]

2. 실린더

① 실린더 블록에 원통형으로 설치되어 있으며, 피스톤이 왕복운동을 하며 동력을 발생시키도록 한다.
② 실린더 행정과 실린더 지름과의 비

장 행정 기관	피스톤의 행정이 실린더의 내경보다 크다.
정방 행정 기관	피스톤의 행정이 실린더의 내경과 같다.
단 행정 기관	피스톤의 행정이 실린더의 내경보다 작다.

3 실린더의 마모

1. 실린더 마모의 원인

① 연소 생성물(카본)에 의한 마모
② 흡입공기 중의 먼지 · 이물질 등에 의한 마모
③ 실린더 벽과 피스톤 및 피스톤 링의 접촉에 의한 마모

2. 실린더가 마모되었을 때 발생되는 현상

① 압축압력, 압축효율 및 출력 저하
② 오일 소모량의 증가
③ 블로바이 가스의 배출 증가(불완전연소)
④ 크랭크실 내의 윤활유 오염 및 소모

> 💡 기관의 실린더 벽에서 마모가 가장 크게 발생하는 부분 : 상사점 부근(실린더 윗부분)

> 💡 블로바이(blow-by) 가스 : 실린더와 피스톤 사이로 새는 연소가스

4 피스톤 및 커넥팅 로드

1. 피스톤의 기능

실린더 내를 왕복운동하며, 폭발행정 시 고온, 고압의 가스 압력으로 팽창하여 커넥팅 로드를 통해 크랭크축에 회전력을 전달한다.

2. 피스톤의 구비조건

① 고온, 고압에 견딜 것
② 열전도가 잘될 것
③ 열 팽창율이 적을 것
④ 피스톤 중량이 작을 것

3. 피스톤의 간극

간극이 클 때의 영향	• 블로바이 가스가 생겨 압축 압력이 낮아진다. • 피스톤링의 기능 저하로 인하여 오일이 연소실에 유입되어 오일 소비가 많아진다. • 피스톤 슬랩 현상이 발생되어 기관 출력이 저하된다. • 엔진오일의 수명이 단축된다.
간극이 작을 때의 영향	• 마찰열에 의해 소결되기 쉽다. • 유막이 파괴되어 마찰에 의한 마모가 증대된다. • 열팽창으로 인한 피스톤링이 변형되거나 소손된다.

💡 **피스톤 슬랩(slap)현상**

✓ 4행정 사이클을 진행할 때, 피스톤이 실린더 벽에 충격을 주는 현상

4. 피스톤이 고착되는 원인
① 피스톤의 간극이 작을 때
② 기관 오일이 부족할 때
③ 기관이 과열되었을 때
④ 냉각수의 양이 부족할 때

5. 커넥팅 로드
① 양쪽 끝에 구멍이 있는 막대로 피스톤의 상하운동을 크랭크축의 회전운동으로 바꾸어 준다.
② 피스톤 핀에 연결하는 부분인 소단부(small end)와 크랭크 핀에 연결하는 부분인 대단부(big end)로 되어 있다.

5 피스톤 링

피스톤 헤드 부분을 둘러싸고 있는 특수 주철로 된 링이다.

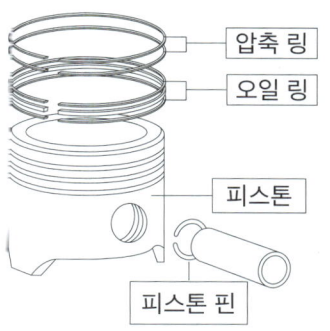

[피스톤링]

1. 피스톤 링의 종류
① 압축링 : 압축가스가 새는 것을 막아주는 링으로, 2~3개가 설치되며, 실린더 헤드 쪽에 위치한다.
② 오일링 : 엔진오일을 실린더 벽에서 긁어내리는 링으로, 1~2개가 설치된다.

2. 피스톤 링의 작용

기밀 작용	압축가스가 새는 것을 막아준다.
오일제어 작용	엔진오일을 실린더 벽에서 긁어내린다.
열전도 작용	피스톤이 받는 열의 대부분을 실린더 벽에 전달한다.

3. 피스톤 링이 마모되었을 때 나타나는 현상
① 기관의 압축압력이 저하된다.
② 기관에서 엔진오일이 연소실로 올라온다.
③ 엔진 오일의 소비량이 증대된다.
④ 기관의 배기가스 색이 회백색으로 된다.

💡 피스톤 링의 절개구 간극이 가장 큰 것은 1번 링이다.

💡 절개구 쪽으로 압축가스가 새는 것을 방지하기 위해 피스톤 링의 절개부를 서로 120° 방향으로 끼운다.

6 **크랭크축**

1. 크랭크축

① 실린더의 폭발행정에서 발생한 피스톤의 직선
운동을 커넥팅 로드를 통해 회전운동으로 변환
시켜 준다.

② 크랭크 핀, 크랭크 암, 저널, 평형추 등으로 구성
되어 있다.

③ 기관의 폭발 순서

- 직렬 4기통 : 1 - 3 - 4 - 2, 1 - 2 - 4 - 3
- 직렬 6기통 : 1 - 5 - 3 - 6 - 2 - 4(우수식)
  1 - 4 - 2 - 6 - 3 - 5(좌수식)

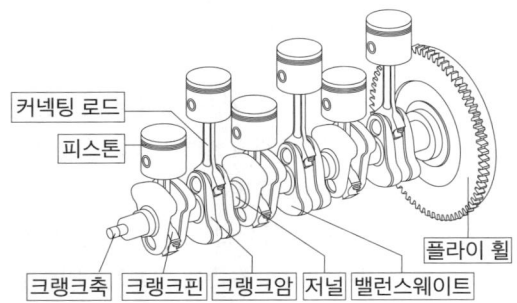

[크랭크축]

> 💡 **크랭크축의 회전에 따라 작동되는 기구**
>
> ✓ 발전기, 캠 샤프트, 워터 펌프, 플라이 휠

2. 플라이 휠

① 중심부는 얇고 주위는 두꺼운 원판모양이다.

② 크랭크축에 연결되어 엔진의 동력을 클러치와
변속기에 차례로 전달해 준다.

③ 엔진은 회전할 때 약간의 진동을 동반하는데,
관성력을 이용하여 회전을 부드럽고 원활하게
해준다.

> 💡 디젤엔진이 실화되면 일어나는 현상엔진의 회
> 전이 불량해 진다.

7 **밸브기구**

1. 캠축

① 크랭크축의 회전 동력을 체인 및 벨트로 전달받
아 밸브의 개폐 및 연료펌프, 오일펌프 등을 구
동시킨다.

② 캠축에는 밸브 리프터를 밀어주어 밸브를 개폐
시키는 캠이 있으며, 캠은 밸브의 수와 동일하
게 설치되어 있다.

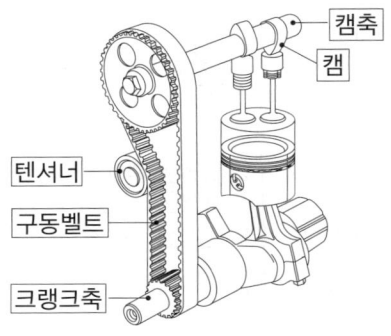

[캠축]

2. 유압식 밸브 리프터

기관의 유압을 이용하여 밸브 간극을 제로(0)로 하
여 밸브의 개폐시기를 정확하게 유지한다.

> 💡 **유압식 밸브 리프터의 장점**
>
> ✓ 밸브 간극 조정이 필요하지 않다.
> ✓ 밸브 개폐시기가 정확하다.
> ✓ 밸브 기구의 내구성이 좋다.

> 💡 흡 · 배기 밸브는 캠축에 의해 열리고, 밸브 스프
> 링에 의해 닫힌다.

3. 밸브

① 공기를 실린더에 흡입하거나(흡기밸브), 연소가스를 외부로 배출시킨다(배기밸브).

② 흡·배기 밸브의 구비조건

- 열전도율이 좋을 것
- 열에 대한 팽창률이 적을 것
- 가스에 견디고 고온에 잘 견딜 것
- 열에 대한 저항력이 클 것

> 💡 기관에서 캠의 작동에 의해 밸브의 개폐시키는 것은 로커 암이다.

> 💡 텐셔너(tensioner)
> : 기관에서 크랭크축과 캠축을 연결하여 구동시키는 타이밍 체인의 헐거움을 자동 조정하는 장치

4. 밸브 간극

① 밸브 스템 엔드와 로커 암 사이의 틈새이다.

② 밸브 간극이 클 때와 작을 때 일어나는 현상

간극이 클 때	• 정상온도에서 밸브가 완전히 개방되지 않는다. • 심한 소음이 발생한다. • 흡입량이 부족해진다.
간극이 작을 때	• 밸브가 열려 있는 시간이 길어진다. • 엔진의 출력이 저하된다. • 실화(불완전연소)가 일어날 수 있다.

3. 기관 점검

1 디젤기관의 시동("최초 공급")

1. 디젤엔진의 시동불량 원인

① 연료계통에 공기가 유입되어 있다.

② 연료가 부족하다.

③ 연료에 불순물이 혼입되었다.

④ 연료공급 펌프가 불량하다.

⑤ 시등 시 크랭크축 회전속도가 너무 느리다.

⑥ 압축압력이 불량하다.(저하되었다)

⑦ 연료분사펌프의 기능이 불량하다.(타이밍이 틀리다)

⑧ 분사노즐이 불량하다.

⑨ 흡·배기 밸브의 밀착이 좋지 못하다.

⑩ 밸브의 개폐시기가 부정확하다.

⑪ 배터리 방전으로 교체가 필요한 상태이다.

> 💡 겨울철 디젤엔진의 시동이 잘 안 되는 원인
> ✓ 예열장치가 고장 났을 때

2. 디젤엔진의 시동을 용이하게 하는 방법

① 압축비를 높인다.

② 흡기온도를 상승시킨다.

③ 겨울철에 예열장치를 사용한다.

3. 디젤엔진의 시동이 걸리지 않을 때 점검사항

① 기동 전동기가 이상이 없는지 점검한다.

② 바터리의 충전상태를 점검한다.

③ 배터리 접지 케이블의 단자가 잘 조여져 있는지 점검한다.

④ 연료량이 충분한지 점검한다.

> 💡 디젤기관을 정지시키는 방법
> : 연료의 공급을 차단한다.

> 💡 디젤엔진을 시동하기 전 점검사항
> ✓ (연료, 냉각수, 엔진오일, 유압유) 양, 기관의 팬벨트 장력 등

2 디젤기관의 과열("열 방출X")

1. 디젤엔진의 과열 원인
① 라디에이터(방열기) 코어가 막혔을 때
② 물 펌프의 벨트가 느슨해졌을 때
③ 수온조절기가 닫힌 채 고장이 났을 때
④ 냉각장치 내부의 물 통로에 물때가 끼었을 때
⑤ 냉각수 또는 엔진오일이 부족할 때
⑥ 물 펌프가 고장 났을 때
⑦ 배기 계통의 막힘이 많이 발생할 때
⑧ 냉각팬 벨트가 헐거워졌을 때

2. 디젤엔진의 과열 시 일어날 수 있는 현상
① 실린더 헤드의 변형이 발생할 수 있다.
② 각 작동부분이 열팽창으로 고착될 수 있다.
③ 윤활유 점도 저하로 유막이 파괴될 수 있다.
④ 금속이 빨리 산화되고 변형되기 쉽다.
⑤ 기관출력이 저하되어 속도를 내지 못한다.

3 디젤기관의 진동("불균형 또는 비대칭")

1. 디젤엔진의 진동원인
① 분사시기, 분사간격이 다르다.
② 피스톤 및 커넥팅로드의 중량차가 크다.
③ 각 실린더의 분사압력과 분사량이 다르다.
④ 4기통엔진에서 한 개의 분사노즐이 막혔다.
⑤ 인젝터(연료분사노즐)에 불균율이 있다.

2. 디젤엔진의 진동 시 점검사항
① 기관의 점화시기 점검
② 기관과 차체 연결 마운틴의 점검
③ 연료계통의 공기 누설 여부 점검

4 디젤엔진의 출력을 저하시키는 원인

① 실린더 내의 압축압력이 낮을 때
② 노킹이 일어날 때
③ 연료 분사량이 적을 때
④ 연료분사 시기가 부정확할 때
⑤ 연료펌프 작동불량 또는 연료 여과기가 막혔을 때
⑥ 흡·배기계통이 막혔을 때

5 디젤엔진에서 고속회전이 원활하지 못한 원인

① 연료의 압송 불량
② 조속기(거버너) 작용 불량
③ 분사시기 조정 불량

6 디젤엔진의 압축압력 측정 시 측정방법

① 기관의 분사노즐은 모두 제거한다.
② 배터리의 충전상태를 점검한다.
③ 기관을 정상온도로 작동시킨다.
④ 건식시험을 먼저하고 습식시험을 나중에 한다.

연료장치

1. 연소실

1 연료의 성질

1. **착화성**
   직접적인 점화원을 가하지 않아도 스스로 불이 붙을 수 있는 성질이다.

2. **인화성**
   외부의 직접적인 점화원에 의해 불이 붙을 수 있는 성질이다.

3. **세탄가**
   디젤 연료의 착화성을 표시하는 수치이다.

💡 착화성이 가장 좋은 연료는 경유이다.

💡 경유의 중요한 성질 : 착화성, 비중, 세탄가

💡 디젤기관의 연소과정에서 착화가 늦어지는 원인

✓ 연료의 미립도
✓ 연료의 착화성
✓ 공기의 와류 상태

2 연소실의 종류

연소실은 피스톤이 상사점에 도달할 때 실린더 안의 남는 공간으로, 연소가 일어나는 곳이다.

1. **직접분사방식(단실식)**
   실린더 헤드와 피스톤 사이에 설치된 1개의 연소실(주연소실)에 연료를 직접 분사시키는 방식이다.
   ① 부연소실이 없어서 예열플러그가 필요 없다.
   ② 직접분사식에 가장 적합한 노즐은 구멍형 노즐이다.

장점	• 구조가 간단하고, 열효율이 높다. • 냉각에 의한 열 손실이 적다. • 연료소비량(소비율)이 적다.
단점	• 연료의 분사압력이 높아 분사펌프와 노즐의 수명이 짧다. • 연료계통의 연료누출 염려가 많다. • 사용 연료 변화에 민감하며, 노크가 일어나기 쉽다.

2. **간접분사방식(복실식)**
   주연소실과 최소한 2개 이상의 부연소실이 있으며, 부연소실에 연료를 분사시키는 방법이다.
   ① 예연소실식
   • 부연소실 내의 공기가 연소 시 발생한 고압의 가스에 의해 주연소실로 나머지 연료가 분출되어 2차적으로 연소를 하게 된다.
   • 부연소실이 있어서 예열플러그가 필요하다.
   • 예연소실은 주연소실보다 작다.
   ② 와류실식압축행정에서 압축된 공기가 와류실로 유입되어 강한 회전운동을 할 때 연료를 분사하여 연소시킨다.
   ③ 공기실식압축행정의 끝 시점에서 압축된 공기에 연료를 분사하고, 혼합기가 공기실로 유입되어 연소하게 된다.

💡 디젤기관 연료 중에 공기가 흡입될 경우 나타나는 현상

✓ 불완전연소로 노킹 및 엔진부조가 발생하여, 기관 회전이 불량하다.

💡 디젤기관에서 흡입공기 압축 시 압축온도
 : 500~550℃

2. 연료장치

연료탱크 속의 연료를, 연료공급펌프를 거쳐 연료필터로 여과하여 분사펌프로 보낸 후, 분사노즐을 통하여 연소실 내에 안개와 같이 분사하는 장치이다.
(연료탱크 → 연료공급펌프 → 연료필터 → 분사펌프 → 분사노즐)

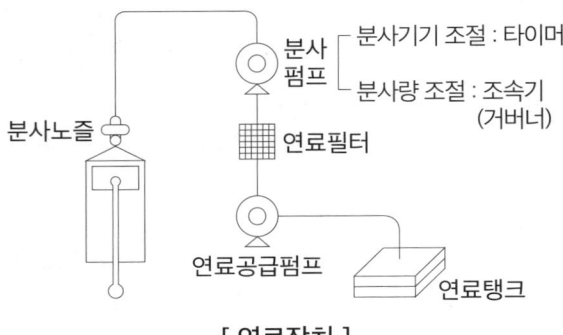

[연료장치]

1 연료탱크

① 연료를 저장하기 위한 용기이다.
② 연료주입구, 연료센서, 연료 출렁임 방지판, 드레인 플러그 등으로 구성된다.

2 연료공급펌프

① 연료탱크의 연료를 분사펌프 저압부까지 공급하는 장치이다.
② 연료 분사펌프에 설치되어 캠에 의해 작동된다.

3 연료필터(연료여과기)

① 연료 속에 포함되어 있는 먼지, 수분, 불순물 등을 제거하는 장치이다.
② 상부에 오버플로 밸브가 장착되어 있다.

4 분사펌프(인젝션펌프)

기관에서 연료를 압축하여 분사순서에 맞추어 노즐로 압송시키는 장치이다.

1. **타이머**
   ① 연료의 분사시기를 조절한다.
   ② 기관의 속도에 따라 자동적으로 분사시기를 조정하여 운전을 안정되게 한다.

2. **거버너(조속기)**
   ① 연료의 분사량을 조절한다.
   ② 기관의 부하에 따라 자동적으로 분사량을 가감하여 최고 회전속도를 제어한다.

💡 분사펌프(인젝션펌프)는 디젤기관에만 있다.

💡 분사펌프의 플런저와 플런저 배럴 사이의 윤활은 경유로 한다.

5 분사노즐(인젝터)

디젤엔진에서 분사펌프로부터 압송된 연료를 고압으로 연소실에 안개와 같이 분사하는 장치이다.

1. **요구조건**
   ① 고온, 고압의 가혹한 조건에서 장기간 사용할 수 있을 것
   ② 분무를 연소실의 구석구석까지 뿌려지게 할 것
   ③ 연료를 미세한 안개 모양으로 분사하여 쉽게 착화하게 할 것
   ④ 연료의 분사 끝에서 후적(분사노즐 끝에서 연료방울이 떨어지는 것)이 일어나지 않을 것

2. **종류**
   ① 개방형
   ② 밀폐형 : 핀틀(pintle)형, 스로틀(throttle)형, 홀(hole)형

3. 연료분사의 3대 요소

무화	안개처럼 액체를 미립자화 하는 것
관통력	연료 입자가 공기 중을 관통하여 나아갈 수 있는 힘
분포	연료 입자가 연소실 전체에 고르게 퍼져 있는 것

💡 **연료분사노즐 테스터기 검사항목**

✓ 연료 분포상태, 연료 후적유무, 연료분사 개시압력 등

💡 분사노즐의 점검항목 : 저항, 분사량, 작동음

💡 디젤기관의 연료 분사노즐에서 섭동 면(접촉 면)의 윤활은 경유로 한다.

6 커먼레일(연료저장 고압축압기) 연료분사장치

연료탱크 속의 연료를, 저압연료펌프를 거쳐 연료필터로 여과한 후, 고압연료펌프에서 가압하여 커먼레일에 축적한 다음 연소실에 고압으로 연료를 분사하는 장치이다.

1. 저압연료라인
① 연료를 공급하는 부품으로 구성된다.
② 구성품은 연료탱크, 저압연료펌프, 연료필터 등이다.

2. 고압연료라인
① 연료를 가압하고, 연료를 분사하는 부품으로 구성된다.
② 구성품은 고압연료펌프, 압력제어밸브, 커먼레일, 레일압력 센서, 인젝터, 고압파이프 등이다.

3. 전자제어 시트템
① 대부분 연료분사 제어와 관련된다.
② 구성품은 전자제어 장치, 전자제어 입력요소, 전자제어 출력요소 등이다.

7 기타 연료장치

1. 벤트 플러그
디젤기곤의 연료장치에서 연료필터의 공기를 배출하기 위해 설치하는 장치이다.

2. 프라이밍 펌프
기관의 연료분사펌프에 연료를 보내거나 공기를 배출하는 작업을 할 때 필요한 장치이다.

3. 오버플로우 밸브
연료필터 내의 압력이 규정 압력 이상으로 높아지면 작동하여, 넘쳐나는 연료를 연료탱크로 돌려보내어 연료 필터의 압력을 일정하게 유지시켜 주는 장치이다.
① 연료계통의 공기를 배출한다.
② 연료공급 펌프의 소음 발생을 방지한다.
③ 연료필터 엘리멘트(여과지)를 보호한다.
④ 분사펌프의 압송 압력이 높아지는 것을 방지한다.

4. 딜리버리 밸브
연료분사밸브의 일종으로 분사 후 연료의 역류를 방지한다.

8 연료장치의 점검

1. 디젤기관 연료장치의 공기빼기 순서
공급펌프 → 연료여과기 → 분사펌프

2. 디젤기관 연료장치의 공기 배출 방법
연료만 먼저 배출시키면 작동하고 있는 프라이밍 펌프틀 누른 상태에서 벤트 플러그를 막아서 공기를 배출한다.

3. 디젤노크 및 엔진부조

1 디젤노크("자기착화가 어렵다")

연소실의 누적된 연료가 일시적으로 연소하면 실린더 내의 압력이 급격히 상승하게 되어, 문을 노크하는 것처럼 '틱틱' 소리를 내는 현상이다.

1. **노킹의 원인**
   ① 연료의 분사 압력 및 세탄가가 낮다.
   ② 연소실의 온도가 낮다.
   ③ 착화지연시간이 길다.
   ④ 착화기간 중 분사량이 많다.
   ⑤ 노즐의 분무상태가 불량하다.
   ⑥ 기관이 과냉되어 있다.

2. **노킹의 방지방법**
   ① 압축비를 높게 한다.
   ② 연료의 착화점이 낮은 것을 사용한다.
   ③ 흡입공기의 압축압력과 온도를 높게 한다.
   ④ 세탄가가 높은 연료를 사용한다.
   ⑤ 실린더 벽의 온도를 높게 한다.
   ⑥ 착화기간 중의 분사량을 적게 한다.
   ⑦ 착화지연시간을 짧게 한다.
   ⑧ 엔진의 회전속도를 높인다.

> ♀ **노킹의 발생 시 기관에 미치는 영향**
>
> ✓ 기관의 출력 및 흡기효율이 낮아진다.
> ✓ 기관이 과열된다.
> ✓ 엔진에 손상이 발생할 수 있다.
> ✓ 연소실 온도가 상승된다.

2 엔진부조("연소가 제때에 이루어지지 않는다")

운전자가 운전 시 이상하다고 느낄 만큼 엔진이 심하게 떨리는 현상으로... 공회전 불량, 엔진 출력이 저하되는 문제 등이 발생하게 된다.

1. **엔진부조의 원인**
   ① 거버너(조속기)의 작용이 불량하다.
   ② 연료의 압송이 불량하다.
   ③ 분사시기의 조정이 불량하다.
   ④ 인젝터 공급파이프에서 연료가 누설된다.
   ⑤ 인젝터 간 연료 분사량이 일정하지 않다.
   ⑥ 연료 라인에 공기가 혼입되었다.

2. **엔진부조 중 시동이 꺼졌을 때의 원인**
   ① 연료필터 또는 분사노즐이 막혔다.
   ② 연료탱크 내에 오물이 연료장치에 유입되었다.
   ③ 연료파이프 연결이 불량하다.
   ④ 연료에 물이 혼입되었다.

> ♀ 노크가 소음적인 측면에서의 증상이라면, 부조는 진동적인 측면에서의 증상이다.

냉각장치

1. 냉각장치

디젤엔진에서 발생하는 열을 냉각시켜 엔진의 과열을 방지하고, 정상적인 온도로 유지하기 위한 장치이다.

1 공랭식 냉각장치

실린더 벽의 바깥 부분에 냉각팬을 설치하고, 외부 공기를 이 냉각팬에 직접 접촉시킴으로써 냉각한다.

자연 통풍식	냉각팬이 없고 주행 시 접촉하는 공기를 이용하여 냉각시킨다.
강제 통풍식	냉각팬과 슈라우드을 이용하여 강제로 많은 양의 공기를 엔진으로 공급하여 냉각시킨다.

2 수냉식 냉각장치

실린더 내에 워터 재킷을 만들고, 그 곳에 냉각수를 순환시켜 엔진을 냉각한다.

자연 순환식	냉각수의 대류작용에 의해서 순환시킨다.
강제 순환식	물 펌프를 이용하여 강제적으로 냉각수를 순환시킨다.
압력 순환식	냉각수를 가압하여 냉각수의 비등점을 높인다.
밀봉 압력식	압력식 라디에이터 캡으로 밀봉하여 냉각수가 외부로 누출되지 않도록 한다.(리저브탱크)

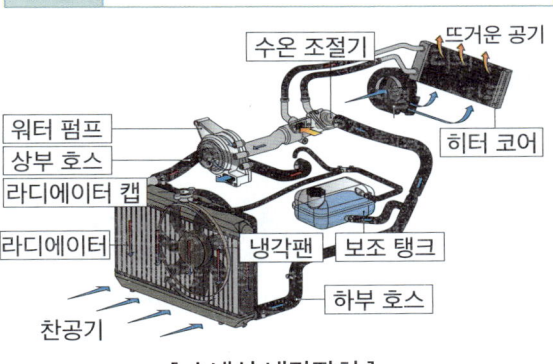

[수냉식 냉각장치]

수온 조절기
뜨거운 공기
워터 펌프
상부 호스
라디에이터 캡
히터 코어
라디에이터
냉각팬
보조 탱크
하부 호스
찬공기

2. 라디에이터 및 수온조절기

1 라디에이터(방열기)

뜨거워진 냉각수를 방열판으로 보내어 외부 공기 또는 냉각팬에 의해 공급되는 공기에 의해 냉각수의 열을 방출하는 장치이다.

1. **구비조건**
   ① 공기 의 흐름 저항이 적어야 한다.
   ② 냉각수의 흐름 저항이 적어야 한다.
   ③ 가볍고 작으며 강도가 커야 한다.
   ④ 단위 면적 당 방열량이 커야 한다.

2. **가압식 라디에이터의 장점**
   ① 방열기를 작게 할 수 있다.
   ② 냉각수의 비등점을 높일 수 있다.
   ③ 냉각수 손실이 적다.

3. **방열기 에 연결된 보조탱크의 역할**
   ① 장기간 냉각수 보충이 필요 없다.
   ② 냉각수의 체적팽창을 흡수한다.
   ③ 오버플로(overflow)되어도 증기만 방출된다.

> 💡 **라디에이터의 구성 요소**
> ✓ 냉각수 주입구, 냉각핀, 코어, 상부탱크, 하부탱크 등

> 💡 **라디에이터 속의 냉각수 온도**
> ✓ 윗부분(상부탱크)이 아랫부분(하부탱크)보다 5~10℃ 정도 높다.

2 압력식 라디에이터 캡

라디에이터의 맨 위에 위치하고 있는 냉각수 주입구의 마개로, 냉각수를 가압하여 비등점을 높인다.

1. 압력 밸브(공기 밸브)
① 냉각수의 비등점을 높여 오버히트(overheat)되는 것을 방지한다.
② 냉각장치의 내부압력이 규정보다 높을 때 압력 밸브가 열린다.

2. 진공 밸브
① 라디에이터 내의 진공으로 인한 코어의 파손을 방지한다.
② 냉각장치의 내부압력이 규정보다 낮을 때(부압이 될 때) 진공 밸브가 열린다.

> 💡 라디에이터 캡의 스프링이 파손되거나 장력이 약화되었을 때의 현상 : 냉각수의 가압이 어려워 냉각수의 비등점이 낮아지므로 기관이 과열된다.

> 💡 라디에이터 캡을 열었을 때 냉각수에 오일이 섞여있는 경우의 원인 : 수냉식 오일쿨러가 파손되었다.

3 수온조절기(정온기, 서모스탯)

① 디젤기관에서 냉각수 통로를 개폐하여 냉각수의 온도가 일정하도록 조절해 주는 장치이다.
② 실린더 헤드 물 재킷 출구에 설치한다.
③ 냉각수의 온도가 65℃일 때 처음 열리고, 85℃에서 완전히 열린다.
④ 냉각장치의 수온조절기가 완전히 열리는 온도가 낮을 경우 워밍업 시간이 길어지기 쉽다.

> 💡 수온조절기의 고장
> ✓ 열린 채 고장 : 기관의 과냉 원인
> ✓ 닫힌 채 고장 : 기관의 과열 원인

> 💡 수온조절기의 종류
> : 벨로즈 형식, 펠릿 형식, 바이메탈 형식

3. 냉각기기와 냉각수

1 냉각기기

1. 워터펌프
① 원심식 물 펌프를 사용하여 엔진 내의 워터 재킷과 라디에이터 사이에 냉각수를 강제적으로 순환시킨다.
② 워터펌프의 실(seal)에 이상이 생기면 누수의 원인이 된다.

2. 냉각 팬
① 외부 공기만으로 냉각수를 냉각시킬 수 없을 때 강제적으로 외부의 공기를 끌어들여 방열판을 냉각시키는 장치이다.
② 전동 팬
  • 팬벨트는 필요 없다.(전기 모터로 작동한다)
  • 냉각수의 온도(약 85 ~ 100℃)에서 간헐적으로 작동한다.(ON/OFF 된다)
  • 전동 팬의 작동과 관계없이 물 펌프는 항상 회전한다.
③ 유체 커플링 팬
  냉각수의 온도에 따라 작동된다.

> 💡 기관의 냉각팬이 회전할 때 공기는 방열기 방향으로 불어간다.

2 팬벨트의 점검

팬벨트는 크랭크축의 회전운동을 크랭크축 풀리, 물 펌프 풀리, 발전기 풀리에 전달하여 냉각팬을 작동시키는 벨트이다.

① 정지된 상태에서 벨트의 중심을 엄지손가락으로 눌러서 점검한다.
② 팬벨트는 약 10kgf로 눌러 처짐이 13~20mm 정도로 한다.
③ 팬벨트의 조정은 발전기를 움직이면서 조정한다.
④ 팬벨트는 풀리의 밑 부분에 접촉되지 않게 한다.

⑤ 팬벨트의 장력이 강할 때와 약할 때 일어나는 현상

장력이 강할 때 (유격이 작을 때)	• 물펌프의 회전속도가 빠르므로, 기관이 과냉된다. • 발전기 베어링이 손상된다.
장력이 약할 때 (유격이 클 때)	• 물펌프의 회전속도가 느리므로, 기관이 과열된다. • 발전기 출력이 저하된다.

3 냉각수(부동액)

냉각수는 여름에 엔진에서 발생하는 뜨거운 열을 식혀주는 액체이고, 부동액은 겨울에 엔진의 동파를 방지해 주는 액체인데... 이 둘은 실제로 같은 부품이다.

1. **부동액의 구비조건**
   ① 물과 쉽게 혼합될 것(물과 5 : 5의 비율로 사용한다)
   ② 침전물의 발생이 없을 것
   ③ 부식성이 없을 것
   ④ 비등점이 물보다 높을 것
   ⑤ 온도가 낮아져도 화학적 변화가 없을 것

2. **부동액의 주요 성분**
   글리세린, 메탄올, 에틸렌글리콜

3. **엔진의 부동액량이 점점 줄어드는 원인**
   ① 실린더 헤드 개스킷의 밀착이 불량하다.
   ② 라디에이터 압력 캡의 누설이 있다.
   ③ 냉각 팬이 정상적으로 작동되지 않아 과열된다.

💡 기관에 사용하는 냉각수의 정상적인 온도는 일반적으로 75 ~ 95℃이다.

💡 사용하던 라디에이터와 신품 라디에이터의 냉각수 주입량을 비교하였을 때 신품으로 교환해야 할 시점은 20% 이상 차이가 발생할 때이다.

💡 기관 온도계의 눈금은 냉각수의 온도를 표시한다.

4. 냉각장치 점검

1 디젤가관의 과열원인

① 냉각장치가 고장 났을 때
   • 라디에이터(방열기) 코어가 막혔을 때
   • 라디에이터의 팬이 고장
   • 정온기가 폐쇄된 상태로 고장
   • 물 푼프가 고장 났을 때
② 물 펌프의 벨트가 느슨해졌을 때(유격이 클 때)
③ 수온조절기가 닫힌 채 고장 났을 때
④ 냉각장치 내부의 물 통로에 물때가 끼었을 때
⑤ 냉각수가 부족할 때
⑥ 냉각팬 벨트가 헐거워졌을 때
⑦ 물 펌프의 회전이 느릴 때

2 디젤엔진의 과열 시 일어날 수 있는 현상

① 각 작동부분이 열팽창으로 고착될 수 있다.
② 윤활유 점도 저하로 유막이 파괴될 수 있다.
③ 금속이 빨리 산화되고 변형되기 쉽다.
④ 기관출력이 저하되어 속도를 내지 못한다.

3 디젤엔진의 과냉 시 일어날 수 있는 현상

① 연료 소비량이 증가한다.
② 혼합기의 기화가 어려워 출력이 저하된다.

4 계기판에서 냉각수의 경고등이 점등되는 원인

① 냉각 수량이 부족할 때
② 냉각 계통의 물 호스가 파손 되었을 때
③ 라디에이터 캡이 열린 채 운행 하였을 때

윤활장치

1. 윤활유(엔진오일)

1 윤활유의 작용

감마(윤활) 작용	마찰감소 및 마멸방지 작용
냉각 작용	마찰로 인한 마찰열을 방열하는 작용
밀봉(기밀) 작용	유막을 형성하여 압축 및 연소가스가 누설되지 않도록 기밀을 유지하는 작용
방청 작용	유막을 형성하여 부식, 녹을 방지하는 작용
완충 작용	유막을 형성하여 충격, 소음 등을 흡수하는 작용
세척 작용	엔진 각 부분의 먼지, 이물질 등을 씻어내는 작용
응력 분산 작용	국부적인 압력을 분산시키는 작용

2 윤활유의 구비조건

① 온도에 의하여 점도가 변하지 않아야 한다.
② 유막이 끊어지지 않아야 한다.
③ 응고점이 낮은 것이 좋다.
④ 인화점, 발화점이 높은 것이 좋다.
⑤ 카본 생성이 적어야 한다.
⑥ 기포 발생이 적어야 한다.

3 윤활유 첨가제

① 산화 방지제
② 유성 향상제
③ 점도지수 향상제
④ 부식 방지제

⑤ 유동점 강하제
⑥ 청정 분산제
⑦ 기포방지제

4 윤활유의 종류

액체	광유, 지방유, 혼성유(광유+지방유)
반고체 (그리스)	건설기계의 작업장치 연결부의 니플에 주유한다.
고체	고체 자체, 반고체와 혼합된 것, 액체와 혼합된 것

5 SAE(Society Automotive Engineers) 분류

① 오일의 점도에 의해 분류한 것이다.
② SAE 번호로 표시하며, 번호가 클수록 점도가 높다.

계절	겨울	봄·가을	여름
SAE 번호	10~20	30	40~50

> 💡 계절별 점도의 비교 : 여름 > 겨울
> (온도가 높을수록 점도는 낮아지므로, 여름과 겨울의 점성이 비슷해지려면 여름에 오히려 점도가 높은 것을 사용해야 한다.)

6 점도 및 점도지수

1. 점도
   ① 끈적거림의 정도를 표시한 것으로, 유체가 유동하는 경우의 내부저항이다.
   ② 점성의 정도를 나타내는 척도이며, 엔진에 사용되는 윤활유의 성질 중 가장 중요하다.

③ 온도가 높을수록 점도는 낮아지고, 온도가 낮을수록 점도는 높아진다.
- 점도가 높으면 내부저항이 커서 유동성이 나쁘다.
- 점도가 낮으면 내부저항이 작아서 유동성이 좋다.

💡 **윤활유의 점도가 높을 때 나타나는 현상**

✓ 엔진 시동을 할 때 필요 이상의 동력이 소모 된다.
✓ 엔진 오일의 압력이 높아진다.

💡 **윤활유의 점도가 낮을 때 나타나는 현상**

✓ 유막이 파괴되어 마찰감소 및 마멸방지 작용이 저하된다.
✓ 실린더에서 오일이 누출된다.
✓ 펌프의 효율이 나빠진다.

---

2. 점도지수
① 끈적거림을 수치로 표시한 것으로, 온도변화에 따른 점도변화이다.
② 점도지수가 크면 온도 변화에 따른 점도 변화가 작고, 점도지수가 작으면 온도 변화에 따른 점도 변화가 크다.

7 윤활유의 점검

1. 엔진 오일의 교환
① 엔진에 알맞은 오일을 선택한다.
② 주유할 때 사용지침서 및 주유표에 의한다.
③ 오일교환 시기를 맞춘다.
④ 재생오일(사용하다가 배출한 오일)을 사용하지 않는다.
⑤ 엔진 오일은 거품이 없는 것이 좋다.

2. 엔진 오일의 색깔에 따른 오염 상태 판정

검정색	불순물로 인하여 심하게 오염되었다.
붉은색	유연 휘발유(유기납 성분이 있는 휘발유)가 섞여 있다.
노란색	무연 휘발유(납 성분이 없는 휘발유)가 섞여 있다.
우유색	냉각수가 섞여 있다.

3. 엔진 오일의 양 점검
① 냉각수가 정상온도에 이를 때까지 엔진 워밍업을 실시한다.
② 평탄한 곳에 주차한 후 시동을 끄고 5분 정도 기다린다.
③ 엔진 오일 게이지의 상한선(Full)과 하한선(Low) 표시 사이에서 상한선에 가까이 있으면 좋다.

💡 작동 중인 엔진 오일에 가장 많이 포함되어 있는 이물질은 카본이다.

💡 사용 중인 엔진 오일 점검 시 오일량이 처음량보다 증가하는 원인 : 냉각수가 혼입되었을 때

---

8 윤활방식 및 여과방식

1. 4행정 사이클 기관의 윤활방식

비산식	오일펌프가 없으며, 커넥팅 로드 대단부에 있는 오일 디퍼가 오일을 비산시켜 윤활하는 방식이다.
압송식	오일펌프로 윤활유를 압송하여 윤활하는 방식으로, 일반적으로 많이 사용한다.
비산 압송식	실린더 벽은 비산식으로, 나머지 부분은 압송식으로 윤활하는 방식이다.

2. 오일의 여과방식

전류식	오일펌프에서 압송된 오일의 전부를 오일필터로 여과하여 윤활부로 가게 하는 방식이다.
분류식	오일펌프에서 압송된 오일의 일부를 여과하지 않고 각 윤활부로 공급하고, 나머지는 오일필터로 여과하여 오일 팬으로 되돌아가게 하는 방식이다.
샨트식 (복합식)	전류식과 분류식을 합한 방식으로, 오일펌프에서 압송된 오일의 일부를 오일필터로 여과하여 각 윤활부로 공급하고, 나머지는 여과하지 않고 오일 팬으로 되돌아가게 하는 방식이다.

2. 윤활장치

엔진이 작동할 때에 발생하는 마찰을 방지하여 주요 부품들이 마모, 손상되지 않도록 하는 장치이다.

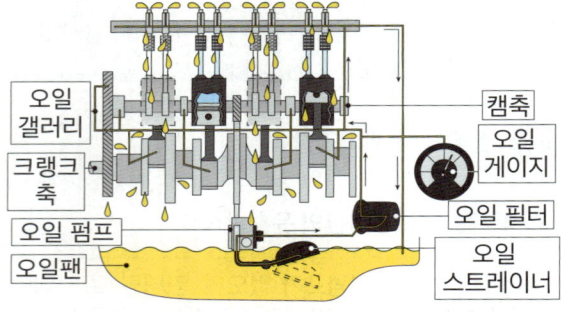

[윤활장치]

1 오일 팬 및 오일 스트레이너

1. 오일 팬
① 엔진오일의 저장용기로 엔진 본체의 바닥을 구성한다.
② 오일의 온도를 낮춘다.
③ 내부에 격리판이 설치되어 있다.
④ 오일의 배수를 위한 오일 드레인 플러그(마개)가 있다.

2. 오일 스트레이너
① 엔진 오일을 흡입하는 흡입구이다.
② 엔진 오일에 섞여 있는 큰 이물질을 제거한다.

2 오일 펌프

① 오일 팬의 엔진 오일을 흡수 · 가압하여 엔진의 각 윤활부로 보낸다.
② 엔진의 힘으로 구동한다.

> 💡 오일 펌프의 종류
> : 기어 펌프, 로터 펌프, 베인 펌프, 플런저 펌프

3 오일 필터(오일 여과기)

① 엔진 오일에 포함된 미세한 불순물을 제거한다.
② 여과기가 막히면 유압이 높아진다.
③ 여과 능력이 불량하면 부품의 마모가 빠르다.
④ 작업 조건이 나쁘면 교환 시기를 빨리한다.
⑤ 엘리먼트(여과지)식
  • 교환식 : 엘리먼트만 교환 또는 세척하여 사용하고, 케이스는 계속 사용할 수 있다.
  • 일체식 : 엘리먼트와 케이스를 전체 교환해야 한다.

> 💡 오일필터는 윤활유를 1회 교환할 때, 1회 교환한다.

> 💡 오일 여과기가 막히는 것을 방지하기 위해 바이패스 밸브를 설치한다.

> 💡 건설기계 기관에서 사용되는 여과장치
> : 오일 필터, 오일 스트레이너, 공기청정기

4 유압조절밸브(유압 조정기)

① 오일펌프에서의 압송된 오일의 압력을 일정한 압력으로 조정한다.
② 유압조절밸브의 스프링 장력을 높게 하면(조이면) 유압이 높아지고, 낮게 하면(풀어 주면) 유압이 낮아진다.

💡 오일량은 정상이지만, 유압이 규정치보다 높을 경우에는 유압조절밸브를 풀어준다.

5 오일 압력계(유압계)

① 계기판을 통하여 엔진 오일의 순환상태를 알 수 있다.
② 엔진을 시동한 후 유압경고등이 꺼지면 유압은 정상이다.
③ 엔진의 오일 압력계 수치가 낮은 경우
  • 크랭크축 오일 틈새가 크다.
  • 크랭크 케이스에 오일이 적다.
  • 오일펌프가 불량하다.
  • 오일 파이프가 파손되었다.
  • 유압계가 고장났다.

3. 윤활장치 점검

1 엔진 오일의 압력이 높아지는 원인

① 오일의 점도가 높다.
② 유압조절밸브의 스프링 장력이 크다.
③ 오일 회로(윤활계통)의 일부가 막혔다.

2 엔진 오일의 압력이 낮아지는 원인

① 오일의 점도가 낮다.
② 유압조절밸브의 스프링 장력이 작다.
③ 윤활유의 양이 부족하다.
④ 엔진 오일에 경유가 혼입되었다.

⑤ 윤활유 펌프의 성능이 좋지 않다.
⑥ 기관 각부의 마모가 심하다.
⑦ 윤활유 갑력 릴리프 밸브가 열린 채 고착되었다.

3 엔진 오일의 온도가 상승되는 원인

① 과부하 상태에서 연속적으로 작업을 한다.
② 오일 냉각기가 불량하다.
③ 오일의 점도가 높다.
④ 오일으 양이 부족하다.

4 엔진 오일이 많이 소비되는 원인

① 피스톤링의 마모가 심하다.
② 실린더의 마모가 심하다.
③ 밸브가이드(지지대)의 마모가 심하다.

5 엔진 오일의 압력 경고등이 점등되는 원인

① 오일이 부족하다.
② 오일 필터가 막혔다.
③ 오일 회로(윤활계통)가 막혔다.
④ 오일 드레인 플러그가 열렸다.

💡 작업 중 엔진 오일 경고등이 점등될 때 우선 조치사항

✓ 즉시 시동을 끄고 오일계통을 점검한다.

흡 · 배기장치 및 시동보조장치

1. 흡 · 배기장치

흡기장치는 연소에 필요한 공기를 흡입하고, 배기장치는 연소 후 발생한 연소가스를 효과적으로 배출하는데... 이는 엔진이 충분한 동력을 발생하기 위해서 반드시 필요하다.

1 배출가스

1. **블로바이(Blow-by)가스**
   ① 실린더와 피스톤이 마모되어 틈새가 생길 때 실린더와 피스톤 사이로 빠져나가는 혼합기나 연소가스이다.
   ② 블로바이 가스에 의해 오일의 슬러지(찌꺼기)가 생성되므로, 크랭크 케이스를 환기시켜야 한다.

> 💡 **블로우 다운(blow down)**
>
> ✓ 폭발행정 끝 부분에서 실린더 내의 압력에 의해 연소 가스가 스스로 배기밸브를 통해 배출되는 현상이다.

2. **배기가스**
   ① 기관 내 연소실의 연소가스가 배기장치를 통하여 대기로 배출되는 가스이다.
   ② 배기가스에는 유해물질이 들어있는데, 이는 촉매변환기를 거쳐 대부분이 무해물질로 되어 대기로 배출된다.

유해물질	일산화탄소(CO_2), 탄화수소(HC), 질소산화물(NOx)
무해물질	이산화탄소(CO_2), 수증기(H_2O), 질소(N_2)

> 💡 연소 시 발생하는 질소산화물(NOx)의 발생 원인 : 높은 연소 온도

> 💡 국내에서 디젤기관에 규제하는 배출 가스 : 매연

3. **배출가스의 색깔에 따른 연소상태 및 기관 점검**
   ① 무색 : 정상 연소 상태
   ② 엷은 황색 : 희박한 혼합비 상태
   ③ 회백색 : 윤활유의 연소 상태
      • 피스톤 링의 마모 점검
      • 피스톤 링 또는 실린더 간극 점검
   ④ 검은색 : 농후한 혼합비 상태
      • 공기청정기 막힘 점검
      • 분사시기 점검(노즐 불량)
      • 분사펌프 점검(압축 불량)

2 공기청정기(에어클리너)

연소에 필요한 공기를 실린더로 흡입할 때, 먼지 등의 불순물을 여과하여 피스톤 등의 마모를 방지하고, 흡기 계통에서 발생하는 소음을 제거한다.

1. **건식 공기청정기**
   ① 종이나 천으로 된 엘리먼트(여과지)를 사용하여 불순물을 여과한다.
   ② 설치 또는 분해조립이 간단하다.
   ③ 작은 입자의 먼지나 오물을 여과할 수 있다.
   ④ 효율저하를 방지를 위해 압축공기로 먼지 등을 털어 낸다.

> 💡 건식공기청정기의 여과지는 압축공기로 안에서 밖으로 불어내어 세척한다.

2. 습식 공기청정기
   ① 공기청정기 케이스 밑에 들어 있는 일정량의 오일이 적셔진 여과망을 사용하여 불순물을 여과한다.
   ② 청정효율은 공기량이 증가할수록 높아진다.
   ③ 회전속도가 빠르면 효율이 좋고 낮으면 저하된다.
   ④ 일정기간 사용 후 엘리먼트는 세척하고 오일만 교환한다.

3. 공기청정기의 통기저항
   통기저항은 작아야 하며, 통기저항이 크면 기관출력 및 연료소비에 영향을 준다.

> 💡 공기청정기가 막힐 경우
> ✓ 배기색은 흑색이 된다.
> ✓ 출력이 감소한다.
> ✓ 연소가 나빠진다.(불완전연소가 일어나므로)
> ✓ 실린더와 피스톤 등을 마멸시킨다.

3 흡·배기 다기관(흡기 매니폴드)

1. 흡기 다기관(흡기 매니폴드)
   공기를 흡입하여 하나로 모아서 각 실린더에 분배하는 관이다.

2. 배기 다기관(배기 매니폴드)
   배기가스가 대기 중으로 배출될 수 있도록 각 실린더의 배기를 모으는 관이다.

> 💡 배기관이 불량하여 배압이 높을 때 기관에 생기는 현상
> ✓ 기관이 과열되어 냉각수의 온도가 올라간다.
> ✓ 기관의 출력이 감소된다.
> ✓ 피스톤의 운동을 방해한다.

4 소음기(머플러)

① 기관에서 발생하는 배기가스의 온도와 압력을 낮추고, 0 때 발생하는 소음을 줄인다.
② 카본이 깊이 끼면 기관이 과열되고 출력이 저하된다.
③ 머플러가 손상되어 구멍이 나면 배기음이 커진다.

5 과급장치

흡입하는 공기의 양을 더욱더 늘려 엔진의 능력을 향상시키기 위한 장치이다.

1. 터보차저(과급기)의 성질
   ① 흡기관과 배기관 사이에 설치된다.
   ② 과급기를 설치하면 엔진 중량은 약 10~20% 증가하고, 출력은 약 30~40% 증가된다.
   ③ 4행정 사이클 디젤기관은 배기가스에 의해 회전하는 원심식 과급기가 주로 사용된다.
   ④ 디젤기관에서 체적 효율, 회전력 및 출력 등을 증대시킨다.

2. 터보차저의 특징
   ① 기관이 고출력일 때 배기가스의 온도를 낮출 수 있다.
   ② 고지대 작업 시에도 엔진의 출력 저하를 방지한다.
   ③ 소형·경량이라서 설치하기가 쉽다.
   ④ 과급 작용의 저하를 막기 위해 터빈실과 과급실에 각각 워터 재킷을 두고 있다.

3. 터보차저의 장점

① 높은 지대에서도 기관의 출력 변화가 적다.

② 압축온도 상승에 따라 착화지연이 짧아진다.

③ 동일 배기량에서 연료소비율이 감소하고 출력
   이 증가한다.

④ 회전력이 증가한다.

> ♀ 터보차저에 사용하는 오일 : 엔진 오일

> ♀ 블로워(blower)
> : 과급기에 설치되어 공기를 불어넣는 송풍기이다.

> ♀ 디퓨저(diffuser)
> : 과급기 케이스 내부에 설치되며, 공기의 속도
>   에너지를 압력 에너지로 바꾸는 장치이다.

2. 시동보조장치

1 예열장치

디젤기관에 흡입된 공기 온도를 상승시켜 시동을 원활하게 하는 장치이다.

1. 종류

흡기 가열식	흡기 다기관 내에 히터 코일(열선)을 설치하여 흡입공기를 가열하는 방식이다.
예열 플러그식	엔진의 연소실에 예열플러그를 설치하여 공기를 직접 예열하는 방식이다.

2. 고장원인

① 가열시간이 길었을 때

② 접지가 불량할 때

③ 규정 이상의 전류가 흐를 때

3. 예열플러그

① 연소실 내의 압축공기를 직접 예열하는 부품이다.

② 병렬로 연결된 예열플러그는 단락 · 단선 시 각각
   의 실린더 예열 플러그에 영향을 미치지 않는다.

③ 예열플러그가 15~20초에서 완전 가열되는 경
   우는 정상상태를 나타낸다.

> ♀ 예열플러그의 오염원인 : 불완전 연소 또는 노킹

2 감압장치[디콤프(de-comp)]

① 디젤 엔진 시동 시 흡기밸브나 배기 밸브를 강제적
   으로 열어 실린더 내의 압력을 감압시켜 엔진의 회
   전이 원활하게 이루어지도록 한다.

② 한랭 시 시동할 때 원활한 회전으로 시동이 잘 될
   수 있도록 한다.

③ 기관의 시동을 정지할 때 사용될 수 있다.

④ 기동전동기에 무리가 가는 것을 예방하는 효과가
   있다.

⑤ 시동을 할 때 밸브를 열어주어 크랭킹시키면 크랭
   크축을 가볍게 회전시킨다.

CHAPTER

06

전기장치

- 우리가 실생활에서 많이 이용하는 전기장치에는 전기를 비축하거나 방출하는 축전지, 정지된 건설기계를 움직이게 하는 시동장치, 전력을 생산하거나 저장하는 충전장치, 어둠을 밝혀 주는 등화장치 등이 있다.

- 이론 자체가 어려운 전기에 관한 내용이므로, 이론보다는 문제위주로 정리 및 암기해야 한다.

전기 일반 및 축전지

1. 전기 일반

1 전기의 구성

1. 전류(Current, "I" 표시)
① 전자가 이동하여 도체에 전기가 흐르는 것으로, (+)에서 (-)로 흐른다.
② 단위로는 암페어(Ampere)를 사용하며, [A]로 표현한다.
③ 전류의 3대 작용
  • 발열작용 : 전열기, 전구, 예열 플러그 등
  • 자기작용 : 전동기, 발전기, 솔레노이드 등
  • 화학작용 : 축전지, 전기 도금 등

2. 전압(Voltage, "V" 표시)
① 전기적인 압력(높이)으로, 전위차 라고도 한다.
② 단위로는 볼트(Volt)를 사용하며, [V]로 표현한다.

3. 저항(Resistance, "R" 표시)
① 전자의 움직임을 방해하는 요소이다.
② 단위로는 오옴(Ohm)을 사용하며, [Ω]로 표현한다.

> 💡 접촉저항(도체와 도체의 접촉면에서의 저항)이 발생하는 곳 : 스위치 접점, 축전지 터미널, 배선 커넥터 등

2 전기의 법칙

1. 오옴의 법칙
도체에 흐르는 전류는 전압에 비례하고, 저항에 반비례 한다.

$$I = \frac{V}{R} \quad (\,I : 전류,\ V : 전압,\ R : 저항\,)$$

2. 저항의 연결
① 직렬연결 : 각 저항을 직렬로 연결하는 방식이다.

$$R = R_1 + R_2 + R_3 + \cdots + Rn$$

② 병렬연결 : 각 저항을 병렬로 연결하는 방식이다.

$$R = \cfrac{1}{\dfrac{1}{R_1} + \dfrac{1}{R_2} + \dfrac{1}{R_3} + \cdots + \dfrac{1}{Rn}}$$

3. 주울의 법칙
① 도체에 전류가 흐를 때 발생하는 열량은 전류의 제곱과 저항 및 시간의 곱에 비례한다.
② 단위로는 주울(Joule)을 사용하며, [J]로 표현한다.

$$H = 0.24\ I^2 \cdot R \cdot t$$
$$(\,H : 열량,\ I : 전류,\ R : 저항,\ t : 시간\,)$$

4. 플레밍의 법칙

플레밍의 왼손 법칙	• 자기장의 방향과 전류의 방향으로 도선이 받는 힘의 방향을 결정한다. • 전동기의 원리가 된다.
플레밍의 오른손 법칙	• 자기장의 방향과 도선이 움직이는 방향으로 유도 전류(유도 기전력)의 방향을 결정한다. • 발전기의 원리가 된다.

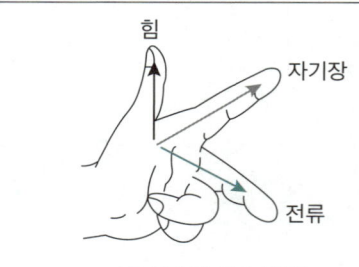

플레밍의 왼손 법칙

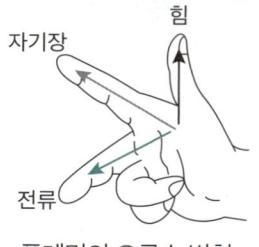

플레밍의 오른손 법칙

3 퓨즈

① 전기회로에서 단락에 의해 전선이 타거나 과대 전류가 부하에 흐르지 않도록 자동으로 차단하는 장치이다.
② 전기부품보다 먼저 녹아 끊어져서 전장품을 보호한다.
③ 전기회로에 직렬로 연결한다.
④ 용량은 암페어(Ampere)를 사용하며, [A]로 표현한다.
⑤ 접촉이 나쁘면 연결부가 끊어진다.
⑥ 회로에 흐르는 전류 크기에 따르는 용량의 것을 쓴다.
⑦ 스타팅 모터의 회로에는 쓰이지 않는다.
⑧ 표면이 산화되면 끊어지기 쉽다.

💡 퓨즈는 다른 용품(철사, 가는 구리선 등)으로 대용하면 안 된다.

💡 퓨즈는 열에 쉽게 녹는 납과 주석의 합금으로 만든다.

4 다이오드와 트랜지스터

1. 반도체
① 실리콘(Si)이나 게르마늄(Ge) 등과 같이 도체와 부도체의 중간적 성질을 갖는 물질이다.
② P형 반도체 : 진성 반도체에 붕소(B), 인듐(In), 갈륨(Ga) 등을 혼합하여 만든 반도체
③ N형 반도체 : 진성 반도체에 인(P), 비소(As), 안티몬(Sb) 등을 혼합하여 만든 반도체

2. 다이오드
① P형 반도체와 N형 반도체를 마주 대고 결합한 것이다.
② 한쪽 방향(순방향)으로 전류가 흐르고, 다른 방향(역방향)으로는 전류가 흐르지 않는다.
 • 순방향 : P형 반도체(+) → N형 반도체(-)
 • 역방향 : N형 반도체(-) → P형 반도체(+)

③ 다이오드의 종류

제너 다이오드	정전압 회로에서 일정한 전압을 유지하기 위해 사용되는 다이오드
발광 다이오드	순방향으로 전류를 흐르게 하였을 때 빛이 발생되는 다이오드
포토 다이오드	빛을 받으면 전류가 흐르지만 빛이 없으면 전류가 흐르지 않는 다이오드

3. 트랜지스터
① P형 반도체와 N형 반도체 3개를 접합하여 만든 것이다.
② PNP형 : N형 반도체를 중심으로 양쪽에 P형 반도체를 접합하여 만든 것(전류가 이미터에서 나감)
③ NPN형 : P형 반도체를 중심으로 양쪽에 N형 반도체를 접합하여 만든 것(전류가 이미터로 들어옴)
④ 트랜지스터의 특징
 • 내부 전압 강하가 적다.
 • 수명이 길다.
 • 소형 경량이다.
 • 고온, 고전압에 약하다.

💡 트랜지스터의 구성단자
✓ 이미터(Emitter : E), 베이스(Base : B), 컬렉터(Collector : C)

💡 트랜지스터의 접지단자
✓ PNP형 : 컬렉터(Collector : C),
 NPN형 : 이미터(Emitter : E)

💡 트랜지스터의 회로작용
: 스위칭 작용, 증폭 작용, 지연 작용

2. 축전지

1 축전지의 기능

축전지는 전기를 쌓아두는 장치로, 화학적 에너지와 전기적 에너지 사이에서 에너지의 상호 전환이 이루어지도록 한다.

① 엔진 시동 시 시동장치 전원을 공급한다.
② 기동장치의 전기적 부하를 담당한다.
③ 차량 정지 시 각 전장품에 전원을 공급한다.
④ 발전기가 고장일 때 일시적인 전원을 공급한다.
⑤ 발전기의 출력 및 부하의 언밸런스를 조정한다.

2 축전지의 종류

방전 후 다시 충전이 되지 않는 1차 전지와 방전을 한 후 전원에 의해 다시 충전이 가능한 2차 전지로 분류한다.

1. **납산 축전지**
   ① 양극판은 과산화납(PbO_2), 음극판은 해면상납(Pb), 전해액은 묽은 황산(H_2SO_4)을 사용하는 축전지이다.
   ② 가격이 저렴하여 현재 건설기계에 가장 많이 사용한다.
   ③ 전해액 면이 낮아지면 증류수를 보충하여야 한다.
   ④ 전압은 셀의 수에 의해 결정된다.
   ⑤ 수명이 짧으며, 충전시간이 길다.

2. **MF(Maintenance Free) 축전지**
   ① 유지보수가 필요 없는 축전지로, 일명 무보수용 축전지라고 한다.
   ② 전해액에 수분을 보충할 필요가 없다.
   ③ 자기 방전이 작고 장시간 보관이 가능하다.
   ④ 비중계가 설치되어 있어, 눈으로 충전상태를 확인할 수 있다.
   ⑤ 밀봉 촉매 마개를 사용한다.

3 축전지의 구조

① 극판 : 양극판은 과산화납, 음극판은 해면상납을 사용한다.
② 격리판 : 극판 사이에 위치하여 단락을 방지한다.
③ 케이스 : 극판과 전해액을 담고 있는 용기이다.
④ 벤트플러그 : 전해액이나 증류수를 주입하고 비중계나 온도계를 넣기 위한 구멍의 마개이다.
⑤ 터미널 : 축전지 외부에 돌출된 연결 단자이다.
⑥ 셀 커넥터 : 축전지 내의 셀(단전지, 극판군) 사이를 직렬로 연결하기 위한 것이다.

> 💡 케이스와 커버의 청소는 (베이킹)소다로 중화시킨 다음 물 또는 암모니아수로 씻어준다.

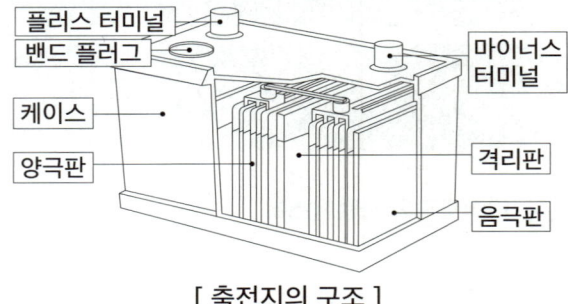

플러스 터미널
밴드 플러그
케이스
양극판
마이너스 터미널
격리판
음극판

[축전지의 구조]

4 축전지 터미널

1. **식별방법**
   ① 부호 : 양극(+)과 음극(-)으로 구분한다.
   ② 굵기 : 굵은 것(+)과 가는 것(-)으로 구분한다.
   ③ 색깔 : 적색(+)과 흑색(-)으로 구분한다.
   ④ 문자 : P(+)와 N(-)으로 구분한다.
   ⑤ 양극 단자의 직경이 음극 단자의 직경보다 크다.

> 💡 축전지의 터미널은 요철로 구분하지 않는다.

2. 터미널에 부식 발생 시 나타나는 현상
  ① 전압강하가 발생 된다.
  ② 기동 전동기의 회전력이 작아진다.
  ③ 엔진 크랭킹이 잘 되지 않는다.

5 축전지의 전해액

1. 전해액 비중
  ① 20℃에서 전해액의 비중이 1.260 이상
    : 완전 충전 상태
  ② 20℃에서 전해액의 비중이 1.180 이하
    : 반 충전 상태

2. 전해액의 온도에 의한 비중 변화
  ① 온도가 높아지면 비중은 내려간다.
  ② 온도가 낮아지면 비중은 올라간다.
  ③ 온도가 1℃ 변화함에 따라 비중은 0.0007씩 변한다.

3. 전해액 제조 시 황산과 증류수의 혼합방법
  ① 증류수에 황산을 부어 혼합한다.
  ② 조금씩 혼합하며 잘 저어서 냉각시킨다.
  ③ 용기는 주로 적갈색 유리병을 사용하지만, 묽은 황산인 경우에는 산에 강한 플라스틱 용기를 사용하기도 한다.
  ④ 혼합액의 온도가 20℃일 때 1.280이 되게 비중을 측정 하면서 작업을 끝낸다.

6 축전지의 충 · 방전

1. 축전지의 충 · 방전 시 화학작용

$$
\begin{array}{ccccccc}
& O_2 & & H_2 & & & \\
& \uparrow & & \uparrow & & & \\
\text{(양극판)} & \text{(전해액)} & \text{(음극판)} & & \text{(양극판)} & \text{(전해액)} & \text{(음극판)} \\
PbO_2 & + 2H_2SO_4 + & Pb & \underset{\text{충전}}{\overset{\text{방전}}{=\!=\!=}} & PbSO_4 & + 2H_2O + & PbSO_4 \\
\text{과산화납} & \text{묽은황산} & \text{납} & & \text{황산납} & \text{물} & \text{황산납}
\end{array}
$$

2. 축전지 충전방법

정전류 충전	일정한 전류로 충전하는 방법으로 가장 많이 사용한다.
정전압 충전	일정한 전압으로 충전하는 방법이다.
단별전류 충전	전류를 단계적으로 줄여가며 충전하는 방법이다.
급속 충전	급속 충전기를 사용하여 단 시간 내에 충전하는 방법이다.

3. 축전지의 급속 충전
  ① 전해액 온도가 45℃를 넘지 않도록 한다.
  ② 충전 중 가스가 많이 발생되면 충전을 중단한다.
  ③ 충전전류는 축전지 용량의 1/2 정도로 충전한다.
  ④ 충전시간은 가능한 짧게 한다.

4. 축전지 충전 시 주의사항
  ① 충전 시 전해액의 온도를 45℃ 이하로 유지한다.
  ② 충전 시 각 셀의 벤트플러그를 모두 열어야 한다.
  ③ 충전 시 과 충전, 급속 충전은 피해야 한다.
  ④ 보관, 관리할 경우 15일 마다 정기적으로 충전한다.
  ⑤ 축전지를 사용하지 않아도 2주에 1회 정도 충전한다.
  ⑥ 과 충전 상태가 되면 증류수를 자주 보충해야 한다.

> 💡 건설기계에 장착된 축전지를 급속 충전할 때에는 발전기의 다이오드를 보호하기 위해 접지 케이블을 분리시킨다.

7 축전지의 용량

1. 셀(cell) 전압
① 1셀 당 전압 : 약 2V
② 12V 축전지의 전압 : 2V/셀 × 6셀 = 12V

2. 방전종지전압
① 축전지의 방전을 중지시키는 한계전압이다.
② 1셀 당 방전종지전압 : 1.75V
③ 12V 축전지의 방전종지전압 : 1.75V/셀 × 6셀
= 10.5V

3. 축전지의 용량
① 축전지를 완전 충전시킨 후 방전시켜, 방전종지전압에 이르게 될 때까지 사용 가능한 총 전기량을 의미한다.
② 방전전류가 크면 용량이 적어진다.
③ 단위는 암페어 아워를 사용하며, [Ah]로 표현한다.
④ 축전지 용량[Ah] = 방전전류[A] × 방전시간[h]

> **축전지의 용량 결정인자**
>
> ✓ 극판의 수, 극판의 크기, 전해액(묽은 황산)의 양, 전해액의 온도 등

8 축전지의 자기방전량

축전지의 자기방전은 축전지가 방치되어 스스로 방전함으로써 용량이 감소하는 현상이다.
① 전해액의 온도가 높아지면 증가한다.
② 전해액의 비중이 높아지면 증가한다.
③ 시간이 경과할수록 증가한다.
④ 충전 후 시간의 경과에 따른 비율은 서서히 감소한다.

9 축전지의 취급

① 축전지의 방전이 거듭될수록 전압이 낮아지고 전해액의 비중도 낮아진다.
② 2개 이상의 축전지를 병렬로 배선할 경우 +와 +, -와 -를 연결한다.
③ 축전지의 용량을 크게 하기 위해서는 다른 축전지와 병렬로 연결하면 된다.
④ 축전지를 보관할 때는 가능한 한 충전시키는 것이 좋다.
⑤ 점프 시동할 경우 추가 배터리를 병렬로 연결한다.

> **축전지의 교환**
>
> ✓ 탈거 시 : (-)선 → (+)선 → 접지선
> ✓ 설치 시 : (+)선 → (-)선 → 접지선

시동장치

1. 시동장치 일반

시동장치는 엔진 스스로 크랭크축을 회전시킬 수 있는 힘을 발생시키지 못할 때, 외부에서 힘을 공급하는 장치이다.

1 기동전동기

1. 개요
① 엔진을 시동하는 전동기로, 보통 '모터' 라고 한다.
② 플레밍의 왼손 법칙의 원리가 적용된다.
③ 현재 건설기계에 주로 사용되는 기동 전동기는 축전지를 전원으로 하는 직류직권 전동기이다.

2. 종류

직권식 전동기	• 계자 코일과 전기자 코일이 직렬로 연결된 것이다. • 기동 회전력이 크고, 회전속도의 변화도 크다.
분권식 전동기	• 계자 코일과 전기자코일이 병렬로 연결된 것이다. • 기동 회전력이 작고, 회전속도가 거의 일정하다.
복권식 전동기	• 계자 코일과 전기자코일이 직·병렬로 연결된 것이다. • 기동 회전력이 크고, 회전속도는 거의 일정하다.

💡 **기동전동기의 시험항목**

✓ 무부하 시험, 회전력 시험, 저항 시험, 솔레노이드 작동 시험 등

💡 스타터 모터 : 모터(기동전동기) + 마그넷(솔레노이드) 스위치

2 기동전동기의 구성

1. 전기자(회전자)
기동전동기의 회전력을 발생시키는 회전 부분이다.
① 전기자 코일
브러시와 정류자를 거쳐 전류가 흐름으로써 발생하는 전자력으로 전기자를 회전시킨다.
② 전기자 철심
전기자 코일을 감싸고 있는 철판으로, 맴돌이 전류를 감소시킨다.
③ 정류자
전기자 코일에 항상 일정한 방향으로 전류가 흐를 수 있도록 설치한다.

💡 직권식 전동기에서 전기자 코일과 계자 코일은 직렬로 연결된다.

💡 전기자 코일을 시험하는데 사용되는 시험기 : 그로울러 시험기

2. 계자(고정자)
기동전동기에서 자기장을 형성시키는 부분이다.
① 계자 코일
전류가 흐르면 자력선을 형성한다.
② 계자 철심
계자 코일이 감겨져 있으며, 계자 코일에 전류가 흐르면 전자석이 된다.

💡 **계자 코일과 계자 철심의 결선 방법**

✓ 엔진의 시동에 적합한 직류 직권식을 사용한다.

3. 브러시

① 정류자를 거쳐서 전기자 코일에 전기를 전달한다.

② 흑연이나 구리로 만들어지며, 본래 길이의 1/3 이상 마모되면 교환한다.

4. 마그넷(솔레노이드) 스위치

① 기동전동기의 전자석 스위치이다.

② 기동 전동기 회로에 흐르는 큰 전류를 단속한다.

③ 기동 전동기의 피니언 기어(구동 기어)를 밀어서 플라이휠의 링 기어(피동 기어)와 맞물리게 한다.

> 💡 마그넷 스위치의 구성 코일
> : 풀인 코일, 홀드인 코일

5. 기관 시동 시 전류의 흐름

① 축전지를 전원으로 하여 계자 철심이 감겨져 있는 계자 코일에 전류가 흐른다.

② 브러시가 정류자를 거쳐 전기자 코일로 전류를 전달한다.

③ 코일에 전류가 흘러 발생하는 전자력으로 전기자를 회전시킨다.

④ 축전지 전원 → 계자 코일 → 브러시 → 정류자 → 전기자 코일

3 기동전동기의 동력전달기구

① 기동 전동기에서 발생된 회전력을 피니언 기어를 통해 플라이휠의 링 기어에 전달하여 엔진을 회전시킨다.

② 클러치, 피니언 기어, 시프트레버 등으로 구성된다.

③ 피니언 기어는 기동 전동기에 부착되어 있다.

> 💡 동력전달방식의 종류
>
> ✓ 밴디스식, 전기자 섭동식, 피니언 섭동식

> 💡 오버러닝 클러치
>
> ✓ 엔진의 시동 후, 모터의 회전이 엔진에는 전달되지만, 엔진의 회전은 모터에 전달되지 않도록 하여 부품의 파손을 방지해주는 장치이다.

2. 시동장치 점검

1 기동 전동기의 취급

① 기관이 시동된 상태에서 시동스위치를 켜서는 안 된다.

② 전선 굵기는 규정 이하의 것을 사용하면 안 된다.

③ 기동전동기의 회전속도가 규정 이하이면 오랜 시간 연속회전 시켜도 시동이 되지 않으므로 회전속도에 유의해야 한다.

④ 기동전동기는 10초 이상 연속 사용하면 안 된다.

⑤ 엔진의 시동 후에도 시동스위치를 계속 ON 위치로 하면, 피니언 기어가 소손되고 심한 경우 기동 전동기가 파손된다.

2 기동 전동기의 점검

1. 기동 전동기가 회전하지 않거나 회전이 약한 원인

① 배터리의 전압이 낮다.

② 기동 전동기가 손상되었다.

③ 배선과 스위치가 손상되었다.

④ 브러시와 정류자가 접촉 불량이다.

⑤ 전기자 코일 또는 계자 코일이 단락되었다.

⑥ 시동스위치가 접촉 불량이다.

⑦ 배터리 단자와 터미널의 접촉이 나쁘다.

⑧ 축전지가 방전되었다.

2. 기동 전동기의 크랭킹 회전수가 낮아지는 원인

① 엔진오일의 점도 상승

② 온도에 의한 축전지의 용량 감소

③ 기온저하로 인한 기동부하의 증가

> 💡 기동 전동기는 회전하나 엔진이 크랭킹 되지 않는 원인 : 플라이휠의 링 기어 소손

3. 기동 전동기가 회전하지 않을 때 점검 사항

① 축전지의 방전 여부를 확인한다.

② 배터리 터미널(단자)의 접촉 상태를 확인한다.

③ 배선의 단선 여부를 확인한다.

④ 시동(ST, 스타트) 회로의 연결 상태를 확인한다.

> 💡 시동회로에서 전력공급선의 전압강하가 0.2V 이하이면 정상이다.

> 💡 경음기 스위치를 작동하지 않았는데 경음기가 계속 울릴 때의 원인
>
> ✓ 경음기 릴레이의 접점이 용착(녹아서 붙다)되었다.

충전장치

1. 충전장치 일반

충전장치는 축전지 및 전기장치 등에 안정적으로 전력을 공급하기 위한 장치이다.

1 발전기

① 전류의 자기작용으로 전기를 발생시키는 장치이다.
② 플레밍의 오른손 법칙의 원리가 적용된다.
③ 크랭크축 풀리에서 발전기 풀리로 연결된 벨트를 통해 엔진의 회전이 전달되어 구동된다.
④ 현재 건설기계에 주로 사용되는 충전장치는 3상 교류발전기이다.

2 직류 발전기(Generator)의 구성

직류 발전기는 자기장 내에서 계자를 회전시키면 전기자 내에 유도 전류가 발생하고, 정류자와 브러시에 의해 교류가 직류로 바뀌어서 출력된다.

1. **전기자(armature, 고정자)**
   ① 유도 전류를 발생시키는 부분이다.
   ② 전기자 코일, 전기자 철심 등으로 구성된다.

2. **정류자(commutator)**
   전기자에서 발생한 교류를 직류로 변환시킨다.

3. **계자(field, 회전자)**
   ① 계자 철심에 계자 코일을 감아서 사용하며, 여기에 전류를 흘려 자속을 만들어 내는 부분이다.
   ② 계자 코일, 계자 철심 등으로 구성된다.

4. **브러시**
   정류자로부터 변환된 직류를 부하에 공급하기 위한 중간 연결부 이다.

3 교류 발전기(Alternator)의 구성

교류 발전기는 엔진에서 발생한 회전이 발전기 풀리와 함께 로터도 회전시켜 스테이터 코일에 전류를 발생시키고, 다이오드에 의해 전류를 정류하여 전기 장치 등에 전력을 공급한다.

1. **스테이터(stator, 고정자)**
   ① 전류(3상 교류)를 발생시키는 부분이다.
   ② 스테이터 코일, 스테이터 철심 등으로 구성된다.

2. **다이오드(diode, 정류자)**
   ① 스테이터 코일에서 발생한 교류를 직류로 정류한다.
   ② 전류가 역류하는 것을 방지한다.

3. **로터(rotor, 회전자)**
   ① 엔진의 힘이 전달되어 회전하며, 브러시와 슬립링을 통해 들어온 여자 전류로 전자석이 된다.
   ② 로터 코일, 로터 철심, 로터 축 등으로 구성된다.

4. **브러시**
   로터와 외부 회로사이에 전류가 서로 흐르게 하기 위해 슬립링 위에 설치하는 부품이다.

5. **슬립링**
   로터 코일에 전류가 일정방향으로 흐르게 하기 위해 로터 축에 고정하여 부착하는 마모성 부품이다.

> 💡 교류 발전기는 로터 코일의 전류를 변화시켜 출력을 조정한다.

> 💡 교류 발전기에서 높은 전압으로부터 다이오드를 보호하는 구성품은 콘덴서이다.

4 교류 발전기의 특징

① 소형, 경량이고 속도변화에 따른 적용 범위가 넓다.
② 출력이 크고 고속회전에 잘 견딘다.
③ 저속 시에도 충전이 가능한 출력 전압이 발생한다.
④ 다이오드를 사용하기 때문에 정류 특성이 좋다.
⑤ 브러시에 로터전류만 흐르므로 불꽃 발생이 없다.
⑥ 브러시는 수명이 길고, 전압조정기만 있다.

5 직류(DC) 발전기와 교류(AC) 발전기의 비교

비교 항목	직류 발전기	교류 발전기
유도 전류 발생	전기자	스테이터
여자 형성	계자	로터
브러시 접촉	정류자	슬립 링
정류	정류자와 브러시	다이오드
역류 방지	컷 아웃 릴레이	다이오드
중량	크고 무겁다	작고 가볍다
브러시 수명	짧다	길다
여자 방법	자여자식	타여자식
조정기	전압 조정기, 전류 제한기, 컷 아웃 릴레이	전압 조정기
소음	크다	작다

> 💡 AC 와 DC 발전기의 조정기에서 공통으로 가지고 있는 것은 전압조정기이다.

6 레귤레이터(Regulator, 조정기)

전압, 전류 등에서 원하는 값을 미리 정해 놓고, 그 값을 유지하기 위해 사용하는 장치이다.

1. 직류 발전기
   ① 전압조정기 : 발전기의 전압을 일정하게 유지하여 전기장치 등을 보호한다.
   ② 전류제한기 : 발전기의 출력 전류가 정해진 값 이상으로 흐르면 회로를 자동으로 차단한다.

   ③ 컷 아웃 릴레이 : 축전지에서 발전기로 전류가 역류하는 것을 방지한다.

2. 교류 발전기
   ① 전압즈정기 : 발전기의 전압을 일정하게 유지하여 전기 장치 등을 보호한다.
   ② 전류 제한기와 컷 아웃 릴레이는 필요 없다.

> 💡 교류 발전기의 전압조정기 종류
> ✓ 접점식, 카본파일식, 트랜지스터식

2. 충전장치 점검

1 발전기 출력 및 축전지 전압이 낮을 때의 원인

① 조정 전압이 낮을 때
② 다이오드가 단락되었을 때
③ 축전지케이블 접속이 불량할 때
④ 충전회로에 부하가 많을 때

2 교류 발전기에서 작동 중 소음 발생의 원인

① 베어링이 손상되었다.
② 벨트 장력이 약하다.
③ 고정 볼트가 풀렸다.

3 발전기가 고장이 났을 때 발생할 수 있는 현상

① 충전 경고등에 불이 들어온다.
② 헤드램프를 켜면 불빛이 어두워진다.
③ 전류계의 지침이 (-)쪽을 가리킨다.

등화장치, 냉·난방장치 및 계기장치

1. 등화장치

불을 켜서 어두운 곳을 밝혀 주는 장치로... 조명용(전조등, 후진등), 신호용(방향지시등, 비상조명등) 및 외부표시용(차폭등, 후미등)으로 분류한다.

1 전조등

야간이나 주위가 어두울 때 차량이 안전하게 운행할 수 있도록 전방을 비추는 등화로, 일명 '헤드라이트'라고 한다.

> 💡 전조등의 구성요소 : 렌즈, 반사경, 필라멘트(전구)

1. 실드빔형 전조등
① 반사경과 필라멘트가 일체로 되어 있다.
② 필라멘트가 끊어진 경우 전조등 전부를 교환하여야 한다.
③ 대지 조건에 따라 반사경이 흐려지지 않는다.
④ 밀봉되어 있으며, 내부에 불활성가스(아르곤, 질소 등)가 들어있다.
⑤ 사용에 따른 광도의 변화가 적다.
⑥ 수명이 길지만, 가격이 비싸다.

2. 세미 실드빔형 전조등
① 렌즈와 반사경이 일체로 되어 있다.
② 전구는 반사경과 분리되어 따로 교환이 가능하다.
③ 할로겐 램프와 결합하여 현재 가장 많이 사용한다.
④ 반사경에 공기, 습기, 먼지 등이 들어가 조명효율이 떨어질 수 있다.

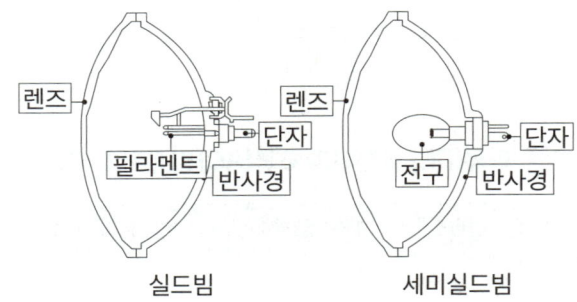

[실드빔 & 세미실드빔]

> 💡 좌·우 전조등 회로는 병렬로 연결한 복선식으로 한다.

> 💡 전조등에 사용하는 램프의 종류
> ✓ 할로겐 램프, LED 램프, HID 램프 등

3. 전조등의 요건
① 야간운행 시 충분한 거리에서 전방의 물체를 확인할 수 있는 밝기가 있어야 한다.
② 운행 시 맞은 편 운전자의 시야를 방해해서는 안 된다.
③ 차량의 운행 환경에 따른 광축의 변화가 없거나 작아야 한다.

> 💡 전조등이 한쪽만 점등되었을 때의 고장 원인
> ✓ 전구 접지불량
> ✓ 한 쪽 회로의 퓨즈 단선
> ✓ 전구 불량

2 방향지시등

① 차량의 진행 방향을 표시하는 등화이다.
② 방향지시등의 신호 및 작동 이상을 운전석에서 확인이 가능해야 한다.
③ 점멸식의 경우 점멸의 주기에 변화가 없어야 한다.
④ 점멸 주기는 1분에 60~120회의 일정한 주기를 가져야 한다.
⑤ 한쪽 전구가 불량이거나 전구가 단선되면, 다른 쪽으로 전류가 더 많이 흘러서 점멸이 빠르게 된다.

💡 **방향지시등 좌 · 우의 점멸작용이 정상과 다르게 작용할 때의 고장 원인**

✓ 전구 1개가 단선되었을 때
✓ 한쪽 전구소켓에 녹이 발생하여 전압강하가 있을 때
✓ 전구를 교체하면서 규정 용량의 전구를 사용하지 않았을 때

💡 **전구를 병렬로 규정 이상 연결 시 발생되는 문제점**

✓ 전류가 많이 소모된다.
✓ 퓨즈가 소손된다.
✓ 회로의 배선이 열을 받는다.

---

3 기타의 등화장치

후진등, 비상조명등, 차폭등, 후미등, 제동등, 번호판등

💡 방향지시등이나 제동등의 작동 확인 시기는 운행 전이다.

💡 작업등은 건설기계관리법 안전기준에서 정한 조명장치가 아니다.

---

2. 냉 · 난방장치 및 계기장치

1 냉 · 난방장치

① 냉방장치는 여름철에 차량의 실내를 시원하고 쾌적하게 하는 장치이다.
② 난방장치는 겨울철 실내를 따뜻하게 하며, 앞면의 창유리에 김서림을 방지하기 위한 장치이다.

2 냉매

① 냉동효과를 얻기 위해 사용하는 물질이다.
② 'R-12'인 구냉매를 사용하였으나, 오존층을 파괴하고 지구온난화를 유발한다는 이유로 사용을 금지하고 있다.
③ 현재는 환경보존을 위한 대체물질로 'R-134a'를 신냉매로 사용한다.

3 계기장치

1. **오일 경고등**
   작업 중 오일경고등이 점등되면 즉시 시동을 끄고 오일계통을 점검해야 한다.

💡 **오일 경고등이 점등되는 원인**

✓ 오일에 부족할 때
✓ 오일 필터 또는 오일 회로(윤활계통)가 막혔을 때
✓ 오일 드레인 플러그가 열렸을 때

---

2. **충전경고등**
   작업 중 충전경고등이 점등되면 충전이 잘 되고 있지 않음을 나타내므로, 충전계통을 점검해야 한다.

💡 충전경고등의 점검은 기관 가동 전과 가동 중에 한다

---

3. 전류계

전류계의 지침이 (+)방향을 지시하고 있는 것은 정상적으로 충전되고 있음을 나타낸다.

> 💡 **전류계의 지침이 (-)방향을 지시하고 있을 때의 원인**
>
> ✓ 전조등 스위치가 점등위치에서 방전되고 있다.
> ✓ 배선에서 누전되고 있다.
> ✓ 시동 시 엔진 예열장치를 동작시키고 있다.

> 💡 **기관을 회전하여도 전류계가 움직이지 않는 원인**
>
> ✓ 전류계의 불량, 레귤레이터의 고장, 스테이터 코일의 단선

4 자기진단 기능 및 제어유닛

1. 자가진단 기능

고장 진단 및 테스트용 출력 단자를 갖추고 있으며, 항상 시스템을 감시하고, 필요하면 운전자에게 경고 신호를 보내주거나 고장점검 테스트용 단자가 있다.

2. 제어유닛(ECU)

전자제어 디젤 분사장치에서 연료를 제어하기 위해 센서로 부터 각종 정보(가속페달의 위치, 기관속도, 분사시기, 흡기, 냉각수, 연료온도 등)를 입력받아 전기적 출력신호로 변환한다.

CHAPTER
07

전 · 후진 주행장치

- 건설기계의 구동과 안전에 관련된 장치인 동력전달장치, 조향장치, 제동장치 등이 이에 해당하며 엔진, 동력전달장치 등을 부착한 전 · 후진 주행장치만으로도 주행이 가능하다.

- 이론 자체가 어렵고 복잡한 내용이므로, 이론보다는 문제위주로 정리 및 암기해야 한다.

휠형 동력전달장치

1. 동력전달장치 일반

1 동력전달장치

기관에서 발생한 동력을 구동바퀴에 전달하는 장치이다.

2 동력전달순서

피스톤 → 커넥팅로드→ 크랭크축 → 플라이휠 → 클러치 → 변속기 → 추진축 → 종감속장치 → 차동장치 → 구동축 → 구동바퀴

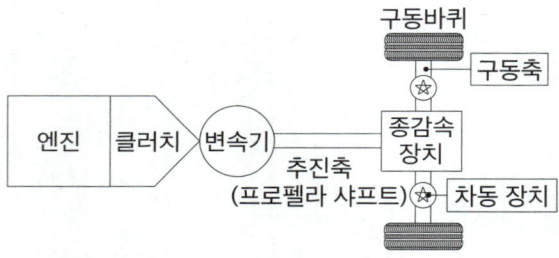

[동력전달장치]

2. 클러치(단속기구)

기관과 변속기 사이에 설치되어 기관에서 발생한 동력을 변속기에 전달하거나 차단하는 장치이다.

1 클러치의 요건

① 구조가 간단하고 취급 및 정비가 용이할 것
② 동력의 전달이 확실할 것
③ 동력의 차단은 신속히 할 것
④ 방열이 잘되고 과열되지 않을 것
⑤ 회전 부분 평형이 좋을 것

2 클러치의 필요성

① 기관 시동 시 기관을 무부하 상태로 만든다.
② 기어 변속 시 기관의 동력을 차단한다.
③ 차량의 관성주행을 가능하게 한다.

3 클러치의 유격

① 릴리스 베어링이 릴리스 레버에 접촉할 때까지 페달이 움직인 거리이다.
② 페달의 자유 유격은 20~30㎜ 정도로 조정한다.
③ 유격이 너무 작으면 클러치가 미끄러지고, 클러치판이 손상되며, 클러치 소음이 발생한다.
④ 유격이 너무 크면 클러치가 잘 끊어지지 않고, 기어 변속이 잘 안 되며, 기어 변속 시 소음이 발생한다.

4 클러치의 용량

① 클러치가 기관으로부터 변속기에 전달할 수 있는 회전력의 크기이다.
② 엔진 회전력보다 약 2 ~ 3배 정도 커야 한다.
③ 용량이 너무 작으면 클러치의 미끄러짐이 커지고, 클러치 디스크가 마모된다.
④ 용량이 너무 크면 조작이 어렵고, 엔진이 정지하거나 동력전달 시 충격이 일어나기 쉽다.

5 마찰클러치의 구성

마찰클러치는 클러치 디스크와 압력판을 접촉시켜 발생하는 마찰력을 이용하여 동력을 변속기에 전달하는 클러치이다.

1. 클러치 디스크(클러치판)
   ① 플라이휠과 압력판 사이에 설치되어 기관의 동력을 변속기 입력축을 통해 변속기에 전달한다.
   ② 토션 스프링, 쿠션 스프링, 라이닝으로 구성된다.

> 💡 클러치판은 변속기 입력축의 스플라인에 끼워져 있다.

> 💡 **토션 스프링(비틀림 코일 스프링)**
> : 클러치 디스크가 플라이휠과 접속할 때, 회전 충격을 흡수한다.

> 💡 **쿠션 스프링**
> : 클러치가 접속될 때 충격을 흡수하여 동력의 전달을 원활하게 하며, 클러치판의 변형을 방지한다.

2. 압력판
① 클러치 스프링의 장력에 의해 클러치 디스크를 밀어서 플라이휠에 압착시킨다.
② 기관의 플라이휠과 항상 같이 회전한다.

3. 클러치 스프링
① 클러치 커버와 압력판 사이에 설치되어 압력판에 압력을 가한다.
② 장력이 약하면 클러치가 미끄러진다.

4. 릴리스 레버
릴리스 베어링의 힘을 받아 압력판을 클러치 디스크로부터 분리시킨다.

5. 릴리스 베어링
① 릴리스 포크에 의해 클러치 축 방향으로 움직여 릴리스 레버에 힘을 가함으로써 클러치를 개방한다.
② 솔벤트 등의 세척유로 세척해서는 안 된다.

6. 릴리스포크
릴리스 베어링에 클러치 페달의 조작하는 힘을 전달한다.

> 💡 **동력 전달 시**
> ✓ 클러치 페달을 놓으면, 릴리스 베어링이 릴리스 레버에 가하는 힘이 없어져서 압력판이 클러치 디스크를 압착한다.
> ✓ 이 때, 클러치 디스크는 플라이휠과 압력판 사이에 단단히 고정되어 함께 회전하며, 기관의 동력을 변속기에 전달한다.

> 💡 **동력 차단 시**
> ✓ 클러치 페달을 밟으면, 릴리스 베어링이 릴리스 레버에 힘을 가해서 릴리스 레버가 압력판을 클러치 디스크로부터 떨어뜨린다.
> ✓ 이 때. 플라이휠과 릴리스 레버는 회전하고 클러치 디스크는 회전하지 않아서 기관의 동력은 변속기에 전달되지 않는다.

> 💡 클러치가 완전히 끊긴 상태에서도 발판과 페달과의 간격은 20㎜ 이상 확보해야 한다.

6 유체클러치
① 기관의 동력을 유체에너지로 바꾸고, 이 유체에너지를 c-시 동력으로 전환시켜 동력을 전달하는 클러치이다.
② 펌프 임펠러, 터빈 러너, 가이드 링으로 구성된다.

7 토크컨버터의 구성
토크컨버터는 오일을 매개체로 하여 기관의 동력을 변속기에 전달하는 클러치로, 유체 클러치의 일종이다.

1. 펌프 임펠러
기관의 크랭크축과 연결된 플라이휠에 설치되며, 입력측 날개차이다.

2. 터빈 러너
변속기 입력축에 연결되어 동력을 전달하며, 출력측 날개차이다.

3. 스테이터
오일의 흐름 방향을 전환시켜 회전력을 증대시키는 날개차이다.

4. 가이드 링
유체의 와류(소용돌이)를 감소시켜 동력의 전달 효율을 증대시킨다.

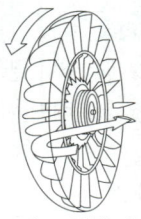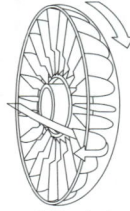

펌프 임펠러   스테이터   터빈 러너

[토크컨버터]

5. **토크컨버터의 특징**
   ① 펌프는 엔진에 직결되어 구동하고, 엔진과 같은 회전수로 회전한다.
   ② 마찰 클러치에 비해 연료소비율이 더 높다.
   ③ 구조상 다른 유체 클러치와 차이점은 '스테이터' 가 있다는 것이다.
   ④ 장비에 부하가 걸리면 터빈의 속도는 느려진다.
   ⑤ 동력전달매체는 유체(오일)이다.
   ⑥ 오일의 과다 압력을 방지하는 압력조정밸브가 있다.

8 클러치의 점검

1. **클러치의 고장 원인**
   ① 클러치 압력판의 스프링 손상
   ② 클러치 면의 마멸
   ③ 릴리스 레버의 조정불량

2. **클러치가 미끄러지는 원인**
   ① 클러치 페달의 자유 간극(자유 유격)이 과소하다.
   ② 압력판 또는 클러치판이 마멸되었다.
   ③ 클러치판에 오일이 부착되었다.
   ④ 클러치 스프링의 장력이 약하다.

3. **클러치 차단이 불량한 원인**
   ① 릴리스 레버가 마멸되었다
   ② 클러치판이 흔들린다.
   ③ 클러치 페달의 유격이 너무 크다.

> 💡 클러치의 미끄러짐이 현저하게 나타나는 시기는 가속할 때이다.

3. 변속기(트랜스미션)

클러치와 추진축 사이에 설치되어 기관에서 발생한 동력을 가장 적합한 회전력(토크)으로 바꾸어 구동바퀴에 전달하는 장치이다.

1 변속기의 필요성

① 시동 시 장비를 무부하 상태로 한다.
② 기관의 회전력을 증대시킨다.
③ 장비의 후진(역전) 시 필요하다.

2 변속기의 구비조건

① 소형ㆍ경량이고, 고장이 없으며, 점검이 용이할 것
② 조작이 쉽고, 신속ㆍ정확하게 변속될 것
③ 단계가 없이 연속적인 변속 조작이 가능 할 것
④ 전달 효율이 좋을 것

3 수동변속기(Manual Transmission, MT)

① 몇 단계의 변속비를 갖추고 있으며, 변속비의 전환은 마찰 클러치를 사용하고 주행 중에 운전자의 직접적인 수동 조작이 필요한 변속기이다.
② 점진 기어식 : 각 단을 점진적으로 순서대로만 변속이 가능하다.(2단 → 4단 : 불가능)
③ 선택 기어식 : 각 단을 임의로 선택하여 변속이 가능하다.(2단 → 4단 : 가능)

> 💡 선택 기어식 변속기의 종류
> : 활동 기어식(섭동 물림식), 상시 물림식, 동기 물림식

> 💡 인터록 장치
> : 변속기 기어가 이중으로 물리는 것을 방지하는 장치

> 💡 록킹 볼
> : 변속기 기어가 결합 후 빠지는 것을 방지하기 위한 장치

4 자동변속기(Automatic Transmission, AT)

유성 기어를 이용하며, 수동 조작 없이 주행 속도에 따라 변속비를 자동으로 전환하는 변속기이다.

> 💡 **자동변속기의 구성**
> ✓ 토크 컨버터, 유성 기어 장치, 유압제어 장치

5 유성기어 장치

① 중심에 선 기어가 고정되어 있고, 가장 바깥쪽에는 링 기어가 있으며, 선 기어와 링 기어 중간에 유성 기어가 설치되어 있다.
② 유성 기어를 동일한 간격으로 지지하는 유성기어 캐리어가 설치되어 동력을 전달한다.
③ 선 기어, 링 기어, 유성기어 캐리어의 3개 회전축은 동일한 축 위에 위치한다.
④ 유성기어가 핀과 용착되었을 때는 바퀴가 돌지 않는다.

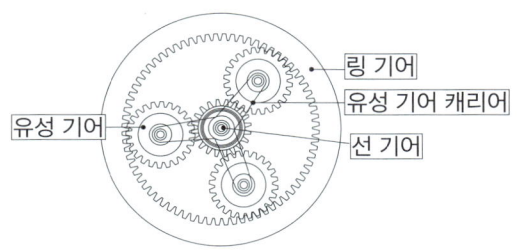

링 기어
유성 기어 캐리어
선 기어
유성 기어

[유성기어 장치]

6 변속기의 점검

1. **변속기 기어가 빠지는 원인**
   ① 기어가 충분히 물리지 않을 때
   ② 기어의 마모가 심할 때
   ③ 변속기 록 장치가 불량할 때
   ④ 로크스프링의 장력이 약할 때

2. **변속기 기어에서 소음이 발생하는 원인**
   ① 기어 백래시(기어 사이의 틈새)가 과다
   ② 변속기 베어링의 마모
   ③ 변속기 오일의 부족
   ④ 클러치의 유격이 너무 클 때

4. 드라이브 라인

기관의 동력을 변속기를 통하여 구동바퀴에 전달하는 장치이다.

1 추진축(프로펠라 샤프트)

① 변속기로부터의 회전을 차동장치에 전달한다.
② 중량을 절감하기 위해 또는 고속 회전을 견디기 위해 속이 비어 있다.
③ 탄소강, 니켈강 등이 재료로 사용된다.

> 💡 추진축 스플라인부의 베어링이 마모되면, 소음과 진동이 발생한다.

> 💡 추진축의 회전 시 평형을 유지하여 진동을 방지하기 위해 밸런스 웨이트(평형추)를 둔다.

2 자재이음(유니버설 조인트)

① 두 축(추진축, 구동축)간의 충격 완화와 각도 변화를 가능하게 하여 회전력을 지속적으로 전달한다.
② 추진축에는 훅 조인트를, 구동축에는 등속 조인트를 사용한다.

> 💡 십자형 자재이음을 추진축 앞·뒤에 두는 이유는 회전 각속도의 변화를 상쇄시키기 위해서이다.

3 슬립이음

변속기 출력축의 스플라인에 연결되어 추진축의 길이 변화를 가능하도록 하기 위해 설치한다.

> 💡 자재이음과 슬립이음의 연결부위에는, 윤활유로 그리스를 사용한다.

5. 종감속장치 및 차동장치

1 종감속 기어(파이널 드라이버 기어)

① 추진축의 회전력을 직각에 가까운 각도로 바꾸어 뒤차축에 전달하고, 최종적인 감속을 통해 회전력을 증대시킨다.
② 종감속비

- 종감속비 $= \dfrac{\text{링 기어 잇수}}{\text{구동 피니언 기어 잇수}} = \dfrac{\text{추진축 회전수}}{\text{바퀴 회전수}}$
- 종감속비는 나누어서 떨어지지 않는 값으로 한다.
- 종감속비가 크면 가속 성능 및 등판능력이 향상된다.

> 💡 종감속 기어의 종류
> : 웜기어, 스파이럴 베벨 기어, 하이포이드 기어

2 차동 기어(디퍼렌셜 기어)

① 하부 추진체가 휠로 되어 있는 건설기계장비로 커브를 돌 때, 원활한 주행이 가능하도록 한다.
② 선회할 때 좌·우 구동바퀴의 회전속도를 다르게 한다.
③ 선회할 때 바깥쪽 바퀴의 회전속도를 증대 시킨다.
④ 기관의 회전력을 작게 하여 구동바퀴에 전달한다.
⑤ 노면의 저항을 작게 받는 구동바퀴에 회전속도가 빠르게 될 수 있다.

3 구동축

① 차량의 무게를 지지하고, 종감속 기어 및 차동 기어를 거쳐 전달된 동력을 바퀴에 전달한다.
② 안쪽은 차동 사이드 기어의 중심부 스플라인에 결합되고, 바깥쪽은 바퀴와 연결되어 있다.

6. 휠과 타이어

1 휠(wheel)

① 타이어가 끼워져서 차축과 결합하는 틀이다.
② 림(타이어가 끼워지는 부분)에 경미한 균열, 변형, 손상, 마모 등이 생기면 즉시 교환해야 한다.(

2 타이어의 구성

타이어는 차량의 바퀴 바깥 부분에 끼워져 있는 고무이다.

1. 트레드(tread)
   직접 노면과 접촉되어 마모에 견디고 적은 슬립으로 견인력을 증대시키는 부분이다.

2. 카커스(carcass)
   고무로 피복된 코드를 여러 겹으로 겹친 층에 해당되며, 타이어의 골격을 이루는 부분이다.

3. 숄더(shoulder)
   트레드와 사이드 월(타이어의 측면) 경계 부분이다.

4. 비드(bead)
   타이어가 휠의 림과 접하는 부분이다.

3 타이어의 분류

1. 사용압력

고압 타이어	• 공기압력이 3.5~4.2[kgf/㎠] 이다. • 버스, 굴착기 등 대형차와 건설기계에 사용한다.
저압 타이어	• 공기압력이 2.0~2.7[kgf/㎠] 이다. • 승용차 등에 사용하는 타이어로, 사용 범위가 넓다.
초저압 타이어	• 공기압력이 1.7~2.0[kgf/㎠] 이다. • 오토바이, 자전거 등에 사용한다.

2. 튜브의 유무

① 튜브 타이어 : 타이어 내부에 튜브를 넣고 그 튜브에 공기를 주입하는 방식이다.

② 튜브리스 타이어 : 튜브가 없고 공기가 누설되지 않는 고무막을 타이어 내부에 설치하는 방식이다.

> 💡 **튜브리스 타이어의 장점**
>
> ✓ 튜브가 없으므로 펑크 수리가 간단하다.
> ✓ 못이 박혀도 공기가 잘 새지 않는다.
> ✓ 고속 주행하여도 발열이 적다
> ✓ 펑크 발생 시 급격한 공기누설이 없으므로 안정성이 좋다.

4 타이어의 표시

① 고압 타이어 : 타이어의 외경 – 타이어의 폭 – 플라이 수

② 저압 타이어 : 타이어의 폭 – 타이어의 내경 – 플라이 수

> 💡 타이어의 사이즈를 나타낼 때, 인치(inch)로 표시한다.

5 타이어의 트레드 패턴

① 타이어의 트레드에 새겨진 홈의 모양이다.
② 노면과의 마찰에 대한 저항 증가로 제동력이 향상된다.
③ 구동력, 견인력 등의 성능이 향상된다.
④ 타이어의 배수효과를 향상시킨다.
⑤ 타이어 내부의 열을 발산한다.

> 💡 **트레드 패턴의 종류**
>
> ✓ 러그 패턴, 리브 패턴, 리브러그 패턴, 블록 패턴

6 타이어의 점검

① 정비점검은 적절한 공구와 절차를 이용하여 수행한다.
② 휠 너트를 풀기 전에 차체에 고임목을 고인다.
③ 타이어와 림의 정비 및 교환 작업은 위험하므로 반드시 숙련공이 한다.

> 💡 타이어의 접지압 = $\dfrac{\text{공차상태의 무게\,(kgf)}}{\text{접지면적}}$

조향장치

1. 조향장치 일반

조향장치는 건설기계의 주행 중 운전자가 그 진행방향을 임의로 바꾸기 위한 장치이다.

1 조향장치의 원리

① 일반적인 차량은 조향핸들을 돌리면 앞바퀴가 회전하는 앞바퀴 조향방식이다.
② 지게차는 뒷바퀴 조향방식을 채용하여 조향핸들을 돌리면 뒷바퀴가 회전한다.
③ 조향장치의 원리에는 전차대식, 애커먼식, 애커먼 장토식이 있으며... 현재 애커먼 장토식이 가장 많이 사용된다.

2 조향장치의 조건

① 조작하기 쉽고, 방향 전환이 원활해야 한다.
② 조향 조작이 주행 중의 충격에 영향을 받지 않아야 한다.
③ 조향핸들의 회전과 바퀴의 선회 차이가 적어야 한다.
④ 고속주행 시에도 조향핸들이 안정적이어야 한다.
⑤ 수명이 길고 취급 및 정비가 용이해야 한다.

3 조향장치의 구성

1. 조향기구
① 운전자의 조작력을 조향기어에 전달하는 장치이다.
② 조향핸들 : 건설기계의 진행방향을 바꾸기 위해 운전자가 직접적으로 조작한다.
③ 조향축 : 조향핸들의 회전을 조향기어에 전달한다.

2. 조향기어
① 조향핸들의 회전을 감속함과 동시에 운동 방향을 바꾸어 조향링크로 전달하는 장치이다.

② 조향기어의 백래시가 커지면 핸들의 유격이 커진다.
③ 조향기어의 백래시가 작으면 핸들이 무거워진다.

> 💡 조향기어의 종류
> ✓ 웜 섹터형, 웜 섹터 롤러형, 볼 너트형, 랙 피니언형 등

> 💡 조향기어의 구성품
> : 웜 기어, 섹터 기어, 조정 스크류

3. 조향링크
조향기어의 움직임을 뒷바퀴에 전달하고, 좌·우 바퀴의 위치를 올바르게 유지한다.

피트먼 암	조향기어의 섹터 기어와 조향 링크를 연결하는 암(회전하는 막대)이다.
드레그 링크	피트먼 암과 너클 암을 연결하는 로드(밀고 당기는 막대)이다.
타이로드	좌·우의 너클 암과 연결되는 로드이다.
너클 암	너클과 타이로드를 연결하는 암이다.

> 💡 타이로드 끝 부분에 설치된 타이로드 엔드는 토인을 조정한다.

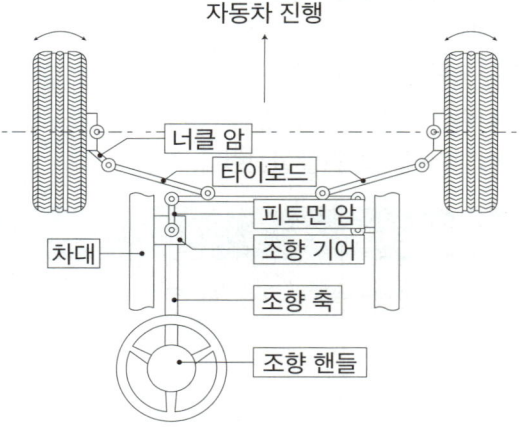

[조향장치]

4 조향장치의 점검

1. **조향핸들의 유격이 커지는 원인**
   ① 피트먼 암의 헐거움
   ② 조향기어, 링키지(조향링크) 조정 불량
   ③ 앞바퀴 베어링 과대 마모
   ④ 조향바퀴 베어링 마모
   ⑤ 타이로드 엔드 볼 조인트 마모

2. **조향 핸들이 무거울 때 점검해야할 사항**
   ① 기어박스 내의 오일
   ② 타이어 공기압
   ③ 앞바퀴 정렬

5 동력 조향장치

조향핸들의 조작을 가볍게 하기 위해 조향장치의 중간에 설치하는 유압식 또는 전동식 장치이다.

1. **장점**
   ① 작은 조작력으로 조향조작이 가능하다.
   ② 조향핸들의 시미 현상(떨리는 현상)을 줄일 수 있다.
   ③ 설계, 제작 시 조향 기어비를 조작력에 관계없이 선정 할 수 있다.
   ④ 굴곡 노면에서의 충격을 흡수하여 조향핸들에 전달되는 것을 방지한다.

2. **동력 조향장치의 핸들 조작이 무거운 원인**
   ① 유압이 낮다.
   ② 조향 펌프에 오일이 부족하다.
   ③ 오일 펌프의 회전이 느리다.
   ④ 유압 계통 내에 공기가 혼입되었다.
   ⑤ 타이어의 공기압력이 너무 낮다.

2. 앞바퀴 정렬

차량 바퀴의 위치 · 방향 및 다른 부품들과의 상호 밸런스 등을 올바르게 유지하는 정렬상태이다.

1 앞바퀴 정렬의 역할

① 타이어 다모를 최소로 한다.
② 방향 안정성을 준다.
③ 조향핸들의 조작을 작은 힘으로 쉽게 할 수 있다.
④ 조향핸들의 복원성을 향상시킨다.

2 앞바퀴 정렬의 요소

1. **캠버(camber)**
   앞바퀴를 정면에서 보면, 바퀴의 윗부분이 아랫부분보다 더 넓은데, 이 때 바퀴의 중심선과 노면에 대한 수직선이 이루는 각도이다.
   ① 앞차축의 휨을 적게 한다.
   ② 조향핸들의 조작을 가볍게 한다.
   ③ 토(Toe, 바퀴의 앞쪽)와 관련성이 있다.

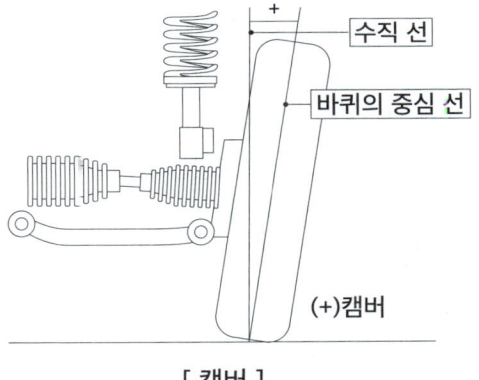

수직 선
바퀴의 중심 선
(+)캠버

[캠버]

2. 캐스터(caster)

앞바퀴를 옆에서 보았을 때, 킹핀 중심선이 노면과 수직을 이루는 직선에 대해 앞 또는 뒤로 기울어진 각도이다.

① 조향 시 바퀴의 복원력이 발생한다.

② 주행 시 조향바퀴의 방향성을 준다.

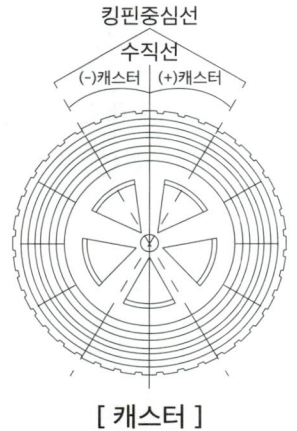

[캐스터]

3. 토인(toe in)

앞바퀴를 위에서 내려다보았을 때, 양쪽 바퀴의 중심선 길이가 앞쪽이 뒤쪽보다 좁게 되어 있는 상태이다.

① 타이어의 이상마멸을 방지한다.

② 조향바퀴를 평행하게 회전시킨다.

③ 바퀴가 옆 방향으로 미끄러지는 것을 방지한다.

④ 직진성을 좋게 하고 조향을 가볍도록 한다.

⑤ 반드시 직진상태에서 측정해야 한다.

⑥ 토인 조정이 잘못되면 타이어가 편마모 된다.

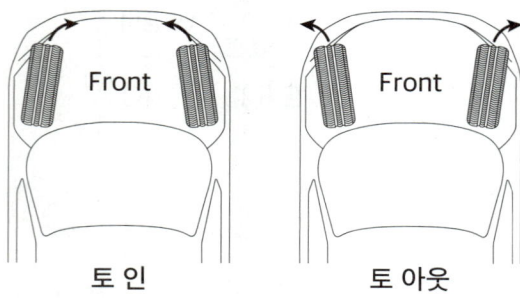

[토인&토아웃]

4. 킹핀 경사각(king pin inclination)

바퀴를 정면에서 보았을 때, 킹핀 축 중심과 노면에 대한 수직선이 이루는 각도이다.

① 핸들의 복원력을 증대시킨다.

② 핸들의 조작력을 작게 한다.

③ 앞바퀴에 복원성을 준다.

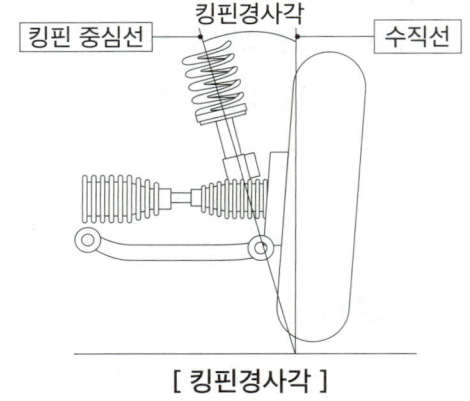

[킹핀경사각]

제동장치

1. 제동장치 일반

제동장치는 주행 중인 차량을 감속 또는 정지시키거나 정지된 차량이 더 이상 움직이지 않도록 하기 위한 장치이다.

1 제동장치의 구비조건

① 작동이 확실하고 잘 되어야 한다.
② 점검 및 조정이 용이해야 한다.
③ 신뢰성과 내구성이 뛰어나야 한다.
④ 마찰력이 커야 한다.

2 제동장치의 분류

주 브레이크	유압식 브레이크, 배력식 브레이크, 공기식 브레이크
주차 브레이크	기계식 브레이크
보조 브레이크	엔진 브레이크, 배기 브레이크, 와전류 리타더

3 페이드 및 베이퍼 록

1. 페이드(fade)
   ① 브레이크를 단시간에 반복적으로 사용하면 브레이크에 마찰열이 발생하여 브레이크가 잘 들지 않는 현상이다.
   ② 방지방법
      • 마찰계수의 변화가 적은 라이닝을 사용한다.
      • 심하면 차량의 작동을 멈추고 열을 식힌다.

2. 베이퍼 록(vapor lock)
   ① 브레이크를 과도하게 사용했을 때 발생하는 마찰열로 인하여 브레이크 오일이 비등하고, 이때 발생한 수증기에 의해 브레이크가 잘 작동하지 않는 현상이다.
   ② 발생원인
      • 긴 –리막길에서 과도한 브레이크 사용
      • 브레이크 슈 리턴 스프링의 손상에 의한 잔압의 저하
      • 오일의 변질에 의한 비등점 저하 및 불량 오일 사용
      • 드럼과 라이닝의 간극 과소로 인한 드럼과 라이닝의 끌림에 의한 가열
   ③ 방지방법
      • 엔진 브레이크와 주 브레이크를 적절히 함께 사용한다.
      • 드럼과 라이닝의 간극을 조정한다.
      • 브레이크 슈 리턴 스프링을 교환하여 잔압을 올린다.
      • 오일은 정기적으로 점검하여 규정된 것으로 교환하며, 양질의 오일을 사용한다.

4 브레이크 오일

브레이크 페달을 밟았을 때 마스터 실린더에서 발생된 유압으로 브레이크 본체에 힘을 전달하는 오일이다.

1. 구비조건
   ① 비점은 높고, 빙점은 낮을 것
   ② 온도에 따른 점도 변화가 작을 것
   ③ 각종 부품 등을 부식시키지 않을 것
   ④ 화학적으로 안정될 것

2. 교환 및 보충 시 주의사항
  ① 동일한 성능·등급의 규정된 오일을 사용할 것
  ② 빼낸 오일은 재사용하지 말고 지정된 장소에 폐기할 것
  ③ 브레이크 부품은 알코올로 깨끗이 씻을 것
  ④ 브레이크 오일은 도장 면을 손상시키므로, 브레이크 오일이 묻었을 경우 즉시 물로 씻어줄 것

> 💡 브레이크 오일의 성분
> : 에틸렌클리콜 + 피마자기름

2. 브레이크

1 유압식 브레이크의 구성

유압식 브레이크는 파스칼의 원리를 이용한 것으로 모든 바퀴에 균등한 제동력을 발생시킨다.

1. **브레이크 페달**
   지렛대의 원리를 이용하여 밟은 힘보다 훨씬 큰 힘을 마스터 실린더에 전달한다.

2. **마스터 실린더**
   브레이크 페달을 밟으면 유압을 발생시키는 부분이다.

3. **체크밸브**
   브레이크 파이프 안에서의 잔압을 유지한다.

> 💡 마스터 실린더의 리턴구멍이 막히면 제동이 잘 풀리지 않는다.

> 💡 마스터 실린더의 체크 밸브에 잔압을 두는 이유
> ✓ 브레이크의 신속한 작동
> ✓ 베이퍼 록의 방지
> ✓ 오일 누출 방지

2 유압식 브레이크의 종류

1. **디스크 브레이크**
   ① 바퀴와 함께 회전하는 디스크의 양쪽을 브레이크 패드로 압착하여 그 마찰력으로 제동한다.
   ② 디스크, 브레이크 패드, 브레이크 캘리퍼, 실린더, 피스톤 등으로 구성된다.
   ③ 디스크가 외부로 노출되어 방열이 잘된다.
   ④ 구조가 간단하여 패드의 교환, 점검 등이 용이하다.
   ⑤ 드럼 브레이크에 비해 열과 물에 강하다.
   ⑥ 패드의 재질은 강도가 커야한다.
   ⑦ 배력 작용이 없으므로 큰 조작력을 필요로 한다.

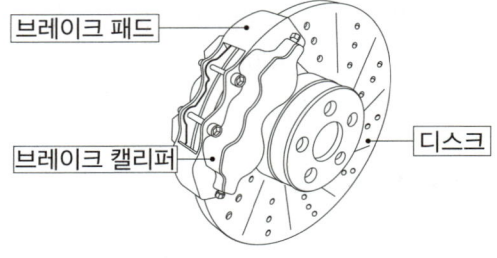

[디스크 브레이크]

2. **드럼 브레이크**
   ① 바퀴와 함께 회전하는 브레이크 드럼의 안쪽을, 휠 실린더에 의해 작동되는 브레이크 슈로 압착하여 그 마찰력으로 제동한다.
   ② 브레이크 드럼, 브레이크 슈, 브레이크 라이닝, 브레이크 휠 실린더, 리턴 스프링 등으로 구성된다.

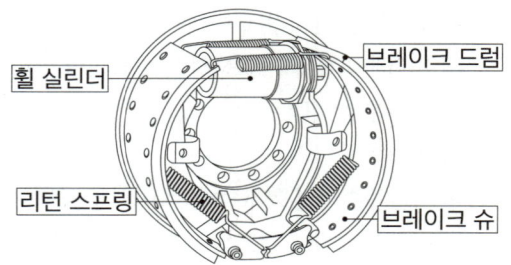

[드럼 브레이크]

3 배력식 브레이크

차량의 대형화, 고속화함으로써 운전자의 발힘만으로 제동력을 감당할 수가 없어 이를 보완하기 위하여 유압식 브레이크에 배력 장치를 병용하여 제동력을 증대시킨 것이다.

1. 배력 장치의 분류
   ① 진공식 : 대기압과 부압 차이를 이용하며, 분리형과 일체형이 있다.
   ② 공기식 : 대기압과 압축공기의 차이를 이용한다.

2. 하이드로백
   ① 유압식 브레이크에 진공식 배력 장치를 병용한 것이다.
   ② 하이드로백에 고장이 나도 기본적인 유압식 브레이크가 작용하여 제동된다.
   ③ 하이드로백은 브레이크 계통에 설치되어 있다.
   ④ 외부에 누출이 없어도 브레이크 작동이 나빠지면 하이드로백의 고장일 수 있다.

4 공기식 브레이크

① 압축공기만의 압력을 이용하여 브레이크 드럼을 브레이크 슈로 압착하여 그 마찰력으로 제동한다.
② 제동력이 뛰어나서 건설기계나 대형차량에 널리 사용된다.
③ 페달은 공기 통로만을 개폐하므로 밟는 힘이 적게 든다.
④ 브레이크 오일이 없으므로 베이퍼 록이 발생할 일이 없다.
⑤ 공기가 약간 누출되어도 압축공기가 다시 채워지므로 브레이크 성능에는 영향을 주지 못한다.

> 💡 공기식 브레이크에서 브레이크슈를 직접 작동시키는 것은 캠이다.

5 브레이크의 점검

1. 브레이크가 잘 듣지 않는 원인
   ① 마스터 실린더, 휠 실린더의 오일이 누출되었을 때
   ② 브레이크의 오일 부족 및 라이닝이 마모되었을 때
   ③ 브레이크 드럼과 라이닝의 간극이 클 때

2. 브레이크를 밟았을 때 차가 한쪽방향으로 쏠리는 원인
   ① 타이어의 좌 · 우 공기압이 틀릴 때
   ② 브레이크 드럼이나 브레이크 슈에 그리스나 오일이 묻었을 때
   ③ 브레이크 드럼이 변형되었을 때

유압장치

- 작동유의 압력을 의미하는 유압은 작은 힘으로 큰 힘을 얻을 수 있어서 현재 건설기계, 항공기, 자동차, 선박 등에 널리 이용되고 있다.

- 이론이 어렵지만 출제비율이 매우 높으므로, 이론을 최대한 이해위주로 공부하고 문제에 적용하여야 한다.

유압일반 및 유압유

1. 유압일반

유압은 사전적으로 기름[작동유, 유체, 플루이드(fluid)]의 압력을 의미한다.

1 유체의 특성

1. 압력
① 단위 면적당 수직으로 작용하는 힘이다.
② 단위 : kgf/㎠(주로 쓰인다), Pa, atm, psi, bar 등

2. 유량
① 단위시간에 이동하는 유체의 체적이다.
② 단위 : LPM, GPM 등

> 💡 오일의 무게(kgf) = 부피(L) × 비중량(kgf/L)

2 파스칼의 원리

① 밀폐된 용기 속에 유체에 가한 압력은 유체내의 모든 부분에 같은 크기로 전달된다.
② 정지된 액체에 접하고 있는 면에 가해진 압력은 그 면에 수직으로 작용한다.
③ 정지된 액체의 한 점에 있어서의 압력의 크기는 전 방향에 대하여 동일하다.

> 💡 파스칼의 원리 응용
>
> ✓ 건설기계에 사용하는 유압 실린더 · 유압식 브레이크, 정비업소의 유압식 승강기 등

2. 유압유

1 유압유의 역할

① 부식을 방지한다.
② 압력에너지를 이송한다.
③ 윤활작용, 냉각작용을 한다.
④ 필요한 요소 사이를 밀봉한다.

2 유압유의 구비조건

① 온도에 의한 점도변화가 적을 것
② 방청성 · 방식성, 윤활성, 산화 안정성이 있을 것
③ 강인한 유막을 형성할 것
④ 인화점 · 발화점이 높을 것
⑤ 압력에 대해 비압축성일 것
⑥ 열팽창계수, 밀도가 작을 것
⑦ 체적탄성계수, 점도지수, 화학적 안정성, 내열성이 클 것
⑧ 응고점, 유동점이 낮을 것

3 유압유의 점도 및 점도지수

1. **점도**
   ① 끈적거림의 정도를 표시한 것으로, 유체가 유동하는 경우의 내부저항이다.
   ② 점성의 정도를 나타내는 척도이며, 유압유의 성질 중 가장 중요하다.
   ③ 온도가 높을수록 점도는 낮아지고, 온도가 낮을수록 점도는 높아진다.
   - 점도가 높으면 내부저항이 커서 유동성이 나쁘다.
   - 점도가 낮으면 내부저항이 작아서 유동성이 좋다.

> 💡 점도가 다른 2종류의 오일을 혼합하면, 열화 현상(기능과 성능이 악화되어 뒤떨어지는 현상)이 촉진된다.

> 💡 **유압유의 점도가 높을 때 나타나는 현상**
> ✓ 동력손실이 증가하여 기계효율이 감소한다.
> ✓ 유동저항이 커져 압력손실이 증가한다.
> ✓ 유압이 높아진다.
> ✓ 관내의 마찰 손실이 커진다.

> 💡 **유압유의 점도가 낮을 때 나타나는 현상**
> ✓ 펌프의 효율이 나빠진다.
> ✓ 계통(회로) 내의 압력이 저하된다.
> ✓ 오일 누설에 영향이 있다.
> ✓ 실린더 및 컨트롤 밸브에서 누출이 발생한다.

2. **점도지수**
   ① 끈적거림을 수치로 표시한 것으로, 온도변화에 따른 점도변화이다.
   ② 점도지수가 크면 온도 변화에 따른 점도 변화가 작고, 점도지수가 작으면 온도 변화에 따른 점도 변화가 크다.

4 유압유의 온도

1. **유압유의 적정온도**

정상상태	40~60℃
열화상태	80~100℃
최고 허용	80℃
최저 허용	30℃

2. **유압유가 과열되는 원인**
   ① 릴리프밸브가 닫힌 상태로 고장일 때
   ② 오일냉각기의 냉각핀이 오손 되었을 때
   ③ 유압유가 부족하거나 노화되었을 때
   ④ 유압유의 점도가 부적당할 때
   ⑤ 안전밸브의 작동 압력이 너무 낮을 때
   ⑥ 고속 및 과부하로 연속작업을 할 때
   ⑦ 유압유에 캐비테이션이 발생될 때

3. **유압유의 온도 상승 시 영향**
   ① 점도의 저하에 의해 누유되기 쉽다.
   ② 밸브류의 기능 및 펌프의 효율이 저하된다.
   ③ 열화를 촉진한다.
   ④ 온도변화에 의해 유압기기가 열 변형되기 쉽다.
   ⑤ 유압유의 산화작용을 촉진한다.
   ⑥ 작동 불량 현상이 발생한다.
   ⑦ 기계적인 마모가 발생할 수 있다.

> 💡 **유압유의 열화를 판정하는 방법**
> ✓ 점도의 상태를 확인한다.
> ✓ 색깔의 변화나 침전물의 유무를 확인한다.
> ✓ 자극적긴 악취가 발생하는가를 확인한다.
> ✓ 수분의 유무를 확인한다.

5 공동현상 등

1. 공동현상(캐비테이션)
① 유압유 속에 용해공기가 기포로 발생하여 유압장치 내에 국부적인 높은 압력과 소음·진동이 발생하는 현상이다.
② 유압이 진공에 가까워짐으로서 기포가 생긴다.
③ 필터의 여과 입도수(mesh)가 너무 높을 때(조밀할 때) 발생할 수 있다.
④ 펌프의 양정과 효율을 급격히 떨어뜨린다.
⑤ 날개차 등에 부식을 일으켜 펌프의 수명을 단축시킨다.

2. 유압회로 내 기포발생 시 일어날 수 있는 현상
① 공동 현상
② 오일 탱크의 오버플로
③ 소음 증가

3. 유압유에 수분이 미치는 영향
① 유압유의 내마모성, 윤활성 및 방청성을 저하시킨다.
② 유압유의 산화와 열화를 촉진시킨다.
③ 유압기기의 마모가 촉진된다.

6 유압유의 취급 및 점검

1. 유압유의 취급
① 유량은 알맞게 하고 부족 시 보충한다.
② 오염, 노화된 오일은 교환한다.
③ 먼지, 모래, 수분에 의한 오염방지 대책을 세운다.

④ 오일의 선택은 건설기계 정비지침서나, 제작회사에서 추천하는 것으로 한다.

2. 유압이 낮아지는 원인
① 오일펌프가 마모되었을 때
② 오일의 점도가 낮아졌을 때
③ 계통 내에서 누설이 있을 때

3. 유압유의 압력이 상승하지 않을 때 점검사항
① 오일펌프의 토출량 점검
② 유압회로의 누유상태 점검
③ 릴리프 밸브의 작동상태 점검

4. 유압유의 노화촉진 원인
① 유온이 높을 때
② 다른 오일이 혼입되었을 때
③ 수분이 혼입되었을 때

5. 플러싱
① 유압계통의 오일장치 내에 슬러지 등이 생겼을 때 장치 내를 깨끗이 하는 작업이다.
② 플러싱 후의 처리방법
 • 작동유 탱크 내부를 깨끗이 청소하고, 작동유를 바로 보충한다.
 • 잔류 플러싱 오일은 반드시 제거하여야 한다.
 • 라인의 필터 엘리먼트를 교환한다.
 • 전체 라인에 작동유가 공급되도록 한다.

유압장치

1. 유압장치 일반

유압장치는 유압에너지를 이용하여 기계적인 일을 하도록 하는 장치이다.

1 유압장치의 장점

① 작은 동력원으로 큰 힘을 낼 수 있다.
② 과부하에 대한 안전장치가 간단하고 정확하다.
③ 속도제어와 방향제어를 쉽게 할 수 있다.
④ 힘의 전달 및 증폭이 용이하다.
⑤ 에너지 축적이 가능하다.
⑥ 무단변속이 가능하고 정확한 위치제어를 할 수 있다.
⑦ 전기, 전자의 조합으로 자동제어가 용이하다.

2 유압장치의 단점

① 오일은 가연성 있어 화재에 위험하다.
② 회로 구성에 어렵고 유체가 누출될 수 있다.
③ 오일의 온도에 따라서 점도가 변하므로 기계의 속도가 변한다.
④ 에너지의 손실이 많다.
⑤ 고압 사용으로 인한 위험성 및 이물질에 민감하다.
⑥ 고장원인의 발견이 어렵고, 구조가 복잡하다.
⑦ 폐유에 의한 주변환경이 오염될 수 있다.
⑧ 유온의 영향에 따라 정밀한 속도와 제어가 곤란하다.

3 유압장치의 취급 및 점검

1. 유압장치의 취급
① 추운 날씨에는 충분한 준비 운전 후 작업한다.
② 오일량이 부족하지 않도록 점검 · 보충한다.
③ 가동 중 이상음이 발생되면 즉시 작업을 중지한다.
④ 종류가 다른 오일은 혼합하지 말아야 한다.

⑤ 작동유어 이물질이 포함되지 않도록 관리 · 취급한다.

2. 유압장치의 일일 점검사항
① 유압탱크의 유량 점검
② 호스의 손상여부 점검
③ 이음 부분의 누유 점검
④ 오일의 색, 온도, 누유여부 점검
⑤ 오일량 점검 및 필터의 교환

3. 유압장치 에서 오일에 거품이 생기는 원인
① 오일탱크와 펌프 사이에서 공기가 유입될 때
② 오일이 부족하여 공기가 일부 흡입되었을 때
③ 펌프 축 주위의 토출측 실(seal)이 손상되었을 때

4. 유압이 발생되지 않을 때 점검 내용
① 오일 개스킷 파손여부 점검
② 오일탱크의 오일량 점검
③ 오일파이프 및 호스가 파손되었는지 점검
④ 오일펌프 및 유압계의 점검
⑤ 오일이 누출되는지 점검

💡 유압장치의 수명 연장을 위해 가장 중요한 요소는 오일필터의 점검 및 교환이다.

💡 유압장치의 부품을 교환한 다음, 가장 먼저 해야 하는 작업은 유압장치의 공기를 빼내는 것이다.

💡 유압 구성품을 분해하기 전에 내부 압력은 엔진을 정지시킨 후에 조정 레버를 모든 방향으로 작동하여 제거한다.

2. 유압 발생장치

유압을 발생시키는 장치이다.

1 유압펌프

기계적인 에너지를 유압에너지로 변환시켜주는 장치
이다.

1. 특징
① 원동기의 기계적 에너지를 유압에너지로 전환
한다.
② 엔진의 동력으로 구동된다.
③ 유압탱크의 오일을 흡입하여 컨트롤밸브로 토
출한다.
④ 엔진이 회전하는 동안에는 항상 회전한다.

2. 종류
① 회전식 : 기어펌프, 베인펌프, 나사펌프
② 왕복식 : 피스톤(플런저)펌프

3. 토출량
① 펌프가 단위시간당 토출하는 액체의 체적이다.
② 유압회로 내에서 단위시간에 이동되는 유체의
양이다.
③ 단위로는 LPM, GPM 등이 있다.

> 💡 유압펌프의 용량은 압력과 토출량으로 표시한다.

> 💡 유압펌프 중 토출량을 변화시킬 수 있는 것은 가
> 변 토출량형 펌프이다.

> 💡 유압장치의 작동속도를 높이기 위하여 유압펌프
> 의 토출량을 증가시킨다.

2 기어펌프

기어의 회전에 의해 유체의 공간 체적에 변화가 일어
나 유체가 이동하는 방식의 펌프이다.

1. 특징
① 다루기 쉽고 가격이 저렴하다.
② 유압 작동유의 오염에 비교적 강한 편이다.
③ 피스톤(플런저) 펌프에 비해 효율이 떨어진다.
④ 외접식과 내접식이 있다.
⑤ 베인 펌프에 비해 소음이 비교적 크다.
⑥ 구조가 간단하고 흡입성이 우수하다.
⑦ 소형이며 고장이 적다.
⑧ 초고압에는 사용이 곤란하다.

2. 소음발생 원인
① 펌프의 베어링이 마모되었다.
② 흡입 라인이 막혔다.
③ 오일이 과부족하다.

> 💡 폐입현상
>
> ✓ 외접식 기어 펌프에서 유압유의 일부가 출력측으로
> 빠져나가지 못하고 다시 흡입측으로 되돌아오는 현
> 상이다.
> ✓ 토출량 감소, 축동력 증가, 케이싱 마모 등의 원인이
> 된다.

> 💡 트로코이드 펌프
>
> ✓ 기어펌프의 특수한 형태이다.
> ✓ 안쪽 로터가 회전하면 바깥쪽 로터도 동시에 회전
> 한다.
> ✓ 안쪽은 내 · 외측 로터로 바깥쪽은 하우징으로 구성
> 되어 있다.

3 나사펌프

① 케이싱 내에 나사모양의 로터를 회전시키면 나사
의 홈 사이로 유체가 밀려나가는 방식의 펌프이다.
② 효율이 좋고, 저양정 · 대용량에 적합하다.

4 베인펌프

안쪽 날개(베인)가 편심된 회전축에 끼워져 회전하면서 유체를 흡입·송출하는 방식의 펌프이다.

1. 특징
① 소형·경량이다.
② 간단하고 성능이 좋다.
③ 맥동이 적다.
④ 수명이 길다.
⑤ 싱글형과 더블형이 있다.
⑥ 토크(torque)가 안정되어 소음이 적다.
⑦ 날개로 펌핑 동작을 한다.

2. 구성요소
베인(vane), 캠 링(cam ring), 회전자(rotor)

> 💡 베인펌프에서 마모가 일어나는 곳은 캠 링 면과 베인 선단부분이다.

5 플런저(피스톤)펌프

플런저가 실린더 내를 왕복운동하면서 유체를 흡입·송출하는 방식의 펌프로, 최근에 많이 사용되고 있다.

1. 특징
① 유압펌프 중 가장 고압, 고효율이다.
② 피스톤은 왕복운동을 하고, 축은 회전 또는 왕복운동을 한다.
③ 가변용량의 제어가 가능하다.
④ 토출량의 변화 범위가 크다.
⑤ 높은 압력에 잘 견딘다.
⑥ 가격이 고가이며 펌프 용량이 크다.
⑦ 구조가 복잡하고 수리가 어렵다.
⑧ 베어링에 부하가 크다.

2. 종류

레이디얼형	플런저의 왕복운동이 구동축에 대하여 직각이다.
액시얼형	플런저의 왕복운동이 구동축에 대하여 평행이다.

6 유압펌프의 점검

1. 소음이 발생하는 원인
① 오일 속에 공기가 들어 있을 때
② 오일의 양이 적을 때
③ 오일의 점도가 너무 높을 때
④ 펌프의 회전 속도가 너무 빠를 때
⑤ 필터의 여과입도가 너무 적은 경우
⑥ 스트레이너가 막혀 흡입용량이 너무 작아졌을 때
⑦ 펌프흡입관 접합부로부터 공기가 유입될 때
⑧ 엔진과 펌프 축 간의 편심 오차가 클 때

2. 오일을 토출하지 않을 때의 원인
① 흡입관으로부터 공기가 흡입되고 있을 때
② 회전수가 너무 낮을 때
③ 흡입관 혹은 스트레이너가 막혀 있을 때
④ 회전방향이 반대로 되어 있을 때
⑤ 유압탱크의 유면이 낮을 때
⑥ 오일량이 부족할 때

> 💡 **펌프량이 적거나 유압이 낮은 원인**
> ✓ 펌프 흡입라인 막힘이 있을 때(여과망)
> ✓ 기어와 펌프 내벽 사이 간격이 클 때
> ✓ 기어 옆 부분과 펌프 내벽 사이 간격이 클 때
> ✓ 오일탱크에 오일이 너무 적을 때

3. 유압 제어장치

유압유의 흐름을 조절하는 장치이다.

1 유압제어 밸브

① 유압 실린더와 유압 모터의 기능에 맞게 유압유의 압력, 속도, 방향을 제어하는 밸브이다.
② 유압의 제어방법
   • 압력제어 : 일의 크기를 조정한다.
   • 유량제어 : 일의 속도를 제어한다.
   • 방향제어 : 일의 방향을 전환한다.

💡 유압장치에 사용되는 밸브부품은 경유(연료)로 세척한다.

2 압력제어 밸브

유압 장치의 과부하 방지와 유압기기의 보호를 위하여 최고 압력을 규제하고 유압 회로 내의 필요한 압력을 유지하기 위한 밸브이다.

💡 압력제어밸브는 유압펌프와 방향제어밸브 사이에 설치한다.

1. 릴리프 밸브
   ① 유압이 규정치보다 높아질 때 작동하여 계통을 보호한다.
   ② 유압회로에 흐르는 압력이 설정된 압력이상으로 되는 것을 방지한다.
   ③ 펌프의 토출 측에 위치하여 회로 전체의 압력을 제어한다.
   ④ 유압으로 작동되는 작업 장치에서 작업 중 힘이 떨어지는 원인과 관련이 있다.
   ⑤ 릴리프 밸브의 설정 압력이 불량하면 유압건설기계의 고압호스가 자주 파열된다.
   ⑥ 유압 계통에서 릴리프 밸브의 스프링 장력이 약화될 때 채터링 현상이 발생한다.

💡 릴리프 밸브의 종류 : 직동형, 평형, 피스톤형 등

💡 과부하(포트) 릴리프 밸브

✓ 유압장치의 방향전환 밸브(중립 상태)에서 실린더가 외력에 의해 충격을 받았을 때 발생되는 고압을 릴리프 시키는 밸브이다.

2. 시퀀스 밸브(순차작동 밸브)
   ① 2개 이상의 분기 회로를 갖는 회로 내에서 작동 순서를 회로의 압력 등에 의하여 제어한다.
   ② 유압회로의 압력에 의해 유압 액추에이터의 작동 순서를 제어한다.
   ③ 각 유압 실린더를 일정한 순서로 순차 작동시키고자 할 때 사용한다.

3. 리듀싱 밸브(감압 밸브)
   ① 유압회로에서 입구(1차)의 압력을 감압하여 유압실린더 출구(2차)의 설정압력으로 유지한다.
   ② 유압장치에서 회로 일부의 압력을 릴리프 밸브의 설정 압력 이하로 하고 싶을 때 사용한다.

4. 언로드 밸브(무부하 밸브)
   ① 유압장치에서 고압 소용량, 저압 대용량 펌프를 조합 운전할 때, 작동 압력이 규정 압력 이상으로 상승 시 동력을 절감하기 위해 사용한다.
   ② 유압장치에서 두 개의 펌프를 사용하는데 있어 펌프의 전체 송출량을 필요로 하지 않을 경우, 동력의 절감과 유온 상승을 방지한다.

5. 카운터 밸런스 밸브
   ① 유압 실린더 등이 중력으로 인하여 제어속도 이상으로 자유 낙하하는 것을 방지한다.
   ② 크롤러 굴착기가 경사면에서 자중에 의해 빠르게 내려가는 것을 방지한다.

💡 분기 회로에 사용되는 밸브 : 리듀싱 밸브, 시퀀스 밸브

💡 회로내의 압력을 설정치 이하로 유지하는 밸브

✓ 릴리프 밸브, 리듀싱 밸브, 언로드 밸브

3 유량제어 밸브

유압회로에 공급되는 유량을 조절하여 작동체의 속도를 바꿔주는 밸브이다.

1. 니들 밸브

내경이 작은 파이프에서 미세한 유량을 조정한다.

2. 스로틀 밸브(교축 밸브)

오일이 통과하는 통로의 단면적을 변화시켜 유량을 조절한다.

3. 분류 밸브

2개 이상의 유압회로에 유량을 분배한다.

4. 디셀러레이션 밸브(감속 밸브)

통과 유량을 조정하여 유압모터나 엑추에이터의 속도를 감속 또는 증속을 하며, 캠(cam)으로 조작한다.

4 방향제어 밸브

유압회로 내에서 유체의 흐르는 방향을 조절하는 밸브이다.

1. 체크 밸브

① 유압회로에서 역류를 방지하고 회로 내의 잔류압력을 유지한다.
② 유압유의 흐름을 한쪽으로만 허용하고 반대방향의 흐름을 제어한다.

2. 스풀 밸브

원통형 슬리브 면에 내접하여 축 방향으로 이동한 후 오일의 통로를 개폐하여 오일의 흐름 방향을 바꾼다.

3. 셔틀 밸브

한 개의 출구와 두 개 이상의 입구가 있을 때, 출구가 최고 압력을 나타내는 입구를 선택할 수 기능을 가진다.

> 💡 **방향제어 밸브의 형식**
>
> ✓ 포핏 형식, 로터리 형식, 스풀 형식(가장 많이 사용된다)

> 💡 **방향제어 밸브를 동작시키는 방식**
>
> ✓ 수동식, 유압 파일럿식, 전자식(솔레노이드 조작식) 등

4. 유압 구동장치

유압 에너지를 기계 에너지로 전환시키는 장치이다.

1 액추에이터

① 유압펌프를 통해 송출된 유압에너지(힘)를 직선운동이나 회전운동을 통하여 기계적 에너지(일)로 변환한다.
② 직선운동을 하는 유압실린더와 회전운동을 하는 유압모터가 있다.

2 유압실린더

유압펌프를 통해 송출된 유압에너지에 의해 직선 운동을 하는 장치이다.

1. 종류

단동식	• 피스톤의 한쪽에만 유압유를 공급하여 한 방향의 운동을 유압으로 작동시키는 형식이다. • 피스톤형, 램형, 플런저형이 있다.
복동식	• 피스톤의 양쪽에 유압유를 교대로 공급하여 양 방향의 운동을 유압으로 작동시키는 형식이다. • 싱글로드형(편로드형)과 더블로드형(양로드형)이 있다.
다단식	• 실린더 내부에 또 다른 실린더가 삽입되어 유압유를 공급하면 실린더를 외부로 작동시키는 형식이다. • 실린더의 길이 대비 긴 행정이 요구될 때 사용한다.

2. 구성부품

피스톤 피스톤 로드, 실(seal), 실린더, 쿠션기구 등

3 **유압실린더의 점검**

1. **유압실린더 정비 시 주의사항**
   ① 분해 조립 시 무리한 힘을 가하지 않는다.
   ② 도면을 보고 순서에 따라 분해 조립을 한다.
   ③ 쿠션 기구의 작은 유로는 압축 공기를 불어 막힘 여부를 검사한다.
   ④ ○-링은 사용하던 것을 폐기하고 신품으로 교환한다.

2. **유압실린더의 자연낙하현상 발생원인**
   ① 컨트롤밸브 스풀의 마모
   ② 릴리프 밸브의 조정 불량
   ③ 실린더내의 피스톤 실(seal)의 마모
   ④ 실린더 내부의 마모
   ⑤ 작동압력이 낮을 때

3. **유압실린더의 움직임이 느리거나 불규칙할 때의 원인**
   ① 피스톤 링이 마모 되었다.
   ② 유압유의 점도가 너무 높다.
   ③ 회로 내에 공기가 혼입되어 있다.

4. **유압실린더의 숨돌리기 현상 발생 시 나타나는 현상**
   ① 작동 지연 현상이 생긴다.
   ② 서지압이 발생한다.
   ③ 피스톤 작동이 불안정하게 된다.

> 💡 유압실린더 교환 시 필요작업
> ✓ 공기빼기 작업, 누유 점검, 공회전 작업

> 💡 유압 실린더에서 피스톤의 속도는 유량을 증가시키면 빨라진다.

4 **유압모터**

유압장치에서 유압 에너지에 의해 연속적으로 회전운동을 하는 장치이다.

> 💡 유압모터의 용량은 입구압력(kgf/cm²)당 토크(회전력)로 표시한다.

> 💡 유압모터의 회전력은 유압유의 압력에 따라 변한다.

> 💡 유압모터의 속도는 오일 흐름 양(유량)으로 결정된다.

1. **장점**
   ① 속도나 방향의 제어가 용이하다.
   ② 변속, 역전의 제어도 용이하다.
   ③ 넓은 범위의 무단변속이 용이하다.
   ④ 소형·경량으로서 큰 출력을 낼 수 있다.
   ⑤ 구조가 간단하고 작동이 신속, 정확하다.
   ⑥ 전동 모터에 비하여 급속정지가 쉽다.

2. **단점**
   ① 작동유에 먼지나 공기가 침입하지 않도록 특히 보수에 주의해야 한다.
   ② 작동유가 누출되면 작업 성능에 지장이 있다.
   ③ 작동유의 점도변화에 의하여 유압모터의 사용에 제약이 있다.

5 **유압모터의 종류**

1. **기어형**
   ① 구조가 간단하고 가격이 저렴하다.
   ② 일반적으로 스퍼 기어(평 기어)를 사용하나 헬리컬 기어도 사용한다.
   ③ 유압유에 이물질이 혼입되어도 고장 발생이 적다.

2. **베인형**
   ① 로터 내에 베인을 설치하고 베인을 캠링 면에 압착시켜 작동시킨다.
   ② 베인을 캠링 면에 압착시킬 때스프링 또는 로킹 빔을 사용한다.
   ③ 무단변속 또는 역전이 용이하며, 매우 가혹한 조건에서 사용할 수 있다.

3. **플런저형(피스톤형)**
   ① 구조가 복잡하고 가격이 비싸다.
   ② 펌프의 최고 토출압력, 평균효율이 가장 높아서 고압·대출력에 사용한다.
   ③ 종류 : 레이디얼형, 액시얼형

6 유압모터의 점검

1. 유압모터의 회전속도가 규정 속도보다 느릴 경우의 원인
① 유압유의 유입량 부족
② 각 작동부의 마모 또는 파손
③ 오일의 내부 누설

2. 유압모터에서 소음과 진동이 발생할 때의 원인
① 내부 부품의 파손
② 작동유 속에 공기의 혼입
③ 체결 볼트의 이완

3. 유압 모터의 감속기 기어오일 수준 점검 시 유의사항
① 오일 수준을 점검하기 전에 항상 오일 수준 점검 게이지 주변을 깨끗하게 청소한다.
② 오일 수준 점검 시는 오일의 정상적인 작업 온도에서 점검해야 한다.
③ 오일량이 너무 적으면 모터 유닛(unit)이 올바르게 작동하지 않거나 손상될 수 있다.

5. 부속기기

유압회로의 기능을 향상시키기 위한 기구이다.

1 유압탱크

유압회로 내에 들어가거나 되돌아오는 유압유 오일을 저장하는 탱크이다.

1. 기능
① 계통 내의 필요한 유량을 확보한다.
② 격판은 기포를 분리 및 제거하고, 오일의 출렁거림을 방지한다.
③ 스트레이너 설치로 회로 내 불순물의 혼입을 방지한다.
④ 탱크 외벽의 방열에 의해 유온의 적정온도를 유지한다.
⑤ 작동유의 수명을 연장시킨다.

💡 오일탱크 내 오일의 적정 온도 범위 : 30℃~50℃

2. 구비조건
① 적당한 크기의 주유구 및 스트레이너를 설치한다.
② 드레인(배출밸브) 및 유면계를 설치한다.
③ 오일에 이물질이 혼입되지 않도록 밀폐 되어야 한다.
④ 유면은 적정위치 "F"에 가깝게 유지하여 한다.
⑤ 발생한 열을 발산할 수 있어야 한다.
⑥ 공기 및 이물질을 오일로부터 분리할 수 있어야 한다.
⑦ 탱크의 크기는 정지할 때 되돌아오는 오일량의 용량보다 크게 한다.

3. 구성품

스트레이너	유압기기 속에 혼입되는 불순물을 제거한다.
배플 (격판, 칸막이)	기포의 분리와 제거 및 오일의 출렁거림을 방지한다.
드레인 플러그	오일탱크 내의 오일을 전부 배출시킬 때 사용한다.
주유구	오일을 주유하기 위한 구멍이다.
유면계	오일탱크 내 오일의 양을 측정한다.

2 어큐뮬레이터(축압기)

유압펌프에서 발생한 유압 에너지를 저장하고 맥동을 소멸시키는 장치이다.

1. 기능
① 충격 압력의 흡수
② 유압 에너지의 축적
③ 유압 펌프의 맥동 흡수
④ 압력의 점진적 증대 및 일정한 압력 유지
⑤ 보조적 압력원 및 동력원으로 사용

2. 종류
① 스프링형 : 스프링 하중식
② 공기압축형 : 피스톤식, 다이어프램식, 블래더식

> 💡 **공기압축형 중 블래더식 축압기**
>
> ✓ 강철제의 용기에 기체를 봉입한 고무주머니를 넣은 구조로 되어 있다.

> 💡 **질소(N_2)**
>
> ✓ 가스형 축압기에 가장 널리 이용된다.
> ✓ 블래더식 축압기의 고무주머니 내에 주입된다.

3 필터(여과기)

① 유압장치에서 금속 등 마모된 찌꺼기나 카본 덩어리 등의 이물질을 제거하는 장치이다.
② 라인 필터의 종류 : 흡입관 필터, 복귀관 필터, 압력관 필터

> 💡 유압장치에서 금속가루 또는 불순물을 제거하기 위해 사용되는 부품은 필터와 스트레이너이다.

4 오일쿨러(오일 냉각기)

① 유압회로에서 유압유 온도를 알맞게 유지하기 위해 오일을 냉각하는 부품이다.
② 유압 오일이 과열되는 경우에 우선적으로 점검해야 한다.

5 오일 실

① 유압장치에서 오일의 누설을 방지하기 위한 부품이다.
② 유압 작동부에서 오일이 새고 있을 때 우선적으로 점검해야 한다.
③ 움직이는 실(seal)은 패킹, 고정적인 실(seal)은 개스킷이라고 한다.

> 💡 **유압 계통에서 오일의 누설 점검 시 유의 사항**
>
> ✓ 실(seal)의 마모, 실(seal)의 파손, 볼트의 이완 등

6 배관 등

① 유압장치에 사용되는 배관의 종류에는 강관, 알루미늄관, 스테인리스관, 구리관 등이 있다.
② 유압장치에 사용하는 유압호스로 가장 큰 압력에 견딜 수 있는 호스는 나선 와이어 브레이드 호스이다.
③ 유압장치에 사용하는 호이스트형 유압호스의 연결부위에는 유니온 조인트를 관이음쇠로 가장 많이 사용한다.

유압회로

1. 유압회로 일반

유압회로는 유압유를 통해 에너지를 전달하기 위해서 각종 유압기기 등을 조립하여 연결시킨 장치이다.

1 유압회로 활용

1. 압력제어 회로
① 유압회로의 최고압력을 제어 또는 필요한 압력을 유지하는 회로이다.
② 시퀀스 회로, 무부하 회로, 감압 회로, 카운터밸런스 회로 등이 이에 해당한다.

2. 속도제어 회로
① 유압회로에서 유량을 조절하여 작동속도를 제어하는 회로이다.
② 미터인 회로 : 액추에이터의 입구 쪽 관로에 설치한 유량제어밸브로 흐름을 조절하여 속도를 제어한다.
③ 미터아웃 회로 : 액추에이터의 출구 쪽 관로에 설치한 유량제어밸브로, 흐름을 조절하여 속도를 제어한다.
④ 블리드 오프 회로 : 액추에이터에 흐르는 유량의 일부를 탱크로 되돌려 속도를 제어한다.

3. 방향제어 회로
① 유압회로에서 유압유의 흐름을 조절하여 운동방향을 제어하는 회로이다.
② 로킹 회로, 안전장치 회로, 자동운전 회로 등이 이에 해당한다.

2 유압회로의 점검

1. 유압회로에서 소음이 나는 원인
① 회로 내 공기 혼입
② 채터링 현상
③ 캐비테이션 현상

2. 유압회로에서 호스의 노화 현상
① 호스의 탄성이 거의 없는 상태로 굳어 있는 경우
② 표면에 크랙이 발생한 경우
③ 정상적인 압력 상태에서 호스가 파손될 경우

💡 유압회로 내에 잔압을 설정해두는 이유
✓ 작동지연 방지, 신속한 조작가능, 오일 누출 방지 등

💡 유압회로의 압력은 유압펌프에서 컨트롤 밸브 사이를 측정 · 점검한다.

💡 서지압(surge pressure) : 과도하게 발생하는 이상 압력의 최대값

2. 유압 · 공기압 기호

1 표시방법

① 기호에는 흐름의 방향을 표시한다.
② 각 기기의 기호는 정상상태 또는 중립상태를 표시한다.
③ 기호에는 각 기기의 구조나 작용압력을 표시하지 않는다.
④ 기호는 오해의 우려가 없는 경우 회전할 수 있다.

2 주요 유압 · 공기압 기호

명칭	기호	명칭	기호
인력조작		당김버튼	
누름버튼		누름 · 당김 버튼	
기계조작		단동식 편로드형	
단동식 양로드형		복동식 편로드형	
복동식 양로드형		정용량형 유압펌프	
가변용량형 유압펌프		유압동력원	
가변조작 또는 조정수단		단동 솔레노이드	
복동 솔레노이드		직접 파일럿 조작	
전동기		원동기	

명칭	기호	명칭	기호
어큐뮬레이터		공기탱크	
압력계		차압계	
온도계		감압 밸브	
체크 밸브		릴리프 밸브	
시퀀스 밸브		무부하 밸브	
스톱밸브		가변 교축밸브	
필터		드레인 배출기	
압력스위치		오일탱크	

CHAPTER

09

작업장치

- 주로 가벼운 화물을 운반하거나, 다른 차량 또는 장비에 화물을 적재·하역할 때, 효율적인 작업을 위해 필요한 차량인 지게차의 작업장치에 대해 전반적으로 다룬다.

- 진정한 지게차 내용으로, 이론을 최대한 이해위주로 공부하고 문제에 적용하여야 한다.

지게차의 작업장치

1. 지게차의 작업장치

지게차는 주로 가벼운 화물을 운반하거나 다른 차량이나 장비에 화물을 적재, 하역할 때 효과적으로 작업하기 위한 차량이다.

1 작업장치의 구성

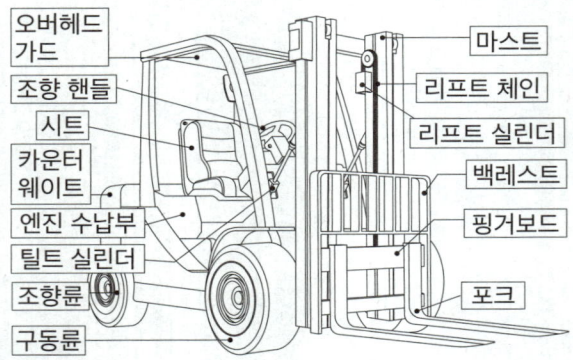

[지게차의 구조]

오버헤드 가드 / 조향 핸들 / 시트 / 카운터 웨이트 / 엔진 수납부 / 틸트 실린더 / 조향륜 / 구동륜
마스트 / 리프트 체인 / 리프트 실린더 / 백레스트 / 핑거보드 / 포크

1. 포크(fork, 쇠스랑)
① L자형으로 2개이며, 핑거보드에 체결되어 화물을 떠받쳐 운반하는 도구이다.
② 적재하는 화물의 크기에 따라 간격을 조정할 수 있다.

2. 핑거보드(finger board)
① 백레스트에 의해 지지되고 포크가 설치되는 수평판이다.
② 리프트 체인의 한쪽 끝이 연결되어 있다.

3. 백레스트(back rest)
포크에 적재된 화물의 뒤쪽을 받쳐주어 화물이 낙하하는 것을 방지한다.

4. 리프트 실린더(lift cylinder)
① 포크를 상승 또는 하강시킨다.
② 단동식 유압실린더이다.
③ 포크가 상승할 때는 실린더에 유압이 가해진다.
④ 포크가 하강할 때는 실린더에 유압이 가해지지 않고, 포크나 적재물의 자체중량에 의한다.

5. 리프트 체인(lift chain)
① 마스트를 따라 포크가 장착된 캐리지를 올리고 내리는 체인이다.
② 좌·우 포크 높이가 다를 경우 리프트 체인을 조정하여 수평을 맞춘다.

💡 지게차의 리프트 체인에는 엔진 오일로 주유한다.

6. 마스트(mast)
① 유압장치를 이용하여 캐리지(포크 + 핑거보드 + 백레스트)가 움직이는 기둥이다.
② 리프트 실린더, 리프트 체인, 백레스트, 틸트 실린더, 핑거보드, 포크 등이 부착되어 있다.

7. 틸트 실린더(tilt cylinder)
① 마스트를 전경 또는 후경으로 작동시킨다.
② 마스트와 프레임 사이에 설치된 2개의 복동식 유압실린더이다.
③ 틸트 레버를 밀고 당길 때 모두 틸트 실린더에 유압이 가해진다

8. 카운터 웨이트(counter weight, 밸런스 웨이트, 평형추)
지게차 장비 뒤쪽에 설치되어 작업할 때 안정성 및 균형을 잡아준다.

💡 지게차 작업장치의 동력전달기구
✓ 리프트 실린더, 리프트 체인, 틸트 실린더

💡 **틸트록 밸브**

✓ 지게차의 마스트를 기울일 경우 갑자기 시동이 정지될 때 작동하여 작업 상태를 유지시켜 준다.

💡 **플로우 레귤레이터(슬로우 리턴) 밸브**

✓ 리프트 실린더 작동회로에서 포크가 천천히 하강하도록 한다.

💡 **플로우 프로텍터(벨로시티 퓨즈)를 사용하는 목적**

✓ 컨트롤 밸브와 리프트 실린더 사이에서 배관 파손 시 적재물의 급강하를 방지한다.

2 작업장치의 조종레버

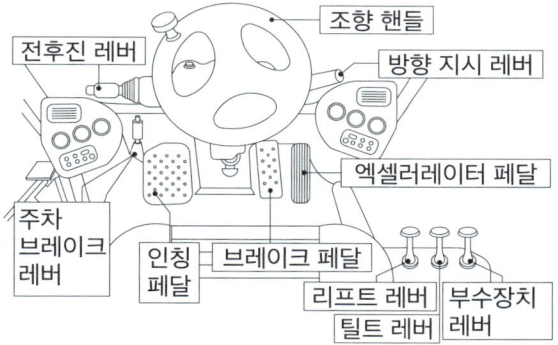

[작업장치의 조종레버]

1. 리프트 레버

① 리프트 실린더와 연동하여 포크를 상승(리프팅, lifting) 또는 하강(로우어링, lowering)시킨다.

② 작동 방법

- 리프트 레버를 앞으로 밀면, 포크가 하강한다.
- 리프트 레버를 뒤로 당기면, 포크가 상승한다.

2. 틸트 레버

① 마스트를 앞, 뒤로 경사시켜 작동(틸팅, tilting) 시킨다.

② 작동 방법

- 틸트 레버를 앞으로 밀면, 마스트는 앞쪽으로 기운다.
- 틸트 레버를 뒤로 당기면, 마스트는 뒤쪽으로 기운다.

3. 부수장치 레버

① 리프트 레버와 틸트 레버를 제외하고 부수장치를 설치할 경우 설치되는 레버이다.

② 포크 사이의 간격을 조정할 수 있는 포크 포지셔너 레버가 여기에 해당한다.

4. 주행 레버

전 · 후진 레버	• 지게차의 전진 또는 후진에 사용한다. • 레버를 앞으로 밀면 전진하고 뒤로 당기면 후진한다.
변속 레버	저속 또는 고속 기어의 변속에 사용한다.

💡 지게차의 마스트 작업 시 조종레버가 3개 이상일 경우에는 좌측으로부터 리프트 레버, 틸트 레버, 부수장치 레버 순으로 설치한다.

2. 지게차의 분류

1 하이 마스트(High mast)

마스트가 2단으로 확장되어 높은 곳에 물건을 옮길 수 있는 장치로, 가장 기본적인 형태이다.

2 3단 마스트(Triple stage mast)

마스트가 3단으로 확장되어 높은 장소에서 적재 또는 하역하는데 적합하다.

3 로테이팅 클램프(Rotating clamp)

원추형 화물을 조이거나 회전시켜 운반 또는 적재하는데 적합하다.

4 로테이팅 포크(Rotating fork)

포크를 좌·우로 360° 회전시켜 용기에 들어있는 제품을 운반하는데 적합하다.

5 로드 스테빌라이저(Load stabilizer)

깨지기 쉬운 화물이나 불안전한 화물의 낙하를 방지하기 위하여 포크상단에 상·하 작동할 수 있는 압력판을 부착한 장치이다.

6 힌지드 포크(Hinged fork)

포크를 상·하 각도로 이동시켜 원목, 전주, 파이프 등 원통형 하물을 운반하고자 하는데 적합하다

7 힌지드 버킷(Hinged bucket)

힌지드 포크에 포크 대신 버킷을 설치하여 석탄, 소금, 비료, 모래 등 흘러내리기 쉬운 화물을 운반하는데 적합하다

8 드럼 클램프(Drum clamp)

드럼통을 신속하고 안전하게 운반 또는 적재하는데 적합하다.

9 사이드 클램프(Side clamp)

좌·우에 클램프가 설치되어 가볍고 부피가 큰 화물을 적재 또는 하역한다.

10 사이드 시프트(Side shift)

포크를 좌·우로 이동시켜 지게차 중앙에서 벗어난 화물을 적재 또는 하역하는 장치이다.

11 포크 포지셔너(Fork positioner)

포크 사이의 간격을 조정할 수 있으므로, 규격이 다양한 화물을 적재 또는 하역할 수 있다.

12 전동식 지게차

① 축전지와 전동기를 동력원으로 한다.
② 주행, 포크의 상승 및 하강, 틸트 등 지게차의 작업을 위한 모든 조작장치는 조종사가 힘을 가하고 있는 동안에만 작동되는 가동유지 방식이어야 한다.

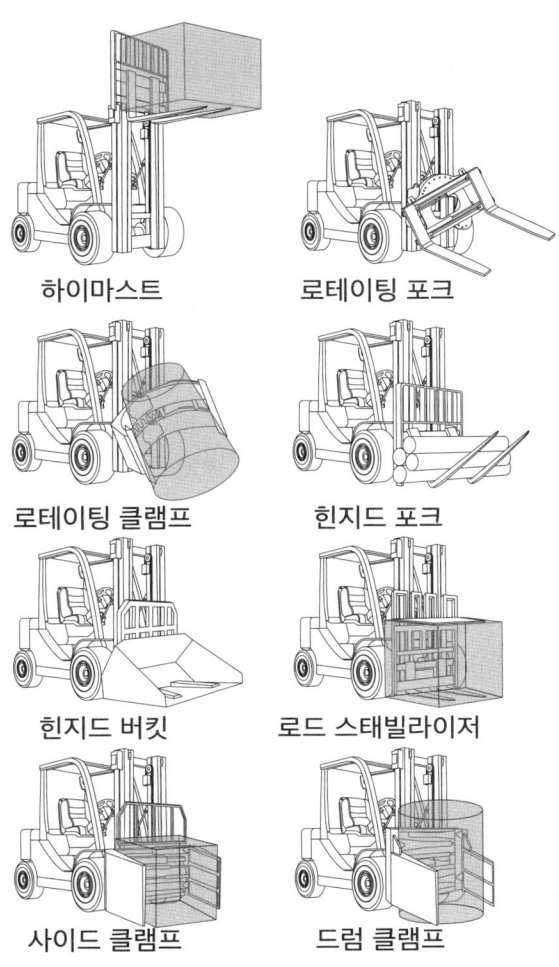

하이마스트   로테이팅 포크

로테이팅 클램프   힌지드 포크

힌지드 버킷   로드 스태빌라이저

사이드 클램프   드럼 클램프

[지게차의 분류]

지게차의 제원 및 구조

1. 지게차의 제원

1 기본 제원

전장 (길이)	지게차의 앞·뒤 양쪽 끝이 만드는 두 개의 횡단방향의 수직평면 사이의 최단거리(후사경 및 고정용 장치는 제외)
전폭 (너비)	지게차의 좌·우 양쪽 끝이 만드는 두 개의 종단방향의 수직평면 사이의 최단거리
전고 (높이)	지게차의 가장 위쪽 끝이 만드는 수평면으로부터 지면까지의 최단거리
축간 거리	지게차의 앞 차축과 뒤 차축 각각의 중심을 지나는 두 개의 횡단방향 수직면 사이의 최단거리
윤거	지게차의 마주보는 좌·우 바퀴 폭의 중심을 지나는 두 개의 종단방향 수직면 사이의 최단거리
최저 지상고	지게차의 가장 낮은 부분(포크와 바퀴는 제외)에서부터 지면까지의 최단거리
자유 인상 높이	포크를 들어 올렸을 때 내측 마스트가 외측마스트 위로 돌출되는 순간의 지면에서 포크 윗면까지의 높이
최대 인상 높이	지게차의 기준무부하상태에서 지면과 수평상태로 포크를 가장 높이 올렸을 때 지면에서 포크 윗면까지의 높이

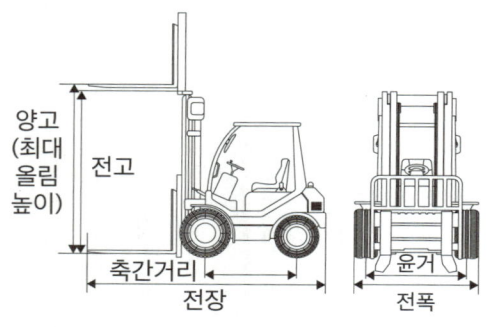

[기본제원]

2 중량(하중) 제원

기준 부하 상태	지면으로부터의 높이가 300mm인 수평상태(주행 시에는 마스트를 가장 안쪽으로 기울인 상태)의 지게차의 포크 윗면에 최대하중이 고르게 가해지는 상태
기준 무부하 상태	지면으로부터의 높이가 300mm인 수평상태(주행 시에는 마스트를 가장 안쪽으로 기울인 상태를)의 지게차의 포크의 윗면에 하중이 가해지지 아니한 상태
기준 하중의 중심	지게차의 포크 윗면에 최대하중이 고르게 가해지는 상태에서 하중의 중심
하중 중심	지게차의 포크의 수직면으로부터 포크 위에 놓인 화물의 무게중심까지의 거리
최대 하중	안정도를 확보한 상태에서 포크를 최대올림높이로 올렸을 때 기준하중의 중심에 최대로 적재할 수 있는 하중
자체 중량	연료, 냉각수 및 윤활유 등을 가득 채우고 휴대 공구, 작업 용구 및 예비 타이어를 싣거나 부착하고, 즉시 작업할 수 있는 상태에 있는 지게차의 중량(조종사의 체중은 제외)
운전 중량	자체중량에 지게차의 조종에 필요한 최소의 조종사가 탑승한 상태의 중량(조종사 1명의 체중은 65kg으로 봄)
적재 능력	지게차의 마스트를 90°로 세운 상태에서 포크로 안전하게 들어 올릴 수 있는 화물의 최대 하중

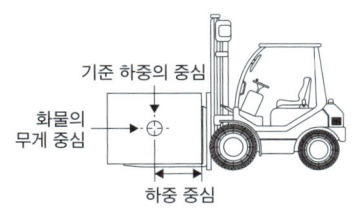

기준 하중의 중심

화물의
무게 중심

하중 중심

기준 하중의 중심과 하중 중심

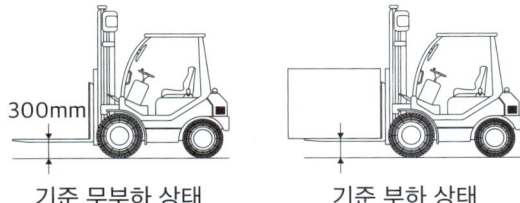

300mm

기준 무부하 상태   기준 부하 상태

[중량(하중)제원]

3 마스트의 경사각

1. 마스트의 전경각

기준무부하상태에서 지게차의 마스트를 포크 쪽으로 가장 기울인 경우 마스트가 수직면에 대하여 이루는 기울기이다. (약 5 ~ 6°)

2. 마스트의 후경각

기준무부하상태에서 지게차의 마스트를 조종실 쪽으로 가장 기울인 경우 마스트가 수직면에 대하여 이루는 기울기이다.(약 10 ~ 12°)

> 💡 **건설기계 안전기준에 관한 규칙상 마스트의 경사각**
>
> ✓ 카운터밸런스 지게차 : 전경각 - 6° 이하,
>   후경각 - 12° 이하
> ✓ 사이드포크형 지게차 : 전경각 - 5° 이하,
>   후경각 - 5° 이하

4 마스트 기울기의 변화량

① 지게차의 유압펌프의 오일 온도가 50℃인 상태에서 지게차가 최대하중을 싣고 엔진을 정지한 경우
- 마스트가 수직면에 대하여 이루는 기울기의 변화량 : 정지한 후 최초 10분 동안 5° 이하(마스트의 전경각이 5° 이하이면 최초 5분 동안 2.5°이하)
- 포크가 자체중량 및 하중에 의하여 내려가는 거리 : 10분당 100mm 이하

② 지게차의 기준부하상태에서 포크를 들어 올린 경우 하강작업 또는 유압 계통의 고장에 의한 포크의 하강속도는 0.6m/s 이하이어야 한다.

③ 포크의 급강하방지장치를 부착하는 경우에는 실린더에 부착하여야 한다.

5 최소회전반경 및 최소선회반경

1. 최소회전반경

무부하상태에서 지게차가 선회할 때 바퀴의 중심이 그리는 궤적 중 가장 큰 반지름을 가지는 궤적의 반지름이다.

2. 최소선회반경

무부하상태에서 지게차가 선회할 때 차체의 바깥 부분이 그리는 궤적 중 가장 큰 반지름을 가지는 궤적의 반지름이다.

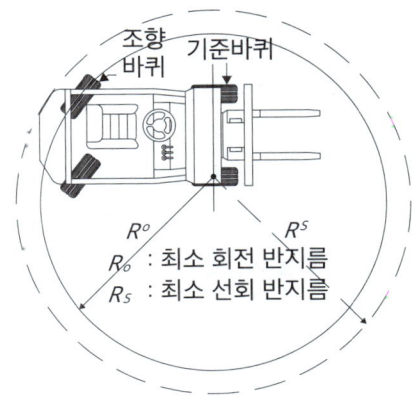

조향
바퀴   기준바퀴

R^o R^s
R_o : 최소 회전 반지름
R_s : 최소 선회 반지름

[최소회전반경 및 최소선회반경]

2. 지게차의 구조

지게차는 앞바퀴 쪽에 화물 적재 장치들이 몰려 있어서 운반 작업 시 화물의 낙하위험, 신속한 조향의 곤란함 등이 발생하므로... 앞바퀴 구동방식과 뒷바퀴 조향방식을 사용한다.

1 동력전달순서

1. **클러치식 지게차**
   엔진 → 클러치 → 변속기 → 추진축 → 종감속 기어 및 차동 기어 → 앞구동축 → 차륜

2. **토크 컨버터식 지게차**
   엔진 → 토크컨버터 → 변속기 → 추진축 → 종감속 기어 및 차동 기어 → 앞구동축 → 차륜

3. **전동식 지게차**
   축전지 → 컨트롤러 → 구동모터 → 변속기 → 추진축 → 종감속 기어 및 차동 기어 → 앞구동축 → 차륜

2 동력전달장치

① 지게차의 기관에서 발생한 동력을 구동바퀴에 전달하는 장치이다.
② 클러치 및 토크컨버터 : 기관에서 발생한 동력을 변속기에 전달하거나 차단한다.
③ 변속기 : 동력을 회전력(토크)으로 바꾸어 구동바퀴에 전달한다.
④ 추진축 : 변속기로부터의 회전을 차동장치에 전달한다.
⑤ 종감속 기어 : 추진축의 회전력을 앞차축에 전달하고, 최종적인 감속을 통해 회전력을 증대시킨다.
⑥ 차동 기어 : 지게차로 커브를 돌 때, 원활한 주행이 가능하도록 한다.
⑦ 앞구동축 : 지게차의 무게를 지지하고, 기관에서 발생한 동력을 앞바퀴에 전달한다.

💡 지게차의 앞바퀴는 직접 프레임에 설치한다.

3 조향장치

① 지게차의 주행 중 운전자가 그 진행방향을 임의로 바꾸기 위한 장치이다.
② 지게차는 안전을 위하여 뒷바퀴 조향방식을 채택한다.
③ 지게차의 조향장치의 원리는 애커먼 장토식을 사용한다.
④ 지게차의 토인 조정은 타이로드로 한다.
⑤ 지게차의 조향핸들에서 바퀴까지의 조작력 전달 순서
   핸들 → 조향기어 → 피트먼 암 → 드래그링크 → 타이로드 → 조향암 → 바퀴

💡 지게차의 동력조향장치에 사용하는 유압실린더는 복동실린더 더블로드(양로드)형이다.

4 제동장치

① 주행 중인 지게차를 감속 또는 정지시키거나 정지된 지게차가 더 이상 움직이지 않도록 하기 위한 장치이다.
② 유압식 브레이크의 원리는 파스칼의 원리이다.
③ 브레이크 페달의 원리는 지렛대의 원리를 이용한다.

💡 지게차의 제동장치 마스터 실린더 조립 시, 세척제로는 브레이크 액(브레이크 오일)이 사용된다.

5 인칭조절장치

① 지게차를 전·후진 방향으로 서서히 화물에 접근시키거나 빠른 유압작동으로 신속히 화물을 상승 또는 적재 시 사용하는 장치이다.
② 트랜스미션(변속기)의 내부에 위치한다.

CHAPTER
10

최종 마무리
초엑기스 100선

최종 마무리 초엑기스 100선

001 보호구

- 산업재해가 발생할 우려가 있는 작업에서 제일 먼저 작업자가 구비해야 한다.
- 보호구는 반드시 한국 산업안전 보건공단으로부터 보호구 검정을 받아야 하지만, 방한복은 검정을 받지 않아도 된다.
- 보호구의 구비조건
  - 유해 위험요소에 대한 방호 성능이 충분할 것
  - 재료의 품질이 우수하고 사용목적에 적합할 것
  - 외관상 보기가 좋고 착용이 간편할 것
  - 사용방법이 간편하고 손질이 쉬울 것
  - 보호구 검정에 합격하고 보호성능이 보장될 것
  - 작업 행동에 방해되지 않고 잘 맞을 것
  - 착용이 용이하고 크기 등 사용자에게 편리할 것

01. 감전되거나 전기화상을 입을 위험이 있는 작업에서 제일 먼저 작업자가 구비해야 할 것은?

① 구급 용구 　　② 구명구
③ 보호구 　　④ 신호기

02. 안전 보호구를 선택 시 유의사항으로 틀린 것은?

① 보호구 검정에 합격하고 보호성능이 보장될 것
② 반드시 강철로 제작되어 안전 보장형일 것
③ 작업 행동에 방해되지 않을 것
④ 착용이 용이하고 크기 등 사용자에게 편리할 것

03. 보호구는 반드시 한국 산업안전 보건공단으로부터 보호구 검정을 받아야 한다. 검정을 받지 않아도 되는 것은?

① 안전모 　　② 방한복
③ 안전장갑 　　④ 보안경

002 장갑을 착용하지 않아야 하는 작업

- 연삭 작업
- 해머 작업
- 정밀기계 작업
- 드릴 작업

01. 일반적으로 장갑을 착용하고 작업을 하게 되는데, 안전을 위해서 오히려 장갑을 사용하지 않아야 하는 작업은?

① 전기 용접 작업 　　② 해머작업
③ 타이어 교환 작업 　　④ 건설기계운전

02. 안전작업 측면에서 장갑을 착용하고 해도 가장 무리가 없는 작업은?

① 연삭 작업을 할 때
② 해머 작업을 할 때
③ 무거운 물건을 들 때
④ 정밀기계 작업을 할 때

003 작업장의 안전수칙

- 공구는 제자리에 정리한다.
- 기름 묻은 걸레나 인화물질은 철제 상자에 보관한다.
- 작업대 사이 또는 기계 사이의 통로는 안전을 위한 일정한 너비가 필요하다.
- 전원 콘센트 및 스위치 등에 물을 뿌리지 않는다.
- 작업 중 입은 부상은 즉시 응급조치하고 보고한다.
- 밀폐된 실내에서는 장비의 시동을 걸지 않는다.
- 통로나 마룻바닥에 공구나 부품을 방치하지 않는다.
- 각종기계를 불필요하게 공회전 시키지 않는다.
- 기계의 청소나 손질은 운전을 정지 시킨 후 실시한다.
- 작업장에서는 급히 뛰지 말아야 한다.
- 대기 중인 차량엔 고임목을 고여 두어야 한다.
- 공구에는 기름을 묻히지 않는다.

01. 작업장에 대한 안전관리 상 설명으로 틀린 것은?

① 항상 청결하게 유지한다.
② 작업대 사이, 또는 기계 사이의 통로는 안전을 위한 일정한 너비가 필요하다.
③ 공장바닥은 폐유를 뿌려, 먼지 등이 일어나지 않도록 한다.
④ 전원 콘센트 및 스위치 등에 물을 뿌리지 않는다.

02. 작업장에서 지켜야 할 안전수칙이 아닌 것은?

① 작업 중 입은 부상은 즉시 응급조치하고 보고한다.
② 밀폐된 실내에서는 장비의 시동을 걸지 않는다.
③ 통로나 마룻바닥에 공구나 부품을 방치하지 않는다.
④ 기름걸레나 인화물질은 나무상자에 보관한다.

03. 작업장의 안전수칙 중 틀린 것은?

① 공구는 오래 사용하기 위하여 기름을 묻혀서 사용한다.
② 작업복과 안전장구는 반드시 착용한다.
③ 각종기계를 불필요하게 공회전 시키지 않는다.
④ 기계의 청소나 손질은 운전을 정지 시킨 후 실시한다.

04. 작업장에서 지켜야 할 준수 사항이 아닌 것은?

① 작업장에서는 급히 뛰지 말 것
② 불필요한 행동을 삼가 할 것
③ 공구를 전달할 경우 시간절약을 위해 가볍게 던질 것
④ 대기 중인 차량엔 고임목을 고여 둘 것

05. 밀폐된 공간에서 엔진을 가동할 때 가장 주의해야 할 사항은?

① 소음으로 인한 추락
② 배출가스 중독
③ 진동으로 인한 직업병
④ 작업 시간

---

004 운반 작업 시 안전수칙

- 인력으로 운반 시 무리한 자세로 장시간 취급하지 않도록 한다.
- 정격하중을 초과하여 권상하지 않도록 한다.
- 무거운 물건을 이동할 때 체인블록 또는 호이스트 등을 활용한다.
- 긴 물건을 쌓을 때에는 끝에 표시를 한다.
- 세밀한 물건은 상자에 넣고 쌓는다.
- 가벼운 것은 위에 무거운 것을 밑에 쌓는다.
- 크레인은 규정용량을 초과하지 않는다.
- 화물을 운반할 경우에는 운전반경 내를 확인한다.
- 무거운 물건을 상승시킨 채 오랫동안 방치하지 않는다.

01. 공장에서 엔진 등 중량물을 이동하려고 한다. 가장 좋은 방법은?

① 여러 사람이 들고 조용히 움직인다.
② 체인 블록 또는 호이스트를 사용한다.
③ 로드로 묶고 살며시 잡아당긴다.
④ 지릿대를 이용하여 움직인다.

02. 중량물 운반에 대한 설명으로 틀린 것은?

① 무거운 물건을 운반할 경우 주위사람에게 인지하게 한다.
② 무거운 물건을 상승시킨 채 오랫동안 방치하지 않는다.
③ 규정 용량을 초과해서 운반하지 않는다.
④ 흔들리는 중량물은 사람이 붙잡아서 이동한다.

03. 인력으로 운반 작업을 할 때 틀린 것은?

① 드럼통과 LPG 봄베는 굴려서 운반한다.
② 공동운반에서는 서로 협조를 하여 작업한다.
③ 긴 물건은 앞쪽을 위로 올린다.
④ 두리한 몸가짐으로 물건을 들지 않는다.

04. 무거운 짐을 이동할 때 적당하지 않은 것은?

① 힘겨우면 기계를 이용한다.
② 기름이 묻은 장갑을 끼고 한다.
③ 지렛대를 이용한다.
④ 2인 이상이 작업할 때는 힘센 사람과 약한 사람과의 균형을 잡는다.

05. 운반 작업 시의 안전수칙 중 **틀린** 것은?

① 무리한 자세로 장시간 운반하지 않는다.

② 화물은 될 수 있는 대로 중심을 높게 한다.

③ 정격하중을 초과하여 권상하지 않도록 한다.

④ 무거운 물건을 이동할 때 호이스트 등을 활용한다.

06. 물품을 운반할 때 주의할 사항이다. **틀린** 것은?

① 가벼운 화물은 규정보다 많이 적재하여도 된다.

② 긴 물건을 쌓을 때에는 끝에 표시를 한다.

③ 세밀한 물건은 상자에 넣고 쌓는다.

④ 가벼운 것은 위에 무거운 것을 밑에 쌓는다.

005 크레인으로 물건을 운반 시 주의사항

- 적재물이 떨어지지 않도록 한다.
- 로프 등의 안전여부를 항상 점검한다.
- 운반 중 사람이 다치지 않도록 한다.
- 규정 무게를 초과하여 적재하면 안 된다.
- 하물이 흔들리지 않게 유의한다.

01. 기중기로 물건을 운반 시 주의할 사항으로 잘못된 것은?

① 적재물이 떨어지지 않도록 한다.

② 규정 무게보다 약간 초과할 수도 있다.

③ 로프 등의 안전여부를 항상 점검한다.

④ 운반 중 사람이 다치지 않도록 한다.

02. 크레인으로 무거운 물건을 위로 달아 올릴 때 주의할 점이 **아닌** 것은?

① 달아 올릴 화물의 무게를 파악하여 제한하중 이하에서 작업한다.

② 매달린 화물이 불안전하다고 생각될 때는 작업을 중지한다.

③ 신호의 규정이 없으므로 작업자가 적절히 한다.

④ 신호자의 신호에 따라 작업한다.

03. 크레인 작업 방법 중 적합하지 **않은** 것은?

① 경우에 따라서는 수직방향으로 달아 올린다.

② 신호수의 신호에 따라 작업한다.

③ 제한하중 이상의 것은 달아 올리지 않는다.

④ 항상 수평으로 달아 올려야 한다.

04. 크레인으로 중량물을 운반할 때의 주의사항으로 틀린 것은?

① 시선은 반드시 운반물만을 주시한다.

② 운반물이 추락하지 않도록 한다.

③ 규정 무게를 초과하여 들어 올리지 않는다.

④ 운반물이 흔들리지 않도록 한다.

006 복스 렌치

- 공구의 끝부분이 볼트나 너트를 완전히 감싸게 되어 있어 사용 중에 미끄러지지 않는다.
- 여러 방향에서 사용이 가능하다.
- 오픈 렌치와 규격이 동일하다.
- 6각 볼트, 너트를 조이고 풀 때 가장 적합하다.

01. 복스 렌치를 오픈 엔드 렌치보다 많이 권장하여 사용하는 가장 적합한 이유는?

① 가볍다.

② 값이 싸다.

③ 다양한 크기의 볼트 와 너트에 사용할 수 있다.

④ 볼트와 너트 주위를 완전히 싸게 되어 있어 사용 중에 미끄러지지 않는다.

02. 복스 렌치 사용에 대한 설명으로 **틀린** 것은?

① 소켓렌치보다 더 큰 힘으로 조일 때 사용한다.

② 여러 방향에서 사용이 가능하다.

③ 오픈렌치와 규격이 동일하다.

④ 사용 중 잘 미끄러지지 않는다.

007 가스용접의 안전사항

- 산소, 아세틸렌가스 누설 시험에는 비눗물을 사용한다.
- 토치 끝으로 용접물의 위치를 바꾸거나 재를 제거하면 안 된다.
- 산소 봄베와 아세틸렌 봄베 가까이에서 불꽃 조정을 피한다.
- 봄베 몸통에 녹슬지 않도록 그리스를 바르면 폭발할 수 있다.
- 용접 가스를 들이 마시지 않도록 한다.
- 토치에 점화시킬 때는 아세틸렌 밸브를 먼저 열고 다음에 산소 밸브를 연다.
- 토치의 점화는 성냥불이나 담뱃불을 사용하면 안 된다.

01. 아세틸렌 용접기에서 가스가 누설되는가를 검사하는 방법으로 가장 좋은 것은?

① 비눗물 검사　　② 기름 검사
③ 촛불 검사　　　④ 물 검사

02. 가스용접의 안전사항으로 적합하지 않은 것은?

① 토치에 점화시킬 때는 산소 밸브를 먼저 열고 다음에 아세틸렌 밸브를 연다.
② 산소누설 시험은 비눗물을 사용한다.
③ 토치 끝으로 용접물의 위치를 바꾸면 안 된다.
④ 용접 가스를 들이 마시지 않도록 한다.

03. 가스용접의 안전작업으로 적합하지 않은 것은?

① 산소누설 시험은 비눗물을 사용한다.
② 토치 끝으로 용접물의 위치를 바꾸거나 재를 제거하면 안 된다.
③ 토치에 점화할 때 성냥불과 담뱃불로 사용하여도 된다.
④ 산소 봄베와 아세틸렌 봄베 가까이에서 불꽃 조정을 피한다.

04. 가스용접 시 사용하는 봄베의 안전수칙으로 틀린 것은?

① 봄베를 넘어뜨리지 않는다.
② 봄베를 던지지 않는다.
③ 산소 봄베는 40℃ 이하에서 보관한다.
④ 봄베 몸통에는 녹슬지 않도록 그리스를 바른다.

008 가스용기 및 호스의 도색 구분

- 가스용기 : 산소 - 녹색, 아세틸렌 - 황색(노란색)
- 호스 : 산소 - 녹색, 아세틸렌 - 적색

01. 다음에서 가스 용기의 도색으로 모두 맞는 것은?

| ㉠ 산소 - 녹색　　㉡ 수소 - 흰색　　㉢ 아세틸렌 - 노란색 |

① ㉠　　　　　　② ㉡, ㉢
③ ㉠, ㉢　　　　④ ㉠, ㉡, ㉢

02. 가스용접 시 사용되는 산소호스는 어떤 색인가?

① 적색　　　　　② 황색
③ 녹색　　　　　④ 청색

009 전기작업의 안전사항

- 퓨즈는 규정 및 용량에 맞는 것을 끼워야 한다.
- 전선이나 코드의 접속부는 절연물로서 완전히 피복하여야 한다.
- 전기장치는 사용 후 스위치를 OFF로 해야 한다.
- 전기장치는 반드시 접지하여야 한다.
- 퓨즈가 끊어졌다고 함부로 손을 대어서는 안 된다.
- 동력기구 사용 시 정전 되었다면 전원 스위치를 끈다.
- 모든 계기 사용 시는 최대 측정 범위를 초과하지 않도록 해야 한다.
- 전기기구의 스위치 off를 확인하고 플러그에 연결한다.

01. 전기 작업에서 안전작업 상 적합하지 않은 것은?

① 저압전력선에는 감전우려가 없으므로 안심하고 작업할 것
② 퓨즈는 규정된 알맞은 것을 끼울 것
③ 전선이나 코드의 접속부는 절연물로서 완전히 ㅍ 복하여 둘 것
④ 전기장치는 사용 후 스위치를 OFF할 것

02. 작업현장에서 전기 기구를 취급할 때 <u>틀린</u> 사항은?

① 동력기구 사용 시 정전 되었다면 전원 스위치를 끈다.
② 퓨즈가 끊어졌다고 함부로 손을 대서는 안 된다.
③ 보호덮개를 씌우지 않은 백열전등으로 된 작업등을 사용한다.
④ 안전점검 사항을 확인하고 스위치를 넣는다.

03. 전기장치의 퓨즈가 끊어져서 다시 새것으로 교체하였으나 또 끊어졌다면 어떤 조치가 가장 옳은가?

① 계속 교체한다.
② 용량이 큰 것으로 갈아 끼운다.
③ 구리선이나 납선으로 바꾼다.
④ 전기장치의 고장개소를 찾아 수리한다.

010 벨트 취급에 대한 안전 사항

- 벨트의 교환 및 점검은 회전을 완전히 멈춘 상태에서 한다.
- 벨트의 적당한 장력 및 유격을 유지하도록 한다.
- 벨트에 기름이 묻지 않도록 한다.
- 벨트의 이음쇠는 돌기가 없는 구조로 한다.
- 벨트가 풀리에 감겨 돌아가는 부분은 커버나 덮개를 설치한다.
- 벨트의 회전이 스스로 정지한 후 손으로 잡는다.
- 벨트를 풀리에 걸 때는 회전을 중지시킨 후 건다.

01. 벨트 취급에 대한 안전 사항 중 틀린 것은?

① 벨트 교환 시 회전을 완전히 멈춘 상태에서 한다.
② 벨트의 회전을 정지할 때 손으로 잡고서 한다.
③ 벨트의 적당한 장력을 유지하도록 한다.
④ 벨트에 기름이 묻지 않도록 한다.

02. 벨트를 풀리에 걸 때는 어떤 상태에서 걸어야 하는가?

① 회전을 중지시킨 후 건다.
② 저속으로 회전시키면서 건다.
③ 중속으로 회전시키면서 건다.
④ 고속으로 회전시키면서 건다.

011 화재의 분류

종류	급수	표시색상	소화방법
일반화재	A급	백색	냉각소화
유류화재	B급	황색	질식소화
전기화재	C급	청색	질식소화
금속화재	D급	무색	피복소화
가스화재	E급	황색	질식소화
주방화재	K급	-	질식+냉각소화

01. 보통화재 라고 하며 목재, 종이 등 일반 가연물의 화재로 분류되는 것은?

① A급 화재   ② B급 화재
③ C급 화재   ④ D급 화재

02. 화재의 분류에서 전기 화재에 해당되는 것은?

① A급 화재   ② B급 화재
③ C급 화재   ④ D급 화재

03. 화재의 분류 기준에서 휘발유(액상 또는 기체상의 연료성 화재)로 인해 발생한 화재는?

① A급 화재   ② B급 화재
③ C급 화재   ④ D급 화재

04. 다음은 화재 분류에 대한 설명이다. 기호와 설명이 잘 연결 된 것은?

① B급 화재-전기화재
② C급 화재-유류화재
③ D급 화재-금속화재
④ E급 화재-일반화재

012 화재의 소화

- 유류화재 시 물을 사용하면 화재면이 확대되어 위험하므로... 물 소화기는 사용하지 않고, 가스 소화기 또는 모래를 사용한다.
- 전기화재 시 물을 사용하면 감전되어 위험하므로... 포말 소화기(물 소화기)는 사용하지 않고, 이산화탄소 소화기(가스 소화기)를 사용한다.

01. 유류 화재 시 소화방법으로 부적절한 것은?

① 모래를 뿌린다.
② 다량의 물을 부어 끈다.
③ ABC소화기를 사용한다.
④ B급 화재 소화기를 사용한다.

02. 작업장에서 휘발유 화재가 일어났을 경우 가장 적합한 소화 방법은?

① 물 호스의 사용
② 불의 확대를 막는 덮개의 사용
③ 소다 소화기의 사용
④ 탄산가스 소화기의 사용

03. 목재 섬유 등 일반화재에도 사용되며, 가솔린과 같은 유류나 화학 약품의 화재에도 적당하나, 전기 화재는 부적당한 특징이 있는 소화기는?

① ABC 소화기　　② 모래
③ 포말 소화기　　④ 분말 소화기

04. 전기화재에 적합하며 화재 때 화점에 분사하는 소화기로 산소를 차단하는 소화기는?

① 포말 소화기　　② 이산화탄소 소화기
③ 분말 소화기　　④ 증발 소화기

013 일상점검 실시

- 작업 전 점검 : 냉각수, 연료량, 엔진 오일, 벨트의 장력상태, 볼트·너트의 이완여부, 축전지 점검, 타이어의 공기압·손상 여부
- 작업 중 점검 : 클러치의 작동상태, 경고등 점멸 여부, 작동 중 기계 이상음, 배기가스 색깔, 연료량 게이지, 냉각수 온도게이지, 오일압력계
- 작업 후 점검 : 오일의 누유 상태, 연료의 보충 상태

01. 건설기계의 운전 전에 점검할 사항이 아닌 것은?

① 냉각수　　　　② 연료
③ 윤활유　　　　④ 크랭크샤프트

02. 운전 중 점검해야 할 사항이 아닌 것은?

① 충전상태　　　② 엔진 오일량
③ 냉각수의 온도　④ 유압유의 압력

03. 지게차의 일상 점검 사항이 아닌 것은?

① 냉각수 점검　　② 연료량 점검
③ 엔진오일 점검　④ 배터리 전해액 점검

014 게이지 및 경고등 점검

- 엔진오일 윤활압력게이지 점검
  - 엔진오일 경고등 점등 시 엔진오일 양
  - 엔진오일 양 점검 시 점도와 색
  - 엔진오일 부족 시 보충
- 냉각수 온도게이지 점검
  - 냉각수의 정상 순환 작동여부 확인
  - 냉각수의 양
- 연료게이지 점검
  - 연료게이지 경고등 점등 시 연료 주유
  - 연료 주유 시 엔진 정지

01. 건설기계 장비 작업 시 계기판에서 오일 경고등이 점등되었을 때 우선 조치사항으로 가장 적절한 조치는?

① 엔진을 분해한다.
② 즉시 시동을 끄고 오일계통을 점검한다.
③ 엔진오일을 교환하고 운전한다.
④ 냉각수를 보충하고 운전한다.

02. 건설기계 운전 작업 중 온도 게이지가 "H" 위치에 근접되어 있다. 운전자가 취해야 할 조치로 가장 알맞은 것은?

① 작업을 계속해도 무방하다.
② 잠시 작업을 중단하고 휴식을 취한 후 다시 작업한다.
③ 윤활유를 즉시 보충하고 계속 작업한다.
④ 작업을 중단하고 냉각수 계통을 점검한다.

015 지게차의 체인장력 조정법

- 좌 · 우 체인이 동시에 평행한가 확인한다.
- 포크를 지상에서 10 ~ 15 cm 올린 후 조정한다.
- 손으로 체인을 눌러보아 양쪽이 다르면 조정 너트로 조정한다.
- 조정 후 록크 너트(풀림방지장치)를 조여 잠근다.

01. 지게차의 체인장력 조정법으로 틀린 것은?

① 좌 · 우 체인이 동시에 평행한가 확인한다.
② 포크를 지상에서 조금 올린 후 조정한다.
③ 손으로 체인을 눌러보아 양쪽이 다르면 조정 너트로 조정한다.
④ 조정 후 록크 너트를 풀어준다.

016 예열장치 점검

- 엔진의 정상적인 시동을 위하여 동절기에 예열플러그의 작동 여부 및 예열시간을 확인한다.
- 예열플러그가 15~20초에서 완전 가열되는 경우는 정상상태를 나타낸다.

01. 기관에서 예열 플러그의 사용 시기는?

① 축전지가 방전되었을 때
② 축전지가 과 충전 되었을 때
③ 기온이 낮을 때
④ 냉각수의 양이 많을 때

02. 예열플러그가 15~20초에서 완전히 가열되었을 경우 가장 적절한 것은?

① 접지되었다.
② 다른 플러그가 모두 단선되었다.
③ 단락되었다.
④ 정상 상태이다.

017 충전장치 점검

- 작업 중 충전경고등에 빨간불이 들어오는 경우는 충전이 잘 되지 않고 있음을 나타낸다.
- 운전 중 충전표시등이 점등되면 충전계통을 점검해야 한다.
- 충전경고등의 점검은 기관 가동 전과 가동 중에 한다.
- 충전경고등 표시 :

01. 운전 중 갑자기 계기판에 충전 경고등이 점등되었다. 그 현상으로 맞는 것은??

① 정상적으로 충전이 되고 있음을 나타낸다.
② 충전이 되지 않고 있음을 나타낸다.
③ 충전계통에 이상이 없음을 나타낸다.
④ 주기적으로 점등되었다가 소등되는 것이다.

02. 운전 중 배터리 충전경고등이 점등되면 무엇을 점검하여야 하는가? (단, 정상인 경우 작동 중에는 점등 되지 않는 형식임)

① 에어클리너 점검
② 엔진오일 점검
③ 연료수준 표시등 점검
④ 충전계통 점검

018 지게차 주차 시 안전조치

- 평탄한 장소에 주차시킨다.
- 전·후진 레버를 중립에 위치시킨다.
- 포크를 내린 후 끝부분이 완전히 지면에 닿게 마스트를 앞쪽으로 기울인다.
- 주차 브레이크를 작동시킨 후 엔진(기관)을 정지한다.
- 시동을 끈 후 시동스위치의 키는 빼내어 지정된 곳에 안전하게 보관한다.
- 경사지에 주차할 경우 안전을 위하여 바퀴에 고임대를 사용한다.

01. 지게차를 주차시킬 때 포크의 적당한 위치는?

① 지상으로부터 30cm 위치
② 지상으로부터 20cm 위치
③ 지면에 내려놓는다.
④ 아무 위치나 상관없다.

02. 지게차를 주차할 때 취급사항으로 틀린 것은?

① 포크를 지면에 완전히 내린다.
② 기관을 정지한 후 주차 브레이크를 작동시킨다.
③ 시동을 끈 후 시동스위치의 키는 그대로 둔다.
④ 포크의 선단이 지면에 닿도록 마스트를 전방으로 적절히 경사 시킨다.

019 화물의 적재작업

- 화물 앞에서 일단 정지하여 마스트를 수직으로 한다.
- 포크의 폭은 컨테이너 및 팔레트 폭의 1/2 이상 3/4 이하 정도로 유지하여 적재한다.
- 화물을 올리거나 내릴 때에는 포크를 수평으로 한다.
- 화물을 실을 때 무거운 물건의 중심 위치는 하부에 둔다.
- 포크를 지면으로부터 5~10㎝ 들어 올린 후에 화물의 안정 상태와 포크에 대한 편하중이 없는지 확인한다.
- 이상이 없음을 확인하고 마스트를 충분히 뒤로 기울이고, 포크를 바닥면으로부터 약 10~30cm의 높이를 유지한 상태에서 약간의 후진 시 브레이크 작동으로 화물의 내용물에 동하중이 발생하는지 확인한다.
- 적재 후 마스트를 지면에 내려놓은 후 필히 화물의 적재상태의 이상 유무를 확인한 후 주행한다.

01. 지게차로 적재작업을 할 때 유의사항으로 틀린 것은?

① 운반하려고 하는 화물가까이면 속도를 줄인다.
② 화물 앞에서 일단 정지한다.
③ 화물이 무너지거나 파손 등의 위험성 여부를 확인한다.
④ 화물을 높이 들어 올려 아랫부분을 확인하며 천천히 출발한다.

02. 운전차에 물건을 실을 때 무거운 물건의 중심 위치는 어느 곳에 두는 것이 안전한가?

① 상부 　　　　② 중부
③ 하부 　　　　④ 좌 또는 우측

020 화물의 하역작업

- 하역하는 장소의 앞에 접근하면 일단 정지한다.
- 마스트를 수직으로 하고 포크를 수평으로 한 후 내려놓을 위치보다 약간 높은 위치까지 올린다.
- 내려놓을 위치를 잘 확인한 후 천천히 전진하여 예정된 위치에 내린다.
- 천천히 후진하여 포크를 10~20㎝ 정도 빼내고, 다시 약간 들어 올려 안전하고 올바른 하역 위치까지 밀어 넣고 내린다.

01. 평탄한 노면에서의 지게차운전 하역 시 올바른 방법이 <u>아닌</u> 것은?

① 파렛트에 실은 짐이 안정되고 확실하게 실려 있는가를 확인 한다.
② 포크는 상황에 따라 안전한 위치로 이동한다.
③ 불안정한 적재의 경우에는 빠르게 작업을 진행시킨다.
④ 파렛트를 사용하지 않고 밧줄로 짐을 걸어 올릴 때에는 포크에 잘 맞는 고리를 사용한다.

02. 지게차의 하역 방법 설명으로 가장 적절하지 <u>못한</u> 것은?

① 짐을 내릴 때는 마스트를 앞으로 약 4°정도 경사시킨다.
② 짐을 내릴 때는 틸트 레버 조작은 필요 없다.
③ 짐을 내릴 때는 가속페달의 사용은 필요 없다.
④ 리프트 레버를 사용할 때 시선은 포크를 주시한다.

021 지게차 운행 시 주의사항

- 운반 중 마스트를 뒤로 4°~6° 가량 경사시킨다.
- 화물을 적재하고 주행할 때 포크는 지면에서 20 ~ 30cm정도 유지한다.
- 기관을 필요 이상 공회전 시키지 않는다.
- 주행 중에 이상소음, 냄새 등의 이상을 느낀 경우에는 주행을 멈추고 즉시 점검한다.
- 화물 적재 시 속도는 10㎞/h를 초과하지 못한다.
- 운전 중 좁은 장소에서 지게차를 방향 전환시킬 때 뒷바퀴 회전에 주의하여 방향 전환한다.
- 적하 장치에 사람을 태워서는 안 된다.
- 포크를 상승 시에는 액셀레이터를 밟으면서 상승시킨다.
- 운행 조작은 시동 후 5분이 경과한 후 한다.
- 포크의 끝단으로 화물을 들어 올리지 않는다.

01. 지게차의 화물 운반 작업 중 가장 적당한 것은?

① 댐퍼를 뒤로 3° 정도 경사시켜서 운반한다.
② 마스트를 뒤로 4° 정도 경사시켜서 운반한다.
③ 바이브레이터를 뒤로 8° 정도 경사시켜서 운반한다.
④ 샤퍼를 뒤로 6° 정도 경사시켜서 운반한다.

02. 화물을 적재하고 주행할 때 포크와 지면과 간격으로 가장 적당한 것은?

① 80 ~ 85cm　② 지면에 밀착
③ 50 ~ 55cm　④ 20 ~ 30cm

03. 지게차가 화물을 적재하고 주행 시 최대 제한 속도는?

① 10km/h　② 20km/h
③ 30km/h　④ 40km/h

022 경사지에서의 지게차 운행 방법

- 화물을 적재하고 운전할 때
  - 내리막 시 : 후진(화물 낙하 방지)
  - 오르막 시 : 전진(충돌 방지)
- 공차로 운전할 때
  - 내리막 시 : 전진(시야 확보)
  - 오르막 시 : 후진(충돌 방지)

01. 지게차로 가파른 경사지에서 적재물을 운반할 때에는 어떤 방법이 좋겠는가?

① 기어의 변속을 중립에 놓고 내려온다.
② 지그재그로 회전하여 내려온다.
③ 기어의 변속을 저속상태로 놓고 후진으로 내려온다.
④ 적재물을 앞으로 하여 천천히 내려온다.

02. 지게차를 경사면에서 운전할 때 짐의 방향은?

① 짐이 언덕 위쪽으로 가도록 한다.
② 짐이 언덕 아래쪽으로 가도록 한다.
③ 운전에 편리하도록 짐의 방향을 정한다.
④ 짐의 크기에 따라 방향이 정해진다.

03. 지게차의 작업방법을 설명한 것 중 적당한 것은?

① 화물을 싣고 평지에서 주행할 때에는 브레이크를 급격히 밟아도 된다.
② 비탈길을 오르내릴 때에는 마스트를 전면으로 기울인 상태에서 전진 운행한다.
③ 유체식 클러치는 전진이 진행 중 브레이크를 밟지 않고, 후진을 시켜도 된다.
④ 짐을 싣고, 비탈길을 내려올 때에는 후진하여 천천히 내려온다.

023 지게차 운행통로 등의 확보

- 지게차 운행통로의 폭은 지게차의 최대폭 이상으로 한다.
- 지게차 운행통로의 선은 황색 실선으로 하고, 선의 폭은 12㎝로 한다.
- 지게차의 운행통로의 폭
  - 지게차 1대 : 지게차의 최대 폭 + 60㎝ 이상
  - 지게차 2대 : 지게차 2대의 최대 폭 + 90㎝ 이상

01. 지게차 운전 시 지게차 운행통로의 선에 대한 설명으로 맞는 것은?

① 황색 실선으로 하고, 선의 폭은 12cm로 한다.
② 백색 점선으로 하고, 선의 폭은 12㎝로 한다.
③ 황색 실선으로 하고, 선의 폭은 20㎝로 한다.
④ 백삭 점선으로 하고, 선의 폭은 20㎝로 한다.

02. 지게차 1대를 운전할 때에 지게차 운행통로의 폭은 지게차의 최대 폭에 얼마를 더한 값으로 하는가?

① 30cm 이상　　② 60cm 이상
③ 90㎝ 이상　　④ 120cm 이상

024 기종별 기호표시

기호표시	기종	기호표시	기종
01	불도저	06	덤프트럭
02	굴착기	07	기중기
03	로더	08	모터그레이더
04	지게차	09	롤러
05	스크레이퍼	10	노상안정기

01. 등록 건설기계의 기종별 표시 방법 중 맞는 것은?

① 01 : 불도저　　② 02 : 모터그레이더
③ 03 : 지게차　　④ 04 : 덤프트럭

02. 등록 건설기계의 기종별 기호표시가 **틀린** 것은?

① 01 : 굴착기　　② 06 : 덤프트럭
③ 07 : 기중기　　④ 09 : 롤러

025 건설기계의 등록

- 건설기계의 소유자는 대통령령으로 정하는 바에 따라 건설기계를 등록하여야 한다.
- 건설기계 소유자의 주소지 또는 건설기계의 사용본거지를 관할하는 특별시장·광역시장·도지사 또는 특별자치도지사(시·도지사)에게 등록신청을 하여야 한다.
- 건설기계를 취득한 날부터 2월(전시·사변 기타 이에 준하는 국가비상사태 하에서는 5일) 이내에 등록신청을 하여야 한다.

01. 건설기계의 등록신청은 누구에게 하는가?

① 건설기계 작업현장 관할 시, 도지사
② 국토교통부장관
③ 건설기계 소유자의 주소지 또는 사용본거지 관할 시·도지사
④ 국무총리실

02. 건설기계등록신청은 관련법상 건설기계를 취득한 날로부터 얼마의 기간 이내 하여야 되는가?

① 5일　　　　② 15일
③ 1월　　　　④ 2월

026 특별표지판

다음의 대형건설기계에는 기준에 적합한 특별표지판을 등록번호가 표시되어 있는 면에 부착하여야 한다.
- 길이가 16.7미터를 초과하는 건설기계
- 너비가 2.5미터를 초과하는 건설기계
- 높이가 4.0미터를 초과하는 건설기계
- 최소회전반경이 12미터를 초과하는 건설기계
- 총중량이 40톤을 초과하는 건설기계
- 총중량 상태에서 축하중이 10톤을 초과하는 건설기계

01. 대형 건설기계 특별 표지판 부착을 하지 않아도 되는 건설기계는?

① 너비 3미터인 건설기계
② 길이 16미터인 건설기계
③ 최소 회전반경이 13미터인 건설기계
④ 총중량 50톤인 건설기계

027 정기검사의 신청

- 정기검사 유효기간의 만료일 전후 각각 31일 이내의 기간에 신청한다.
- 정기검사신청서와 보험 또는 공제의 가입을 증명하는 서류를 시·도지사 또는 검사대행자에게 제출하여야 한다.
- 시·도지사 또는 검사대행자는 신청을 받은 날부터 5일 이내에 검사일시와 검사장소를 지정하여 신청인에게 통지해야 한다.
- 시·도지사 또는 검사대행자에게 건설기계 부적합 통지서를 받은 건설기계의 소유자는 부적합판정을 받은 날부터 10일 이내에 이를 보완하여 보완항목에 대한 재검사를 신청할 수 있다.

01. 정기검사 대상 건설기계의 정기검사 신청기간으로 맞는 것은?

① 건설 기계의 정기 검사 유효기간 만료일 전 16일 이내에 신청한다.
② 건설 기계의 정기 검사 유효기간 만료일 전 5일 이내에 신청한다.
③ 건설 기계의 정기검사 유효기간 만료일 전·후 31일 이내에 신청한다.
④ 건설 기계의 정기 검사 유효기간 만료일 후 30일 이내에 신청한다.

02. 정기검사 신청을 받은 검사대행자는 며칠 이내 검사일시 및 장소를 통지하여야 하는가?

① 20일　　　　② 15일
③ 5일　　　　④ 3일

03. 시·도지사 또는 검사대행자에게 건설기계 부적합 통지서를 받은 건설기계의 소유자가 재검사를 신청할 수 있는 기간은?

① 5일　　　　② 10일
③ 15일　　　　④ 20일

028 구조변경을 할 수 없는 경우

- 건설기계의 기종변경
- 육상작업용 건설기계 규격의 증가를 위한 구조변경
- 육상작업용 건설기계 적재함의 용량증가를 위한 구조변경

01. 건설기계의 구조변경범위에 속하지 <u>않은</u> 것은?

① 건설기계의 길이, 너비, 높이 변경
② 적재함의 용량 증가를 위한 변경
③ 조종 장치의 형식 변경
④ 수상작업 용 건설기계 선체의 형식변경

02. 건설기계관리법상 구조변경범위 대상으로 틀린 것은?

① 건설기계의 기종 변경
② 원동기의 형식변경
③ 주행장치의 형식변경
④ 조종장치의 형식변경

03. 건설기계관리법상 건설기계의 구조를 변경할 수 있는 범위에 해당되는 것은?

① 원동기의 형식변경
② 건설기계의 기종변경
③ 육상작업용 건설기계 규격의 증가를 위한 구조변경
④ 육상작업용 건설기계 적재함의 용량증가를 위한 구조변경

029 검사소에서 검사를 하여야 하는 건설기계

- 덤프트럭
- 콘크리트믹서트럭
- 콘크리트펌프(트럭 적재식)
- 아스팔트살포기
- 트럭지게차(국토교통부장관이 정하는 것)

01. 건설기계 검사소에서 검사를 받아야 하는 건설기계는?

① 콘크리트 살포기
② 트럭 적재식 콘크리트 펌프
③ 지거차
④ 스크레이퍼

02. 검사소 이외의 장소에서 출장검사를 받을 수 있는 건설기계에 해당하는 것은?

① 덤프트럭   ② 콘크리트믹서트럭
③ 아스팔트살포기   ④ 지게차

030 건설기계 정비업

- 건설기계 정비업 사업범위
  - 종합건설기계 정비업
  - 부분건설기계 정비업
  - 전문건설기계 정비업
- 건설기계 정비업의 범위에서 제외되는 행위
  - 오일의 보충
  - 에어클리너 엘리먼트 및 필터류의 교환
  - 배터리 · 전구의 교환
  - 타이어의 점검 · 정비 및 트랙의 장력 조정
  - 창유리의 교환

01. 건설기계 정비업의 등록구분이 <u>아닌</u> 것은?

① 부분건설기계 정비업
② 특수건설기계 정비업
③ 전문건설기계 정비업
④ 종합건설기계 정비업

02. 건설기계 정비업의 사업범위로 맞는 것은?

① 장기건설기계정비업, 부분건설기계정비업, 단기건설기계정비업
② 종합건설기계정비업, 단기건설기계정비업, 부분건설기계정비업
③ 임시건설기계정비업, 영구건설기계정비업, 전문건설기계정비업
④ 종합건설기계정비업, 부분건설기계정비업, 전문건설기계정비업

03. 건설기계 정비시설을 갖춘 정비사업자만이 정비할 수 있는 사항은?

① 오일의 보충
② 배터리의 교환
③ 유압장치 호스 교환
④ 제동등 전구의 교환

04. 반드시 건설기계 정비업체에서 정비하여야 하는 것은?

① 오일의 보충
② 배터리의 교환
③ 창유리의 교환
④ 엔진 탈 · 부착 및 정비

031 1년 이하의 징역 또는 1천만원 이하의 벌금

• 거짓이나 그 밖의 부정한 방법으로 등록을 한 자
• 등록번호를 지워 없애거나 그 식별을 곤란하게 한 자
• 구조변경검사 또는 수시검사를 받지 아니한 자
• 정비명령을 이행하지 아니한 자
• 사후관리에 관한 명령을 이행하지 아니한 자
• 건설기계조종사면허를 받지 아니하고 건설기계를 조종한 자
• 건설기계조종사면허가 취소되거나 건설기계조종사면허의 효력정지처분을 받은 후에도 건설기계를 계속하여 조종한 자
• 건설기계를 도로나 타인의 토지에 버려둔 자

01. 건설기계관리법령상 건설기계조종사 면허를 받지 아니하고 건설기계를 조종한 자에 대한 벌칙은?

① 3년 이하의 징역 또는 3천만 원 이하의 벌금
② 2년 이하의 징역 또는 2천만 원 이하의 벌금
③ 1년 이하의 징역 또는 1천만 원 이하의 벌금
④ 1년 이하의 징역 또는 5백만 원 이하의 벌금

02. 건설기계조종사면허가 취소되거나 효력정지 처분을 받은 후에도 건설기계를 계속하여 조종한 자에 대한 벌칙은?

① 과태료 50만원
② 1년 이하의 징역 또는 1천만 원 이하의 벌금
③ 취소기간 연장조치
④ 조종사면허 취득 절대불가

03. 건설기계관리법령상 건설기계를 도로에 계속하여 방치하거나 정당한 사유 없이 타인의 토지에 방치한 자에 대한 벌칙은?

① 2년 이하의 징역 또는 1천만 원 이하의 벌금
② 1년 이하의 징역 또는 1천만 원 이하의 벌금
③ 2백만 원 이하의 벌금
④ 1백만 원 이하의 벌금

032 신호 또는 지시에 따를 의무

도로를 통행하는 보행자와 차마의 운전자는 교통안전시설이 표시하는 신호 또는 지시와 교통정리를 하는 경찰공무원 또는 경찰보조자(경찰공무원등)의 신호 또는 지시가 서로 다른 경우에는 경찰공무원등의 신호 또는 지시에 따라야 한다.

01. 도로 교통법상 가장 우선하는 신호는?

① 경찰공무원의 수신호
② 신호기의 신호
③ 운전자의 수신호
④ 안전표지의 지시

02. 신호기가 표시하고 있는 내용과 경찰관의 수 신호가 다른 경우 통행방법으로 옳은 것은?

① 경찰관 수신호를 우선적으로 따른다.
② 신호기 신호를 우선적으로 따른다.
③ 자기가 판단하여 위험이 없다고 생각되면 아무 신호에 따라도 좋다.
④ 수신호는 보조신호이므로 따르지 않아도 좋다.

033 도로교통법상 용어의 정의

- 도로
  - 도로법에 따른 도로
  - 유료도로법에 따른 유료도로
  - 농어촌도로 정비법에 따른 농어촌도로
- 안전지대 : 도로를 횡단하는 보행자나 통행하는 차 마의 안전을 위하여 안전표지나 이와 비 슷한 인공구조물로 표시한 도로의 부분
- 긴급자동차 : 소방차, 구급차, 혈액 공급차량, 그 밖 에 대통령령으로 정하는 자동차
- 정차 : 운전자가 5분을 초과하지 아니하고 차를 정지 시키는 것으로서 주차 외의 정지 상태
- 어린이 : 13세 미만인 사람

01. 도로교통법 상 도로에 해당 되지 <u>않는</u> 것은?

① 해상도로법에 의한 항로
② 차마의 통행을 위한 도로
③ 유료도로법에 의한 유료도로
④ 도로법에 의한 도로

02. 안전지대라 함은?

① 버스정류장 표지가 있는 장소
② 자동차가 주차할 수 있도록 설치된 장소
③ 도로를 횡단하는 보행자나 통행하는 차마의 안 전을 위하여 안전표지 등으로 표시된 도로의 부분
④ 사고가 잦은 장소에 보행자의 안전을 위하여 설치한 장소

03. 정차라 함은 주차 외의 정지 상태로서 몇 분을 초과하지 아니하고 차를 정지 시키는 것을 말 하는가?

① 3분   ② 5분
③ 7분   ④ 10분

04. 도로교통법 상 어린이로 규정되고 있는 연령은?

① 13세 미만   ② 18세 미만
③ 12세 미만   ④ 16세 미만

034 차로에 따른 통행구분

- 운전자가 느린 속도로 진행하여 다른 차의 통행을 방 해할 때는 통행하던 차로의 오른쪽 차로로 통행하여 야 한다.
- 차로의 순위는 도로의 중앙선 쪽에 있는 차로부터 1 차로로 한다.(단, 일방통행도로에서는 도로의 왼쪽부 터 1차로)
- 편도 4차로의 고속도로 외의 도로에서 건설기계는 4 차로로 통행한다.
- 편도 4차로 일반도로에서 4차로가 버스 전용차로일 때, 건설기계는 3차로로 통행한다.

01. 편도 4차로 자동차 전용도로에서 굴착기와 지 게차의 주행 차선은?

① 4차로   ② 3차로
③ 2차로   ④ 1차로

02. 편도 4차로 일반도로에서 4차로가 버스 전용 차로일 때, 건설기계는 어느 차로로 통행하여 야 하는가?

① 2차로   ② 3차로
③ 4차로   ④ 한가한 차로

035 감속운행

비 · 안개 · 눈 등으로 인한 악천후 시에는 다음의 기준에 의하여 감속 운행해야 한다.

운행속도	이상기후 상태
최고속도의 20/100을 줄인 속도	• 비가 내려 노면이 젖어있는 경우 • 눈이 20mm 미만 쌓인 경우
최고속도의 50/100을 줄인 속도	• 폭우 · 폭설 · 안개 등으로 가시거리가 100m 이내인 경우 • 노면이 얼어붙은 경우 • 눈이 20mm 이상 쌓인 경우

01. 최고속도의 20/100을 줄인 속도로 운행하여야 할 경우는?

① 노면이 얼어붙은 때
② 폭우, 폭설, 안개 등으로 가시거리가 100m 이내일 때
③ 눈이 20mm 이상 쌓인 때
④ 비가 내려 노면이 젖어 있을 때

02. 노면이 얼어붙은 경우 또는 폭설로 가시거리가 100미터 이내인 경우 최고속도의 얼마나 감속 운행하여야 하는가?

① $\dfrac{50}{100}$　　② $\dfrac{30}{100}$

③ $\dfrac{40}{100}$　　④ $\dfrac{20}{100}$

036 앞지르기 금지

• 앞지르기 금지 장소
  - 교차로, 터널 안, 다리 위
  - 도로의 구부러진 곳
  - 비탈길의 고갯마루 부근
  - 가파른 비탈길의 내리막
  - 시 · 도경찰청장이 필요하다고 인정하여 지정한 곳

• 앞지르기 금지 시기
  - 앞차의 좌측에 다른 차가 앞차와 나란히 가고 있는 경우
  - 앞차가 다른 차를 앞지르고 있거나 앞지르려고 하는 경우
  - 경찰공무원의 지시에 따라 정지하거나 서행하고 있는 차
  - 위험을 방지하기 위하여 정지하거나 서행하고 있는 차

01. 앞지르기 금지 장소가 아닌 것은?

① 교차로, 도로의 구부러진 곳
② 버스 정류장부근, 주차금지 구역
③ 터널 내, 앞지르기 금지표지 설치장소
④ 경사로의 정상부근, 급경사로의 내리막

02. 앞지르기를 할 수 없는 경우에 해당 되는 것은?

① 앞차의 좌측에 다른 차가 나란히 진행하고 있을 때
② 앞차가 우측으로 진로를 변경하고 있을 때
③ 앞차가 그 앞차와의 안전거리를 확보하고 있을 때
④ 앞차가 양보 신호를 할 때

037 정차 및 주차의 금지 장소

• 교차로 · 횡단보도 · 건널목이나 보도와 차도가 구분된 도로의 보도
• 교차로의 가장자리나 도로의 모퉁이로부터 5m 이내인 곳
• 안전지대가 설치된 도로에서는 그 안전지대의 사방으로부터 각각 10m 이내인 곳
• 버스의 정류지임을 표시하는 기둥이나 표지판 또는 선이 설치된 곳으로부터 10m 이내인 곳
• 건널목의 가장자리 또는 횡단보도로부터 10m 이내인 곳
• 소방용수시설 또는 비상소화장치가 설치된 곳으로부터 5m 이내인 곳
• 시 · 도경찰청장이 필요하다고 인정하여 지정한 곳
• 시장 등이 지정한 어린이 보호구역

01. 다음 중 정차 및 주차가 금지되어 있지 <u>않은</u> 장소는?

① 횡단보도
② 교차로
③ 경사로의 정상부근
④ 건널목

02. 교차로의 가장자리 또는 도로의 모퉁이로부터 도로교통법상 몇 m 이내의 장소에 정차 및 주차를 해서는 안 되는가?

① 4m   ② 5m
③ 6m   ④ 10m

03. 정차 및 주차금지 장소에 해당 되는 것은?

① 건널목 가장자리로부터 15m 지점
② 정류장 표지판으로부터 12m 지점
③ 도로의 모퉁이로부터 4m 지점
④ 교차로 가장자리로부터 10m 지점

038 교차로 통행방법 등

- 교차로에서 우회전하는 차의 운전자는 신호에 따라 정지하거나 진행하는 보행자 또는 자전거 등에 주의하여야 한다.
- 교차로에서 좌회전을 하려는 경우에는 미리 도로의 중앙선을 따라 서행하면서 교차로의 중심 안쪽을 이용하여 좌회전하여야 한다.
- 교차로에서 직진하려는 차는 이미 교차로에 진입하여 좌회전하고 있는 차의 진로를 방해하여서는 아니 된다.
- 녹색신호에서 교차로 내를 직진 중에 황색신호로 바뀌었을 때에는 계속 진행하여 신속히 교차로를 통과해야 한다.
- 교차로에서 진로 변경 시 교차로의 가장자리에 이르기 전 30m 이상의 지점으로부터 방향지시등을 켜야 한다.

01. 신호등이 없는 교차로에 좌회전 하려는 버스와 교차로에 진입하여 직진하고 있는 건설기계가 있을 때 어느 차가 우선권이 있는가?

① 건설기계
② 형편에 따라서 우선순위가 정해짐
③ 사람이 많이 탄 차가 우선
④ 좌회전 차가 우선

02. 교차로에서 진로를 변경하고자 할 때에 교차로의 가장자리에 이르기 전 몇 m 이상의 지점으로부터 방향지시등을 켜야 하는가?

① 10m   ② 20m
③ 30m   ④ 40m

039 디젤기관에만 있는 부품

- 분사펌프, 분사노즐 등
연료의 분사와 관련된 부품이 필요하고, 점화와 관련 부품[점화플러그, 배전기 등]은 필요 없다.
- 예열플러그 회로
연소실 내의 공기를 추가적으로 가열하여, 연료의 자기착화를 쉽게 하기 위한 예열장치가 필요하다.

01. 디젤기관의 전기장치에 없는 것은?

① 스파크플러그   ② 글로우 플러그
③ 축전지   ④ 솔레노이드 스위치

02. 디젤기관과 관계없는 것은?

① 압축비가 가솔린 기관보다 높다.
② 압축 착화한다.
③ 점화장치 내에 배전기가 있다.
④ 경유를 연료로 사용한다.

03. 다음 중 디젤 기관에만 있는 부품은?

① 워터펌프   ② 오일펌프
③ 발전기   ④ 분사펌프

040 4행정 사이클 기관의 작동원리

- 흡입 행정
  피스톤이 상사점에서 하사점으로 이동할 때 실린더 내부의 압력이 낮아져 공기가 흡입되는 행정
- 압축 행정
  피스톤이 하사점에서 상사점으로 이동할 때 실린더 내부의 공기가 압축되고 고온으로 되는 행정
- 폭발(동력, 연소팽창)행정
  피스톤이 상사점에서 하사점으로 이동할 때 연료분사 노즐로부터 실린더 내로 연료를 분사하여 동력을 얻는 행정
- 배기 행정
  피스톤이 하사점에서 상사점으로 이동할 때 연소된 가스를 배출하는 행정

01. 4행정으로 1사이클을 완성하는 기관에서 각 행정의 순서는?

① 압축 - 흡입 - 폭발 - 배기
② 흡입 - 압축 - 폭발 - 배기
③ 흡입 - 압축 - 배기 - 폭발
④ 흡입 - 폭발 - 압축 - 배기

02. 압축 말 연료분사 노즐로부터 실린더 내로 연료를 분사하여 연소시켜 동력을 얻는 행정은?

① 폭발행정   ② 압축행정
③ 배기행정   ④ 흡기행정

041 크랭크축 기어와 캠축 기어의 지름 비 및 회전 비

- 지름 비 - 1 : 2
- 회전 비 - 2 : 1 (크랭크축이 2회전 시, 캠축은 1회전)

01. 4행정 기관에서 크랭크축 기어와 캠축 기어와의 지름의 비 및 회전 비는 각각 얼마인가?

① 2 : 1 및 1 : 2   ② 2 : 1 및 2 : 1
③ 1 : 2 및 2 : 1   ④ 1 : 2 및 1 : 2

042 피스톤과 실린더 사이의 간극이 클 때의 영향

- 블로바이 가스가 생겨 압축 압력이 낮아진다.
- 피스톤링의 기능 저하로 인하여 오일이 연소실에 유입되어 오일 소비가 많아진다.
- 피스톤 슬랩 현상이 발생되어 기관 출력이 저하된다.
- 엔진오일의 수명이 단축된다.

01. 피스톤과 실린더 사이의 간극이 너무 클 때 일어나는 현상은?

① 엔진오일의 소비증가
② 압축압력 증가
③ 실린더 소결
④ 출력증가

02. 다음 보기에서 피스톤과 실린더 벽 사이의 간극이 클 때 미치는 영향을 모두 나타낸 것은?

[보기]
a. 마찰열에 의해 소결되기 쉽다.
b. 블로바이에 의해 압축 압력이 낮아진다.
c. 피스톤링의 기능 저하로 인하여 오일이 연소실에 유입되어 오일 소비가 많아진다.
d. 피스톤 슬랩 현상이 발생되며 기관 출력이 저하된다.

① a, b, c   ② c, d
③ b, c, d   ④ a, b, c, d

043 피스톤 링이 마모되었을 때 나타나는 현상

- 기관의 압축압력이 저하된다.
- 기관에서 엔진오일이 연소실로 올라온다.
- 엔진 오일의 소비량이 증대된다.
- 기관의 배기가스 색이 회백색으로 된다.

01. 디젤기관에서 압축압력이 저하되는 가장 큰 원인은?

① 냉각수 부족   ② 엔진오일 과다
③ 기어오일의 열화   ④ 피스톤 링의 마모

02. 기관에서 엔진오일이 연소실로 올라오는 이유는?

① 피스톤링 마모　② 피스톤핀 마모
③ 커넥팅로드 마모　④ 크랭크축 마모

03. 엔진의 윤활유 소비량이 과다해지는 가장 큰 원인은?

① 기관의 과냉
② 피스톤 링 마멸
③ 오일 여과기 필터 불량
④ 냉각펌프 손상

044 디젤엔진이 실화되면 일어나는 현상
엔진의 회전이 불량해 진다.

01. 기관이 실화 (miss fire)되면 일어나는 현상은?

① 엔진의 출력이 증가 한다.
② 연료소비가 적다.
③ 엔진이 과냉한다.
④ 엔진 회전이 불량하다.

045 크랭크축
• 실린더의 폭발행정에서 발생한 피스톤의 직선운동을 커넥팅 로드를 통해 회전운동으로 변환시켜 준다.
• 크랭크 핀, 크랭크 암, 저널, 평형추 등으로 구성되어 있다.
• 발전기, 캠 샤프트, 워터 펌프, 플라이 휠 등은 크랭크축의 회전에 따라 작동된다.

01. 기관에서 크랭크축의 역할은?

① 원활한 직선운동을 하는 장치이다.
② 기관의 진동을 줄이는 장치이다
③ 직선운동을 회전운동으로 변환시키는 장치이다.
④ 원운동을 직선운동으로 변환시키는 장치이다.

02. 건설기계 기관에서 크랭크축(crank shaft)의 구성 부품이 아닌 것은?

① 크랭크 암(crank arm)
② 크랭크 핀(crank pin)
③ 저널(journal)
④ 플라이 휠(fly wheel)

03. 기관에서 크랭크축의 회전과 관계없이 작동되는 기구는?

① 발전기　　　② 캠 샤프트
③ 워터 펌프　　④ 스타트 모터

046 디젤엔진의 시동불량 원인
• 연료계통에 공기가 유입되어 있다.
• 연료가 브족하다.
• 연료에 블순물이 혼입되었다.
• 연료공급 펌프 및 분사노즐이 불량하다.
• 시동 시 크랭크축 회전속도가 너무 느리다.
• 압축압력이 불량하다.(저하되었다)
• 연료분사펌프의 기능이 불량하다.(타이밍이 틀리다)
• 흡·배기 밸브의 밀착이 좋지 못하다.
• 밸브의 개폐시기가 부정확하다.
• 배터리 광전으로 교체가 필요한 상태이다.

01. 디젤기관에서 시동이 잘 안 되는 원인으로 맞는 것은?

① 스파크 플러그의 불꽃이 약할 때
② 클러치가 과대 마모 되었을 때
③ 연료계통에 공기가 차 있을 때
④ 낮각수를 경수로 사용할 때

02. 디젤기관에서 시동이 되지 않는 원인으로 가장 알맞은 것은?

① 연료공급 펌프의 연료 공급 압력이 높다.
② 가속페달을 깊숙이 밟고 시동하였다.
③ 시동 시 크랭크축 회전속도가 너무 느리다.
④ 디젤 연료의 착화점이 낮다.

03. 디젤기관에서 시동이 되지 <u>않는</u> 원인과 가장 거리가 먼 것은?

① 연료가 부족하다.
② 기관의 압축압력이 높다.
③ 연료공급 펌프가 불량하다.
④ 연료계통에 공기가 유입되어 있다.

047 디젤엔진의 과열 원인

• 라디에이터(방열기) 코어가 막혔을 때
• 물 펌프의 벨트가 느슨해졌을 때
• 수온조절기가 닫힌 채 고장이 났을 때
• 냉각장치 내부의 물 통로에 물때가 끼었을 때
• 냉각수 또는 엔진오일이 부족할 때
• 물 펌프가 고장 났을 때
• 냉각팬 벨트가 헐거워졌을 때

01. 디젤기관이 작동 시 과열되는 원인이 <u>아닌</u> 것은?

① 냉각수 양이 적다.
② 물 자킷 내의 물때가 많다.
③ 수온조절기가 열려 있다.
④ 물 펌프의 회전이 느리다.

02. 기관 과열의 주요 원인이 <u>아닌</u> 것은?

① 라디에이터 코어의 막힘
② 냉각장치 내부의 물때 과다
③ 냉각수의 부족
④ 엔진 오일량 과다

03. 기관이 과열되는 원인이 <u>아닌</u> 것은?

① 물 재킷 내의 물 때 형성
② 팬벨트의 장력 과다
③ 냉각수의 부족
④ 무리한 부하 운전

048 디젤엔진의 진동 원인

• 분사시기, 분사간격이 다르다.
• 피스톤 및 커넥팅로드의 중량차가 크다.
• 각 실린더의 분사압력과 분사량이 다르다.
• 4기통엔진에서 한 개의 분사노즐이 막혔다.
• 연료분사노즐에 불균율이 있다.

01. 디젤기관의 진동 원인과 가장 거리가 먼 것은?

① 분사시기, 분사간격이 다르다.
② 각 피스톤의 중량차가 크다.
③ 각 실린더의 분사압력과 분사량이 다르다.
④ 윤활 펌프의 유압이 높다.

02. 디젤기관에서 발생하는 진동원인이 <u>아닌</u> 것은?

① 프로펠러 샤프트의 불균형
② 분사시기의 불균형
③ 분사량의 불균형
④ 분사압력의 불균형

049 연료의 성질

• 착화성 : 직접적인 점화원을 가하지 않아도 공기 중에서 스스로 불이 붙을 수 있는 성질이다.
• 인화성 : 외부의 점화원에 의해 불이 붙을 수 있는 성질이다.
• 세탄가 : 디젤 연료의 착화성을 표시하는 수치이다.

01. 연료의 세탄가와 가장 밀접한 관련이 있는 것은?

① 열효율 ② 폭발압력
③ 착화성 ④ 인화성

02. 다음 중 착화성이 가장 좋은 연료는?

① 가솔린 ② 경유
③ 등유 ④ 중유

050 연료장치의 구성요소

- 연료장치는... 연료탱크, 연료공급펌프, 연료필터, 분사펌프, 분사노즐 및 이들 부품을 연결하는 파이프 등으로 구성된다.
- 연료의 순환 순서
  연료탱크 → 연료공급펌프 → 연료필터 → 분사펌프 → 분사노즐

01. 디젤기관에서 연료장치의 구성 요소가 <u>아닌</u> 것은?

① 분사노즐　　　② 연료필터

③ 분사펌프　　　④ 예열플러그

02. 디젤기관에서 연료장치의 구성 부품이 <u>아닌</u> 것은?

① 분사펌프　　　② 연료필터

③ 기화기　　　　④ 연료탱크

03. 디젤엔진의 연료탱크에서 분사노즐까지 연료의 순환 순서로 맞는 것은?

① 연료탱크→연료공급펌프→분사펌프→연료필터→분사노즐

② 연료탱크→연료필터→분사펌프→연료공급펌프→분사노즐

③ 연료탱크→연료공급펌프→연료필터→분사펌프→분사노즐

④ 연료탱크→분사펌프→연료필터→연료공급펌프→분사노즐

051 분사펌프의 부품

- 타이머 : 연료의 분사시기를 조절한다.
- 조속기(거버너) : 연료의 분사량을 조절한다.

01. 디젤기관에서 타이머의 역할로 가장 적합한 것은?

① 분사량 조절

② 자동변속 단(저속~고속)조절

③ 연료 분사시기 조절

④ 기관속도 조절

02. 디젤기관에서 조속기가 하는 역할은?

① 분사시기 조정　　② 분사량 조정

③ 분사압력 조정　　④ 착화성 조정

052 작업 후 연료탱크 내에 연료를 가득 채워주는 이유

- 다음의 작업을 준비하기 위해서
- 연료의 기포방지를 위해서
- 연료탱크에 수분이 생겨 엔진의 손상되는 것을 방지하기 위해

01. 건설기계운전 작업 후 탱크에 연료를 가득 채워주는 이유와 가장 관련이 적은 것은?

① 다음의 작업을 준비하기 위해서

② 연료의 기포방지를 위해서

③ 연료탱크에 수분이 생기는 것을 방지하기 위해서

④ 연료의 압력을 높이기 위해서

02. 겨울철에 연료탱크를 가득 채우는 가장 주된 이유는?

① 연로가 적으면 증발하여 손실되므로

② 연료가 적으면 출렁거리기 때문에

③ 공기 중의 수분이 응축되어 물이 생기기 때문에

④ 연료 게이지에 고장이 발생하기 때문에

053 디젤엔진의 노킹 원인

- 연료의 분사 압력 및 세탄가가 낮다.
- 연소실의 온도가 낮다.
- 착화기간 중 분사량이 많다.
- 노즐의 분무상태가 불량하다.
- 기관이 과냉되어 있다.

01. 디젤기관에서 노킹의 원인과 가장 거리가 먼 것은?

① 연료의 세탄가가 높다.

② 연료의 분사압력이 낮다.

③ 연소실의 온도가 낮다.

④ 착화지연 시간이 길다.

02. 디젤기관에서 노킹을 일으키는 원인으로 맞는 것은?

① 흡입공기의 온도가 높을 때
② 착화지연 시간이 짧을 때
③ 연료에 공기가 혼입되었을 때
④ 연소실에 누적된 연료가 많아 일시에 연소할 때

054 압력식 라디에이터 캡

- 라디에이터의 맨 위에 위치하고 있는 냉각수 주입구의 마개로, 냉각수를 가압하여 비등점을 높인다.
- 압력 밸브(공기 밸브)
  - 냉각수의 비등점을 높여 오버히트(overheat)되는 것을 방지한다.
  - 냉각장치의 내부압력이 규정보다 높을 때 압력 밸브가 열린다.
- 진공 밸브
  - 라디에이터 내의 진공으로 인한 코어의 파손을 방지한다.
  - 냉각장치의 내부압력이 규정보다 낮을 때(부압이 될 때) 진공 밸브가 열린다.

01. 디젤기관 냉각장치에서 냉각수의 비등점을 높여주기 위해 설치된 부품으로 알맞은 것은?

① 코어   ② 냉각핀
③ 보조탱크   ④ 압력식 캡

02. 라디에이터 캡의 스프링이 파손 되었을 때 가장 먼저 나타나는 현상은?

① 냉각수 비등점이 낮아진다.
② 냉각수 순환이 불량해진다.
③ 냉각수 순환이 빨라진다.
④ 냉각수 비등점이 높아진다.

03. 압력식 라디에이터 캡에 있는 밸브는?

① 입력 밸브와 진공 밸브
② 압력 밸브와 진공 밸브
③ 입구 밸브와 출구 밸브
④ 압력 밸브와 메인 밸브

04. 압력식 라디에이터 캡에 대한 설명으로 적합한 것은?

① 냉각장치 내부압력이 부압이 되면 공기밸브는 열린다.
② 냉각장치 내부압력이 규정보다 낮을 때 공기밸브는 열린다.
③ 냉각장치 내부압력이 규정보다 높을 때 진공밸브는 열린다.
④ 냉각장치 내부압력이 부압이 되면 진공밸브는 열린다.

055 팬벨트의 점검

- 정지된 상태에서 벨트의 중심을 엄지손가락으로 눌러서 점검한다.
- 팬벨트는 눌러(약 10kgf) 처짐이 13~20mm 정도로 한다.
- 팬벨트 조정은 발전기를 움직이면서 조정한다.
- 팬벨트는 풀리의 밑 부분에 접촉되지 않게 한다.
- 팬벨트의 장력이 강할 때와 약할 때 일어나는 현상

장력이 강할 때 (유격이 작을 때)	• 물펌프의 회전속도가 빠르므로, 기관이 과냉된다. • 발전기 베어링이 손상된다.
장력이 약할 때 (유격이 클 때)	• 물펌프의 회전속도가 느리므로, 기관이 과열된다. • 발전기 출력이 저하된다.

01. 팬벨트에 대한 점검과정이다. 가장 적합하지 않은 것은?

① 팬벨트는 눌러(약 10kgf) 처짐이 13~20mm 정도로 한다.
② 팬벨트는 풀리의 밑 부분에 접촉되어야 한다.
③ 팬벨트 조정은 발전기를 움직이면서 조정한다.
④ 팬벨트가 너무 헐거우면 기관 과열의 원인이 된다.

02. 냉각팬의 벨트 유격이 클 때 일어나는 현상은?

① 베어링의 마모가 심하다.
② 벨트가 절단된다.
③ 기관 과열의 원인이 된다.
④ 점화시기가 빨라진다.

056 점도 및 점도지수

- 점도
  - 점성의 정도를 의미하며, 윤활유의 성질 중 가장 중요하다.
  - 온도가 높을수록 점도는 낮아지고, 온도가 낮을수록 점도는 높아진다.(온도와 점도는 반비례 관계이다.)
- 점도지수
  - 끈적거림의 수치를 말하며, 온도변화에 따른 점도 변화이다.
  - 점도지수가 크면 온도 변화에 따른 점도 변화가 작고, 점도지수가 작으면 온도 변화에 따른 점도 변화가 크다.

01. 기관에 사용되는 윤활유의 성질 중 가장 중요한 것은?

① 온도   ② 점도
③ 습도   ④ 건도

02. 점도지수가 큰 오일의 온도변화에 따른 점도 변화는?

① 크다.   ② 작다.
③ 불변이다.   ④ 온도와는 무관하다.

03. 엔진오일의 점도지수가 작은 경우 온도 변화에 따른 점도 변화는?

① 온도에 따른 점도변화가 크다.
② 온도에 따른 점도변화가 작다.
③ 점도가 수시로 변화한다.
④ 온도와 점도는 무관하다.

057 윤활방식 및 여과방식

- 4행정 사이클 기관의 윤활방식

비산식	오일펌프가 없으며, 커넥팅 로드 대단부에 있는 오일 디퍼가 오일을 비산시켜 윤활하는 방식이다.
압송식	오일펌프로 윤활유를 압송하여 윤활하는 방식으로, 일반적으로 많이 사용한다.
비산 압송식	실린더 벽은 비산식으로, 나머지 부분은 압송식으로 윤활하는 방식이다.

- 오일의 여과방식

전류식	오일펌프에서 압송된 오일의 전부를 오일필터로 여과하여 윤활부로 가게 하는 방식이다.
분류식	오일펌프에서 압송된 오일의 일부를 여과하지 않고 각 윤활부로 공급하고, 나머지는 오일필터로 여과하여 오일 팬으로 되돌아가게 하는 방식이다.
샨트식 (복합식)	오일펌프에서 압송된 오일의 일부를 오일필터로 여과하여 각 윤활부로 공급하고, 나머지는 여과하지 않고 오일 팬으로 되돌아가게 하는 방식이다.

01. 윤활방식 중 오일펌프로 급유하는 방식은?

① 비산식   ② 압송식
③ 분사식   ④ 비산 압송식

02. 오일의 여과방식이 아닌 것은?

① 자력식   ② 분류식
③ 전류식   ④ 샨트식

03. 윤활유 공급펌프에서 공급된 윤활유 전부가 엔진 오일 필터를 거쳐 윤활부로 가는 방식은?

① 분류식   ② 자력식
③ 전류식   ④ 샨트식

058 오일 필터(오일 여과기)

- 엔진 오일에 포함된 미세한 불순물을 제거한다.
- 윤활유 1회 교환 시 1회 교환한다.
- 여과기가 막히면 유압이 높아진다.
- 여과 능력이 불량하면 부품의 마모가 빠르다.
- 작업 조건이 나쁘면 교환 시기를 빨리한다.
- 엘리먼트(여과지)식
  - 교환식 : 엘리먼트만 교환 또는 세척하여 사용하고, 케이스는 계속 사용할 수 있다.
  - 일체식 : 엘리먼트와 케이스를 전체 교환해야 한다.

01. 기관에 사용되는 오일여과기에 대한 사항으로 틀린 것은?

① 여과기가 막히면 유압이 높아진다.
② 엘리먼트 청소는 압축공기를 사용한다.
③ 여과능력이 불량하면 부품의 마모가 빠르다.
④ 작업조건이 나쁘면 교환 시기를 빨리 한다.

059 윤활장치의 점검

- 엔진 오일의 압력이 높아지는 원인
  - 오일의 점도가 높다.
  - 유압조절밸브의 스프링 장력이 크다.
  - 오일 회로(윤활계통)의 일부가 막혔다.
- 엔진 오일의 압력이 낮아지는 원인
  - 오일의 점도가 낮다.
  - 유압조절밸브의 스프링 장력이 작다.
  - 윤활유의 양이 부족하다.
  - 윤활유 펌프의 성능이 좋지 않다.
  - 기관 각부의 마모가 심하다.

01. 기관오일 압력이 상승하는 원인에 해당 되는 것은?

① 오일펌프가 마모되었을 때
② 오일 점도가 높을 때
③ 윤활유가 너무 적을 때
④ 유압조절 밸브 스프링이 약할 때

02. 디젤기관의 윤활유 압력이 낮은 원인이 아닌 것은?

① 점도지수가 높은 오일을 사용하였다.
② 윤활유의 양이 부족하다.
③ 오일펌프가 과대 마모되었다.
④ 윤활유 압력 릴리프밸브가 열린 채 고착되었다.

03. 엔진의 윤활유 압력이 낮은 원인이 아닌 것은?

① 윤활유 펌프의 성능이 좋지 않다.
② 윤활유의 양이 부족하다.
③ 윤활유의 점도가 너무 높다.
④ 기관 각부의 마모가 심하다.

060 배출가스의 색깔에 따른 연소상태 및 기관점검

- 무색 : 정상 연소 상태
- 엷은 황색 : 희박한 혼합비 상태
- 회백색 : 윤활유의 연소 상태
  - 피스톤 링의 마모 점검
  - 피스톤 링 또는 실린더 간극 점검
- 검은색 : 농후한 혼합비 상태
  - 공기청정기 막힘 점검
  - 분사시기 점검(노즐 불량)
  - 분사펌프 점검(압축 불량)

01. 배기가스의 색과 기관의 상태를 표시한 것으로 가장 거리가 먼 것은?

① 무색 – 정상
② 검은색 – 농후한 혼합비
③ 황색 – 공기청정기의 막힘
④ 회백색 – 윤활유의 연소

02. 디젤기관 운전 중 흑색의 배기가스를 배출하는 원인으로 틀린 것은?

① 공기청정기 막힘   ② 오일 팬 내 유량과다
③ 압축불량   ④ 노즐불량

061 공기청정기(에어클리너)

- 먼지 등의 불순물을 여과하여 피스톤 등의 마모를 방지하고, 흡기 계통에서 발생하는 소음을 제거한다.
- 건식 공기청정기
  - 종이나 천으로 된 엘리먼트를 사용하여 불순물을 여과한다.
  - 엘리먼트는 압축공기로 안에서 밖으로 불어내어 세척한다.
- 습식 공기청정기
  - 공기청정기 케이스 밑에 들어 있는 일정량의 오일이 적셔진 여과망을 사용하여 불순물을 여과한다.
  - 일정기간 사용 후 엘리먼트는 세척하고 오일만 교환한다.

01. 공기청정기의 설치 목적은?
- ① 연료의 여과와 소음방지
- ② 공기의 여과와 소음방지
- ③ 공기의 가압작용
- ④ 연료의 여과와 가압작용

02. 건식 공기 여과지 세척 방법으로 맞는 것은?
- ① 압축증기로 안에서 밖으로 불어낸다.
- ② 압축공기로 안에서 밖으로 불어낸다.
- ③ 압축증기로 밖에서 안으로 불어낸다.
- ④ 압축공기로 밖에서 안으로 불어낸다.

062 터보차저(과급기)

- 흡입하는 공기의 양을 더욱더 늘려 엔진의 능력을 향상시키기 위한 장치이다.
- 디젤기관에서 체적 효율, 회전력 및 출력 등을 증대시킨다.
- 터보차저에는 엔진 오일을 사용한다.

01. 디젤기관 장치 중에서 터보차저의 기능으로 맞는 것은?
- ① 실린더 내에 공기를 압축·공급하는 장치이다.
- ② 냉각수 유량을 조절하는 장치이다.
- ③ 기관 회전수를 조절하는 장치이다.
- ④ 윤활유 온도를 조절하는 장치이다.

02. 디젤엔진에 사용되는 과급기의 주된 역할 설명으로 가장 적합한 것은?
- ① 출력의 증대
- ② 윤활성의 증대
- ③ 냉각효율의 증대
- ④ 배기의 정화

03. 다음 디젤기관에서 과급기를 사용하는 이유로 맞지 않는 것은?
- ① 체적 효율 증대
- ② 냉각 효율 증대
- ③ 출력 증대
- ④ 회전력 증대

04. 터보차저에 사용하는 오일로 맞는 것은?
- ① 유압오일
- ② 특수오일
- ③ 기어오일
- ④ 기관오일

063 납산 축전지

- 전해액으로 묽은 황산(H_2SO_4)을 사용하며, 이는 증류수에 황산을 부어 혼합한다.
- 가격이 저렴하여 현재 건설기계에 가장 많이 사용한다.
- 전해액 면이 낮아지면 증류수를 보충하여야 한다.
- 용량은 극판의 수·크기, 전해액의 양·온도 등에 의해 결정된다.

01. 축전지의 전해액으로 알맞은 것은?
- ① 순수한 물
- ② 과산화납
- ③ 해면상납
- ④ 묽은 황산

02. 납산축전지의 전해액을 만들 때 올바른 방법은?
- ① 황산에 물을 조금씩 부으면서 유리 막대로 젓는다.
- ② 황산과 물을 1:1의 비율로 동시에 붓고 잘 젓는다.
- ③ 증류수에 황산을 조금씩 부으면서 잘 젓는다.
- ④ 축전지에 필요한 양의 황산을 직접 붓는다.

03. 축전지 전해액이 자연 감소되었을 때 보충에 가장 적합한 것은?
- ① 증류수
- ② 수돗물
- ③ 우물물
- ④ 경수

04. 납산축전지의 용량은 어떻게 결정 되는가?

① 극판의 크기, 극판의수, 황산의 양에 의해 결정 된다.

② 극판의 크기, 극판의수, 셀의 수에 의해 결정 된다.

③ 극판의수, 셀의 수, 발전기의 충전능력에 따라 결정 된다.

④ 극판의수와 발전기의 충전능력에 따라 결정 된다.

064 기동전동기의 취급

- 기관이 시동된 상태에서 시동스위치를 켜서는 안 된다.
- 전선 굵기는 규정 이하의 것을 사용하면 안 된다.
- 기동전동기의 회전속도가 규정 이하이면 오랜 시간 연속회전 시켜도 시동이 되지 않으므로 회전속도에 유의해야 한다.
- 기동전동기는 10초 이상 연속 사용하면 안 된다.
- 엔진의 시동 후에도 시동스위치를 계속 ON 위치로 하면, 피니언 기어가 소손되고 심한 경우 기동 전동기가 파손된다.

01. 엔진이 기동 되었는데도 시동스위치를 계속 ON 위치로 할 때 미치는 영향으로 맞는 것은?

① 기동전동기의 수명이 단축된다.

② 클러치 디스크가 마멸된다.

③ 크랭크축 저널이 마멸된다.

④ 엔진의 수명이 단축된다.

02. 기동전동기 취급 시 주의사항으로 틀린 것은?

① 기동전동기의 회전속도가 규정 이하이면 오랜 시간 연속회전 시켜도 시동이 되지 않으므로 회전속도에 유의해야 한다.

② 기관이 시동된 상태에서 시동스위치를 켜서는 안 된다.

③ 기동전동기의 연속 사용 기간은 60초 정도로 한다.

④ 전선 굵기는 규정 이하의 것을 사용하면 안 된다.

065 교류(AC) 발전기의 구성

- 스테이터(고정자) : 전류를 발생시키는 부분이다.
- 다이오드(정류자) : 교류를 직류로 정류하고, 역류를 방지한다.
- 로터(회전자) : 엔진의 힘으로 회전하며, 전자석이 된다.

01. AC 발전기에서 전류가 발생 되는 것은?

① 로터 코일   ② 레귤레이터

③ 스테이터 코일   ④ 전기자 코일

02. AC 발전기에서 다이오드의 역할은?

① 교류를 정류하고 역류를 방지한다.

② 전압을 조정한다.

③ 여자 전류를 조정하고 역류를 방지한다.

④ 전류를 조정한다.

03. AC 발전기에서 전류가 흐를 때 전자석이 되는 것은?

① 계자 철심   ② 로터

③ 스테이터 철심   ④ 아마추어

066 전조등

- 야간이나 주위가 어두울 때 차량이 안전하게 운행할 수 있도록 전방을 비추는 등화로, 일명 '헤드라이트'라고 한다.
- 실드빔형 전조등
  - 반사경과 필라멘트(전구)가 일체로 되어 있다.
  - 필라멘트가 끊어진 경우 전조등 전부를 교환하여야 한다.
- 세미 실드빔형 전조등
  - 렌즈와 반사경이 일체로 되어 있다.
  - 전구는 반사경과 분리되어 따로 교환이 가능하다.
  - 할로겐 램프와 결합하여 현재 가장 많이 사용한다.

01. 실드빔식 전조등에 대한 설명으로 맞지 않는 것은?

① 대기 조건에 따라 반사경이 흐려지지 않는다.

② 내부에 불활성가스가 들어있다.

③ 사용에 따른 광도의 변화가 적다.

④ 필라멘트를 갈아 끼울 수 있다.

02. 세미 실드빔 형식을 사용하는 건설기계 장비에서 전조등이 점등되지 않을 때 가장 올바른 조치방법은?

① 렌즈를 교환한다.
② 전조등을 교환한다.
③ 반사경을 교환한다.
④ 전구를 교환한다.

03. 현재 널리 사용되고 있는 할로겐램프에 대하여 운전사 두 사람(A, B)이 서로 주장하고 있다. 다음 중 어느 운전사의 말이 옳은가?

운전사 A : 실드빔형 이다.
운전사 B : 세미실드빔형 이다.

① A가 맞다.   ② B가 맞다.
③ A, B 모두 맞다.   ④ A, B 모두 틀리다.

---

067 동력전달장치

- 기관에서 발생한 동력을 구동바퀴에 전달하는 장치이다.
- 동력전달
  순서피스톤 → 커넥팅로드 → 크랭크축 → 플라이휠 → 클러치 → 변속기 → 추진축 → 종감속장치 → 차동장치 → 구동축 → 구동바퀴

01. 동력을 전달하는 계통의 순서를 바르게 나타낸 것은?

① 피스톤 → 커넥팅로드→ 클러치 → 크랭크축
② 피스톤 → 클러치 → 크랭크축 → 커넥팅로드
③ 피스톤 → 크랭크축→ 커넥팅로드 → 클러치
④ 피스톤 → 커넥팅로드→ 크랭크축 → 클러치

02. 타이어식 건설기계장비에서 동력전달 장치에 속하지 않는 것은?

① 클러치   ② 종감속장치
③ 과급기   ④ 타이어

---

068 토크컨버터

- 오일을 매개체로 하여 기관의 동력을 변속기에 전달하는 클러치로, 유체 클러치의 일종이다.
- 토크컨버터의 구성

펌프 임펠러	플라이휠에 설치되며, 입력측 날개차이다.
터빈 러너	변속기 입력 축에 연결되며, 출력측 날개차이다.
스테이터	오일의 흐름 방향을 전환시켜 회전력을 증대시킨다.
가이드 링	유체의 와류를 감소시켜 동력의 전달 효율을 증대시킨다.

01. 토크컨버터의 동력전달 매체로 맞는 것은?

① 클러치판   ② 유체
③ 벨트   ④ 기어

02. 토크컨버터의 구성품이 아닌 것은?

① 펌프   ② 터빈
③ 스테이터   ④ 플라이휠

03. 토크컨버터의 오일의 흐름 방향을 바꾸어 주는 것은?

① 펌프   ② 터빈
③ 변속기축   ④ 스테이터

04. 유체 클러치(Fluid coupling)에서 가이드 링의 역할은?

① 와류를 감소시킨다.
② 터빈(Turbine)의 손상을 줄이는 역할을 한다.
③ 마찰을 증대시킨다.
④ 플라이휠(fly wheel)의 마모를 감소시킨다.

069 타이어

- 타이어의 구성

트레드	직접 노면과 접촉되어 마모에 견디고 적은 슬립으로 견인력을 증대시키는 부분이다.
카커스	고무로 피복된 코드를 여러 겹으로 겹친 층에 해당되며, 타이어의 골격을 이루는 부분이다.
숄더	트레드와 사이드 월(타이어의 측면) 경계 부분이다.
비드	타이어가 휠의 림과 접하는 부분이다.

- 타이어의 표시
  - 고압 타이어 : 타이어의 외경 - 타이어의 폭 - 플라이 수
  - 저압 타이어 : 타이어의 폭 - 타이어의 내경 - 플라이 수

01. 타이어에서 고무로 피복된 코드를 여러 겹으로 겹친 층에 해당 되며 타이어 골격을 이루는 부분은?

① 카커스(carcass)부 ② 트레드(tread)부
③ 숄더(shoulder)부 ④ 비드(bead)부

02. 타이어의 구조에서 직접 노면과 접촉되어 마모에 견디고 적은 슬립으로 견인력을 증대시키는 것의 명칭은?

① 트레드(tread) ② 브레이커(breaker)
③ 카커스(carcass) ④ 비이드(bead)

03. 건설기계에 사용되는 저압타이어의 호칭 치수 표시는?

① 타이어의 외경 - 타이어의 폭 - 플라이 수
② 타이어의 폭 - 타이어의 내경 - 플라이 수
③ 타이어의 폭 - 림의 지름
④ 타이어의 내경 - 타이어의 폭 - 플라이 수

04. 타이어에 9.00-20-14PR 로 표시된 경우 20이 의미하는 것은?

① 외경 ② 내경
③ 폭 ④ 높이

070 앞바퀴 정렬

- 캠버 : 앞바퀴를 정면에서 볼 때 바퀴의 중심선과 노면에 대한 수직선이 이루는 각도이다.
- 캐스터 : 앞바퀴를 옆에서 볼 때, 킹핀 중심선이 노면과 수직을 이루는 직선에 대해 앞 또는 뒤로 기울어진 각도이다.
- 토인 : 앞바퀴를 위에서 내려다보았을 때, 양쪽 바퀴의 중심선 길이가 앞쪽이 뒤쪽보다 좁게 되어 있는 상태이다.
- 킹핀 경사각 : 바퀴를 정면에서 보았을 때, 킹핀 축 중심과 노면에 대한 수직선이 이루는 각도이다.

01. 타이어식 건설장비에서 얼라인먼트의 요소가 아닌 것은?

① 캠버(CAMBER) ② 토인(TOE IN)
③ 캐스터(CASTER) ④ 부스터(BOOSTER)

02. 타이어식 건설기계 정비에서 토인에 대한 설명으로 틀린 것은?

① 토인은 반드시 직진 상태에서 측정해야 한다.
② 토인은 직진성을 좋게 하고 조향을 가볍도록 한다.
③ 토인은 좌·우 앞바퀴의 간격이 앞보다 뒤가 좁은 것이다.
④ 토인 조정이 잘못되었을 때 타이어가 편 마모된다.

071 동력 조향장치의 핸들 조작이 무거운 원인

- 유압이 낮다.
- 조향 펌프에 오일이 부족하다.
- 오일 펌프의 회전이 느리다.
- 유압 계통 내에 공기가 혼입되었다.
- 타이어의 공기압력이 너무 낮다.

01. 유압식 조향장치의 핸들의 조작이 무거운 원인과 가장 거리가 먼 것은?

① 유압이 낮다.
② 오일이 부족하다.
③ 유압 계통 내에 공기가 혼입되었다.
④ 펌프의 회전이 빠르다.

02. 파워스티어링에서 핸들이 매우 무거워 조작하기 힘든 상태일 때의 원인으로 맞는 것은?

① 바퀴가 습지에 있다.
② 조향 펌프에 오일이 부족하다.
③ 볼 조인트의 교환시기가 되었다.
④ 핸들 유격이 크다.

03. 조향핸들의 조작이 무거운 원인으로 틀린 것은?

① 유압유 부족 시
② 타이어 공기압 과다 주입 시
③ 앞바퀴 휠 얼라이먼트 조절 불량 시
④ 유압 계통 내의 공기 혼입 시

072 제동장치의 이상 현상

• 페이드(fade)
브레이크를 단시간에 반복적으로 사용하면 브레이크에 마찰열이 발생하여 브레이크가 잘 듣지 않는 현상이다.
• 베이퍼 록(vapor lock)
브레이크를 과도하게 사용했을 때 발생하는 마찰열로 인하여 브레이크 오일이 비등하고, 이 때 발생한 수증기에 의해 브레이크가 잘 작동하지 않는 현상이다.

01. 타이어식 건설기계에서 브레이크를 연속하여 자주 사용 하면 브레이크 드럼이 과열되어, 마찰계수가 떨어지며 브레이크가 잘 듣지 않는 것으로서 짧은 시간 내에 반복 조작이나 내리막길을 내려갈 때 브레이크 효과가 나빠지는 현상은?

① 노킹 현상
② 페이드 현상
③ 하이드로 플레이닝 현상
④ 채팅 현상

02. 브레이크 오일이 비등하여 송유 압력의 전달 작용이 불가능하게 되는 현상은?

① 페이드 현상
② 베이퍼 록 현상
③ 사이클링 현상
④ 브레이크 록 현상

073 파스칼의 원리

• 밀폐된 용기 속에 유체에 가한 압력은 유체내의 모든 부분에 같은 크기로 전달된다.
• 정지된 액체에 접하고 있는 면에 가해진 압력은 그 면에 수직으로 작용한다.
• 정지된 액체의 한 점에 있어서의 압력의 크기는 전 방향에 더하여 동일하다.
• 건설기계에 사용되는 유압 실린더 · 유압식 브레이크, 정비업소의 유압식 승강기 등은 파스칼의 원리를 응용한 것이다.

01. 밀폐된 용기 중에 채워진 비압축성유체의 일부에 가해진 압력은 유체의 모든 부분에 그대로의 세기로 전달되는 원리는?

① 파스칼의 원리
② 베르누이의 원리
③ 보일-샤를의 원리
④ 아르키메데스의 원리

02. 밀폐된 용기 내의 일부에 가해진 압력은 어떻게 전달되는가?

① 유체 각 부분에 다르게 전달된다.
② 유체 각 부분에 동시에 같은 크기로 전달된다.
③ 유체의 압력이 돌출부분에서 더 세게 작용된다.
④ 우체의 압력이 홈 부분에서 더 세게 작용된다.

03. 건설기계에 사용되는 유압 실린더 작용은 어떠한 것을 응용한 것인가?

① 베르누이의 정리
② 파스칼의 정리
③ 지렛대의 원리
④ 후크의 법칙

074 유압유의 구비조건

- 온도에 의한 점도변화가 적을 것
- 방청성 · 방식성, 윤활성, 산화 안정성이 있을 것
- 인화점 · 발화점이 높을 것
- 강인한 유막을 형성할 것
- 압력에 대해 비압축성일 것
- 열팽창계수, 밀도가 작을 것
- 체적탄성계수, 점도지수, 화학적 안정성, 내열성이 클 것

01. 유압유의 성질에 어긋난 것은?

① 인화점이 낮을 것
② 비중이 적당할 것
③ 강인한 유막을 형성할 것
④ 점성과 온도와의 관계가 양호할 것

02. 다음에서 유압작동유가 갖추어야 할 조건으로 모두 맞는 것은?

> ㄱ. 압력에 대해 비압축성일 것
> ㄴ. 밀도가 작을 것
> ㄷ. 열팽창계수가 작을 것
> ㄹ. 체적탄성계수가 작을 것
> ㅁ. 점도지수가 낮을 것
> ㅂ. 발화점이 높을 것

① ㄱ, ㄴ, ㄷ, ㄹ   ② ㄴ, ㄷ, ㅁ, ㅂ
③ ㄴ, ㄹ, ㅁ, ㅂ   ④ ㄱ, ㄴ, ㄷ, ㅂ

075 유압유의 점도에 따른 현상

- 점도가 높을 때 : 내부저항이 커서 유동성이 나쁘다.
  - 동력손실이 증가하여 기계효율이 감소한다.
  - 유동저항이 커져 압력손실이 증가한다.
  - 유압이 높아진다.
  - 관내의 마찰 손실이 커진다.
- 점도가 낮을 때 : 내부저항이 작아서 유동성이 좋다.
  - 펌프의 효율이 나빠진다.
  - 계통(회로) 내의 압력이 저하된다.
  - 오일 누설에 영향이 있다.
  - 실린더 및 컨트롤 밸브에서 누출이 발생한다.

01. 유압 작동유의 점도가 너무 높을 때 발생되는 현상으로 적합한 것은?

① 동력손실의 증가   ② 내부누설의 증가
③ 펌프효율의 증가   ④ 마찰 · 마모 감소

02. 유압유의 점도가 지나치게 높았을 때 나타나는 현상이 **아닌** 것은?

① 오일 누설이 증가한다.
② 유동저항이 커져 압력손실이 증가한다.
③ 동력손실이 증가하여 기계효율이 감소한다.
④ 내부마찰이 증가하고, 압력이 상승한다.

03. 유압회로 내의 유압유 점도가 너무 낮을 때 생기는 현상이 **아닌** 것은?

① 오일 누설에 영향이 있다.
② 펌프 효율이 떨어진다.
③ 시동 저항이 커진다.
④ 회로 압력이 떨어진다.

04. 유압 작동유의 점도가 지나치게 낮을 때 나타날 수 있는 현상은?

① 출력이 증가한다.
② 압력이 상승한다.
③ 유동저항이 증가한다.
④ 유압실린더의 속도가 늦어진다.

076 유압유의 온도 상승 시 영향

- 점도의 저하에 의해 누유되기 쉽다.
- 밸브류의 기능 및 펌프의 효율이 저하된다.
- 열화를 촉진한다.
- 온도변화에 의해 유압기기가 열 변형되기 쉽다.
- 유압유의 산화작용을 촉진한다.
- 작동 불량 현상이 발생한다.
- 기계적인 마모가 발생할 수 있다.

01. 유압유의 온도가 과열되었을 때 유압 계통에 미치는 영향으로 틀린 것은?

① 온도변화에 의해 유압기기가 열 변형되기 쉽다.
② 오일의 점도 저하에 의해 누유 되기 쉽다.
③ 유압펌프의 효율이 높아진다.
④ 오일의 열화를 촉진한다.

02. 유압오일의 온도가 상승할 때 나타날 수 있는 결과가 아닌 것은?

① 오일 누설의 저하
② 점도 저하
③ 밸브류의 기능 저하
④ 펌프 효율 저하

077 캐비테이션(Cavitation, 공동현상)

- 유압유 속에 용해공기가 기포로 발생하여 유압장치 내에 국부적인 높은 압력과 소음 · 진동이 발생하는 현상이다.
- 유압이 진공에 가까워짐으로서 기포가 생긴다.
- 필터의 여과 입도수(mesh)가 너무 조밀할 때 발생할 수 있다.
- 펌프의 양정과 효율을 급격히 떨어뜨린다.
- 날개차 등에 부식을 일으켜 펌프의 수명을 단축시킨다.

01. 작동유(유압유) 속에 용해 공기가 기포로 발생하여 소음과 진동이 발생되는 현상은?

① 인화 현상　　　② 노킹 현상
③ 조기착화 현상　④ 캐비테이션 현상

02. 오일 필터의 여과 입도가 너무 조밀하였을 때 가장 발생하기 쉬운 현상은?

① 오일 누출 현상　② 공동현상
③ 맥동 현상　　　④ 블로바이 현상

078 유압유에 수분이 미치는 영향

- 유압유의 내마모성, 윤활성 및 방청성을 저하시킨다.
- 유압유의 산화와 열화를 촉진시킨다.
- 유압기기의 마모가 촉진된다.

01. 유압 작동유에 수분이 미치는 영향이 아닌 것은?

① 작동유의 윤활성을 저하시킨다.
② 작동유의 방청성을 저하시킨다.
③ 작동유의 내마모성을 향상시킨다.
④ 작동유의 산화와 열화를 촉진시킨다.

02. 작동유에 수분이 혼입되었을 때의 영향이 아닌 것은?

① 오일 탱크의 오버플로
② 유압 기기의 마모 촉진
③ 작동유의 열화
④ 유압유의 내마모성 저하

079 플러싱(Flushing)

- 유압계통의 오일장치 내에 슬러지 등이 생겼을 때 장치 내를 깨끗이 하는 작업이다.
- 플러싱 후의 처리방법
  - 작동유 탱크 내부를 깨끗이 청소하고, 작동유를 바로 보충한다.
  - 잔류 플러싱 오일은 반드시 제거하여야 한다.
  - 라인의 필터 엘리먼트를 교환한다.
  - 전체 라인에 작동유가 공급되도록 한다.

01. 유압계통의 오일장치 내에 슬러지 등이 생겼을 때 이것을 이용하여 장치 내를 깨끗이 하는 작업은?

① 플러싱　　　② 트램핑
③ 서징　　　　④ 코킹

02. 플러싱 후의 처리방법으로 틀린 것은?

① 작동유 탱크 내부를 다시 청소한다.
② 잔류 플러싱 오일을 반드시 제거하여야 한다.
③ 작동유 보충은 24시간 경과 후 하는 것이 좋다.
④ 라인의 필터 엘리먼트를 교환한다.

080 유압장치의 취급 및 점검

- 서로 다른 종류의 오일을 혼합하면 열화현상이 촉진되므로, 혼합해서는 안 된다.
- 유압장치의 수명을 연장하기 위해서는 오일필터를 점검하고 교환해야 한다.
- 유압장치의 부품을 교환한 후에 가장 먼저 유압장치 내의 공기를 빼내어 공동현상 등을 방지해야 한다.

01. 유압유에 점도가 서로 다른 2종류의 오일을 혼합하였을 경우에 대한 설명으로 맞는 것은?

① 오일 첨가제의 좋은 부분만 작동하므로 오히려 더욱 좋다.
② 점도가 달라지나 사용에는 전혀 지장이 없다.
③ 혼합은 권장사항이며, 사용에는 전혀 지정이 없다.
④ 열화 현상을 촉진시킨다.

02. 유압장치의 수명 연장을 위해 가장 중요한 요소는?

① 오일 탱크의 세척 및 교환
② 오일 필터의 점검 및 교환
③ 오일펌프의 점검 및 교환
④ 오일쿨러의 점검 및 세척

03. 유압장치의 부품을 교환 후 우선 시행하여야 할 작업은?

① 최대부하 상태의 운전
② 유압을 점검
③ 유압장치의 공기빼기
④ 유압 오일쿨러 청소

081 유압펌프

- 기계적인 에너지를 유압에너지로 변환시켜주는 장치이다.
- 엔진의 동력으로 구동되고, 엔진이 회전하는 동안에는 항상 회전한다.
- 유압펌프의 용량은 압력과 토출량으로 표시한다.
- 종류
  - 회전식 : 기어펌프, 베인펌프, 나사펌프
  - 왕복식 : 피스톤(플런저)펌프

01. 유압펌프의 기능을 설명한 것 중 맞는 것은?

① 유압에너지를 동력으로 전환한다.
② 원동기의 기계적 에너지를 유압에너지로 전환한다.
③ 어큐뮬레이터와 동일한 기능이다.
④ 유압회로내의 압력을 측정하는 기구이다.

02. 유압펌프의 용량을 나타내는 방법은?

① 주어진 압력과 그 때의 오일 무게로 표시
② 주어진 속도와 그 때의 토출압력으로 표시
③ 주어진 압력과 그 때의 토출량으로 표시
④ 주어진 속도와 그 때의 점도로 표시

03. 유압 펌프의 종류가 아닌 것은?

① 기어펌프   ② 진공펌프
③ 베인펌프   ④ 피스톤펌프

04. 다음 중에서 유압장치에 주로 사용되지 않는 것은?

① 베인펌프   ② 피스톤펌프
③ 분사펌프   ④ 기어펌프

082 플런저(피스톤)펌프

- 플런저가 실린더 내를 왕복운동하면서 유체를 흡입·송출하는 방식의 펌프로, 최근에 많이 사용되고 있다.
- 특징
  - 유압펌프 중 가장 고압, 고효율이다.
  - 가변용량의 제어가 가능하다.
  - 피스톤은 왕복운동을 하고, 축은 회전 또는 왕복운동을 한다.
  - 가격이 고가이며 펌프 용량이 크다.
  - 구조가 복잡하고 수리가 어렵다.
  - 베어링에 부하가 크다.

01. 일반적으로 유압펌프 중 가장 고압, 고효율인 것은?

① 베인 펌프   ② 플런저 펌프
③ 2단 베인 펌프   ④ 기어 펌프

02. 피스톤 펌프의 특징 중 맞지 <u>않은</u> 것은?

① 일반적으로 토출압력이 높다.
② 펌프 효율이 높다.
③ 구조가 간단하고 값이 싸다.
④ 베어링에 부하가 크다.

03. 플런저식 유압펌프의 특징이 <u>아닌</u> 것은?

① 기어펌프에 비해 최고 압력이 높다.
② 피스톤이 회전운동을 한다.
③ 축은 회전 또는 왕복 운동을 한다.
④ 가변용량이 가능하다.

083 유압펌프의 소음이 발생하는 원인

- 오일 속에 공기가 들어 있을 때
- 오일의 양이 적을 때
- 오일의 점도가 너무 높을 때
- 펌프의 회전 속도가 너무 빠를 때
- 스트레이너가 막혀 흡입용량이 너무 작아졌을 때
- 엔진과 펌프 축 간의 편심 오차가 클 때

01. 유압펌프가 작동 중 소음이 발생할 때의 원인으로 틀린 것은?

① 릴리프 밸브 출구에서 오일이 배출되고 있다.
② 스트레이너가 막혀 흡입용량이 너무 작아졌다.
③ 펌프흡입관 접합부로부터 공기가 유입된다.
④ 펌프 축의 편심 오차가 크다.

02. 유압펌프에서 소음이 발생하는 원인이 <u>아닌</u> 것은?

① 오일 속에 공기가 들어 있을 때
② 펌프의 속도가 느릴 때
③ 오일의 양이 적을 때
④ 오일의 점도가 너무 높을 때

03. 기어식 유압펌프에서 소음이 나는 원인이 <u>아닌</u> 것은?

① 오일량의 과다   ② 펌프의 베어링 마모
③ 흡입 라인의 막힘   ④ 오일의 과부족

084 유압제어밸브

- 유압 실린더와 유압 모터의 기능에 맞게 유압유의 압력, 속도, 방향을 제어하는 밸브이다.
- 종류
  - 압력제어밸브 : 릴리프, 언로드(무부하), 리듀싱(감압), 시퀀스(순차작동), 카운터 밸런스
  - 유량제어밸브 : 니들, 디셀러레이션(감속), 스로틀(교축), 분류
  - 방향제어밸브 : 체크, 셔틀, 스풀

01. 유압장치에서 유압의 제어방법이 <u>아닌</u> 것은?

① 압력제어   ② 방향제어
③ 속도제어   ④ 유량제어

02. 유량제어 밸브가 <u>아닌</u> 것은?

① 유량조정 밸브   ② 체크 밸브
③ 교축 밸브   ④ 분류 밸브

03. 압력제어 밸브의 종류가 <u>아닌</u> 것은?

① 릴리프 밸브　　　② 감압 밸브
③ 시퀀스 밸브　　　④ 스로틀 밸브

04. 회로 내 유체의 흐름 방향을 제어하는데 사용되는 밸브는?

① 교축 밸브　　　② 셔틀 밸브
③ 감압 밸브　　　④ 순차 밸브

085 릴리프 밸브

- 유압이 규정치보다 높아질 때 작동하여 계통을 보호한다.
- 펌프의 토출 측에 위치하여 회로 전체의 압력을 제어한다.
- 릴리프 밸브의 설정 압력이 불량하면 유압건설기계의 고압호스가 자주 파열된다.
- 종류 : 직동형, 평형, 피스톤형

01. 유압 회로의 최고압력을 제한하는 밸브로서, 회로의 압력을 일정하게 유지시키는 밸브는?

① 첵 밸브　　　② 감압 밸브
③ 릴리프 밸브　　　④ 카운터밸런스 밸브

02. 유압건설기계의 고압호스가 자주 파열되는 원인으로 가장 적합한 것은?

① 유압펌프의 고속 회전
② 오일의 점도 저하
③ 릴리프밸브의 설정 압력 불량
④ 유압모터의 고속 회전

03. 직동형, 평형, 피스톤형 등의 종류가 있으며 회로의 압력을 일정하게 유지시키는 밸브는?

① 릴리프 밸브　　　② 무부하 밸브
③ 시퀀스 밸브　　　④ 메이크업 밸브

086 시퀀스 밸브

- 2개 이상의 분기 회로를 갖는 회로 내에서 작동순서를 회로의 압력 등에 의하여 제어한다.
- 유압회로의 압력에 의해 유압 액추에이터의 작동 순서를 제어한다.
- 각 유압 실린더를 일정한 순서로 순차 작동시키고자 할 때 사용한다.

01. 2개 이상의 분기 회로를 갖는 회로 내에서 작동순서를 회로의 압력 등에 의하여 제어하는 밸브는?

① 첵 밸브(check valve)
② 시퀀스 밸브(sequence valve)
③ 한계 밸브(limit valve)
④ 서보 밸브(servo valve)

02. 유압회로의 압력에 의해 유압 액추에이터의 작동 순서를 제어하는 밸브는?

① 언로더 밸브　　　② 시퀀스 밸브
③ 감압 밸브　　　④ 릴리프 밸브

087 체크 밸브

- 유압회로에서 역류를 방지하고 회로 내의 잔류압력을 유지한다.
- 유압유의 흐름을 한쪽으로만 허용하고 반대방향의 흐름을 제어한다.

01. 유압회로에서 역류를 방지하고 회로 내의 잔류압력을 유지하는 밸브는?

① 첵 밸브　　　② 셔틀 밸브
③ 매뉴얼 밸브　　　④ 스로틀 밸브

02. 유압유의 흐름을 한쪽으로만 허용하고 반대방향의 흐름을 제어하는 밸브는?

① 릴리프 밸브
② 첵 밸브
③ 카운터 밸런스 밸브
④ 매뉴얼 밸브

088 액추에이터

- 유압펌프를 통해 송출된 유압에너지(힘)를 직선운동이나 회전운동을 통하여 기계적 에너지(일)로 변환한다.
- 직선운동을 하는 유압실린더와 회전운동을 하는 유압모터가 있다.
- 액추에이터의 작동속도는 유량과 밀접한 관련이 있다.

01. 유압유의 압력에너지(힘)를 기계적 에너지(일)로 변환시키는 작용을 하는 장치는?

① 유압펌프　　　　② 유압밸브
③ 어큐물레이터　　④ 액추에이터

02. 유압 액추에이터의 기능에 대한 설명으로 맞는 것은?

① 유압의 방향을 바꾸는 장치이다.
② 유압을 일로 바꾸는 장치이다.
③ 유압의 빠르기를 조정하는 장치이다.
④ 유압의 오염을 방지하는 장치이다.

03. 액추에이터(actuator)의 작동속도와 가장 관계가 깊은 특성은?

① 압력　　　　　② 온도
③ 유량　　　　　④ 점도

089 유압실린더

- 유압펌프를 통해 송출된 유압에너지에 의해 직선 운동을 하는 장치이다.
- 구성부품 : 피스톤, 피스톤 로드, 실, 실린더, 쿠션기구 등
- 종류
  - 단동식 : 피스톤형, 램형, 플런저형
  - 복동식 : 싱글로드형(편로드형), 더블로드형(양로드형)
  - 다단식

01. 건설기계에 사용되는 유압 실린더의 구성 부품이 아닌 것은?

① 어큐물레이터(축압기)
② 로드
③ 피스톤
④ 실(seal)

02. 일반적인 유압 실린더의 종류에 해당하지 않는 것은?

① 단동 실린더 피스톤(piston) 형
② 단동 실린더 램(ram) 형
③ 단동 실린더 레이디얼(radial) 형
④ 복동 실린더 양로드(double rod) 형

03. 유압 실린더에서 피스톤 행정이 끝날 때 발생하는 충격을 흡수하기 위해 설치하는 장치는?

① 쿠션기구　　　　② 압력보상 장치
③ 서보 밸브　　　　④ 스로틀 밸브

090 유압모터

- 유압장치에서 유압 에너지에 의해 연속적으로 회전 운동을 하는 장치이다.
- 종류　기어형, 베인형, 플런저형(레이디얼형, 액시얼형)
- 특징
  - 속도나 방향의 제어가 용이하다.
  - 변속, 역전의 제어도 용이하다.
  - 넓은 범위의 무단변속이 용이하다.
  - 소형·경량으로서 큰 출력을 낼 수 있다.
  - 구조가 간단하고 작동이 신속, 정확하다.

01. 유압 모터의 종류가 아닌 것은?

① 기어 모터　　　　② 베인 모터
③ 피스톤 모터　　　④ 직권형 모터

02. 유압모터의 가장 큰 특징은?

① 간접적으로 회전력을 얻는다.
② 유량 조정이 용이하다.
③ 무단변속이 용이하다.
④ 기름의 누출이 많다.

03. 유압모터의 장점이 될 수 없는 것은?

① 소형·경량으로서 큰 출력을 낼 수 있다.
② 공기와 먼지 등이 침투하여도 성능에는 영향이 없다.
③ 변속·역전의 제어도 용이하다.
④ 속도나 방향의 제어가 용이하다.

091 유압탱크

• 유압회로 내에 들어가거나 되돌아오는 유압유 오일을 저장하는 탱크이다.
• 유압탱크의 구비조건
  - 적당한 크기의 주유구 및 스트레이너를 설치한다.
  - 드레인 플러그, 배플 및 유면계를 설치한다.
  - 오일에 이물질이 혼입되지 않도록 밀폐 되어야 한다.
  - 유면은 적정위치 "F"에 가깝게 유지하여 한다.
  - 발생한 열을 발산할 수 있어야 한다.
  - 공기 및 이물질을 오일로부터 분리할 수 있어야한다.
  - 탱크의 크기는 정지할 때 되돌아오는 오일량의 용량보다 크게 한다.

01. 유압탱크의 구비 조건이 아닌 것은?

① 적당한 크기의 주유구 및 스트레이너를 설치한다.
② 드레인(배출밸브) 및 유면계를 설치한다.
③ 오일에 이물질이 혼입되지 않도록 밀폐 되어야 한다.
④ 오일 냉각을 위한 쿨러를 설치한다.

02. 유압장치에서 오일탱크의 구비조건이 아닌 것은?

① 유면은 적정위치 "F"에 가깝게 유지하여 한다.
② 발생한 열을 발산할 수 있어야 한다.
③ 공기 및 이물질을 오일로부터 분리할 수 있어야 한다.
④ 탱크의 크기는 정지할 때 되돌아오는 오일량의 용량과 동일하게 한다.

03. 일반적인 오일탱크 내의 구성품이 아닌 것은?

① 압력조절기   ② 스트레이너
③ 드레인 플러그   ④ 배플

092 어큐뮬레이터(Accumulator, 축압기)

• 유압펌프에서 발생한 유압 에너지를 저장하고, 충격을 흡수하며, 맥동을 소멸시키는 장치이다.
• 종류
  - 스프링형 : 스프링 하중식
  - 공기압축형 : 피스톤식, 다이어프램식, 블래더식
• 블래더식 축압기의 고무주머니 내에는 질소가 주입된다.

01. 유압 에너지의 저장, 충격흡수 등에 이용되는 장치는?

① 축압기(accumulator)
② 스트레이너(strainer)
③ 펌프(pump)
④ 오일 탱크(oil tank)

02. 축압기(어큐뮬레이터)의 기능과 관계가 없는 것은?

① 충격 압력 흡수
② 유압 에너지 축적
③ 릴리프 밸브 제어
④ 유압 펌프 맥동 흡수

03. 유압장치에 사용되는 블래더형 어큐뮬레이터(축압기)의 고무주머니 내에 주입되는 물질로 맞는 것은?

① 압축공기   ② 유압 작동유
③ 스프   ④ 질소

093 오일 실(Oil Seal)

• 유압장치에서 오일의 누설을 방지하기 위한 부품이다.
• 유압 작동부에서 오일이 새고 있을 때 우선적으로 점검해야 한다.
• 움직이는 실은 패킹, 고정적인 실은 개스킷이라고 한다.

01. 유압작동부에서 오일이 새고 있을 때 가장 먼저 점검해 보아야 하는 것은?

① 밸브(valve)   ② 기어(gear)
③ 플런저(plunger)   ④ 실(seal)

02. 유압계통에서 오일의 누설 점검 시 유의 사항이 아닌 것은?

① 오일의 윤활성　② 실(seal)의 마모
③ 실(seal)의 파손　④ 볼트의 이완

03. 실(seal)의 구분에서 밀봉장치 중 고정 부분에만 사용되는 것으로 정확하게 표현된 것은?

① 패킹　　　　　② 로드 실
③ 개스킷　　　　④ 메커니컬 실

094 유압회로

• 유압유를 통해 에너지를 전달하기 위해서 각종 유압기기 등을 조립하여 연결시킨 장치이다.
• 종류
　- 압력제어 회로 : 시퀀스, 무부하, 카운터밸런스 등
　- 속도제어 회로 : 미터 인, 미터 아웃, 블리드 오프 등
　- 방향제어 회로 : 로킹, 안전장치, 자동운전 등
• 유압회로 내에서 작동지연 방지, 신속한 조작가능, 오일 누출 방지 등을 위해 잔압을 설정해 둔다.

01. 유압회로에서 속도제어회로에 속하는 것이 아닌 것은?

① 블리드 오프　　② 미터 아웃
③ 미터 인　　　　④ 시퀀스

02. 유압회로에서 유량제어를 통하여 작업속도를 조절하는 방식에 속하지 않는 것은?

① 미터 인(meter in) 방식
② 미터 아웃(meter out) 방식
③ 브리드 오프(bleed off) 방식
④ 블리드 온(bleed on) 방식

03. 유압회로 내에 잔압을 설정해두는 이유로 가장 적절한 것은?

① 제동 해제방지　② 유로 파손방지
③ 오일 산화방지　④ 작동 지연방지

095 리프트 실린더

• 포크를 상승 또는 하강시킨다.
• 단동식 유압실린더이다.
• 포크가 상승할 때는 실린더에 유압이 가해진다.
• 포크가 하강할 때는 실린더에 유압이 가해지지 않고, 포크나 적재물의 자체중량에 의한다.

01. 지게차의 리프트 실린더의 역할은?

① 마스터를 틸트시킨다.
② 마스터를 이동시킨다.
③ 포크를 상승, 하강시킨다.
④ 포드를 앞뒤로 기울게 한다.

02. 지게차의 리프트 실린더에 사용하는 유압실린더로 적합한 것은?

① 단동식　　　　② 복동식
③ 복합식　　　　④ 수평식

096 틸트 실린더

• 마스트를 전경 또는 후경으로 작동시킨다.
• 마스트와 프레임 사이에 설치된 2개의 복동식 유압 실린더 이다.
• 틸트 레버를 밀고 당길 때 모두 틸트 실린더에 유압이 가해진다.

01. 지게차에서 틸트 실린더의 역할은?

① 포크의 상·하 이동
② 차체 수평유지
③ 마스트 앞·뒤 경사각 유지
④ 차체 좌·우 회전

02. 지게차의 틸트 실린더에 사용하는 유압 실린더의 형식은?

① 단동식　　　　② 왕복식
③ 복동식　　　　④ 복합식

097 지게차의 조종레버

- 리프트 레버 : 포크를 상승 또는 하강시킨다.
  - 레버를 앞으로 밀면 포크가 하강한다.
  - 레버를 뒤로 당기면 포크가 상승한다.
- 틸트 레버 : 마스트를 앞, 뒤로 경사시킨다.
  - 레버를 앞으로 밀면 마스트는 앞쪽으로 기운다.
  - 레버를 뒤로 당기면 마스트는 뒤쪽으로 기운다.
- 부수장치 레버
  - 부수장치를 설치할 경우 설치되는 레버이다.
  - 포크 포지셔너 레버가 여기에 해당한다.
- 주행 레버
  - 전·후진 레버 : 레버를 앞으로 밀면 전진하고, 뒤로 당기면 후진한다.
  - 변속 레버 : 저속 또는 고속 기어의 변속에 사용한다.

01. 지게차의 좌측레버를 당기면 포크가 상승, 하강하는 장치는?

① 리프트 레버   ② 고저속 레버
③ 틸트 레버   ④ 전후진 레버

02. 지게차의 전경각과 후경각은 조종사가 적절하게 선정하여 작업을 하여야 하는데 이를 조정하는 레버는?

① 전후진 레버   ② 리프트 레버
③ 틸트 레버   ④ 변속 레버

03. 지게차 마스트 작업 시 조종레버가 3개 이상일 경우 좌측으로부터 그 설치 순서가 바르게 나열된 것은?

① 틸트 레버, 부수장치 레버, 리프트 레버
② 리프트 레버, 부수장치 레버, 틸트 레버
③ 리프트 레버, 틸트 레버, 부수장치 레버
④ 틸트 레버, 리프트 레버, 부수장치 레버

04. 지게차의 운전장치를 조작하는 동작의 설명으로 **틀린** 것은?

① 전·후진 레버를 앞으로 밀면 후진이 된다.
② 틸트 레버를 뒤로 당기면 마스트는 뒤로 기운다.
③ 리프트 레버를 앞으로 밀면 포크가 내려간다.
④ 전·후진 레버를 뒤로 당기면 후진이 된다.

098 동력전달순서

- 클러치식 지게차
  엔진 → 클러치 → 변속기 → 종감속 기어 및 차동장치 → 앞구동축 → 차륜
- 토크 컨버터식 지게차
  엔진 → 토크컨버터 → 변속기 → 종감속 기어 및 차동장치 → 앞구동축 → 차륜
- 전동식 지게차
  배터리 → 컨트롤러 → 구동모터 → 변속기 → 종감속 기어 및 차동장치 → 앞구동축 → 차륜

01. 클러치식 지게차 동력 전달 순서는?

① 엔진 → 클러치 → 변속기 → 종감속기어 및 차동장치 → 앞구동축 → 차륜
② 엔진 → 변속기 → 클러치 → 종감속기어 및 차동장치 → 앞구동축 → 차륜
③ 엔진 → 클러치 → 종감속기어 및 차동장치 → 변속기 → 앞구동축 → 차륜
④ 엔진 → 변속기 → 클러치 → 앞구동축 → 종감속기어 및 차동장치 → 차륜

099 조향장치

- 지게차의 주행 중 운전자가 그 진행방향을 임의로 바꾸기 위한 장치이다.
- 지게차는 안전을 위하여 뒷바퀴 조향방식을 채택한다.
- 지게차의 조향장치의 원리는 애커먼 장토식을 사용한다.

01. 지게차의 일반적인 조향방식은?

① 앞바퀴 조향방식이다.
② 허리꺾기 조향방식이다.
③ 작업조건에 따라 바꿀 수 있다.
④ 뒷바퀴 조향방식이다.

02. 지게차의 조향장치 원리는 무슨 형식인가?

① 애커먼 장토식   ② 포토래스 형
③ 전부동식   ④ 빌드업형

100 제동장치

- 주행 중인 지게차를 감속 또는 정지시키거나 정지된 지게차가 더 이상 움직이지 않도록 하기 위한 장치이다.
- 유압식 브레이크의 원리는 파스칼의 원리이다.
- 브레이크 페달의 원리는 지렛대의 원리를 이용한다.
- 지게차 제동장치의 마스터 실린더 조립 시, 세척제로는 브레이크 액(브레이크 오일)이 사용된다.

01. 지게차의 유압식 브레이크와 브레이크 페달은 어떤 원리를 이용한 것인가?

① 지렛대 원리, 애커먼 장토식 원리

② 파스칼 원리, 지렛대 원리

③ 랙크 피니언 원리, 애커먼 장토식 원리

④ 랙크 피니언 원리, 파스칼 원리

02. 지게차 제동장치의 마스터 실린더 조립 시 무엇으로 세척하는 것이 좋은가?

① 솔벤트   ② 브레이크 액

③ 석유   ④ 경유

CHAPTER
11
최신기출문제
5회분

01. 소화하기 힘든 정도로 화재가 진행된 현장에서 제일 먼저 취하여야 할 조치사항으로 가장 올바른 것은?

① 소화기 사용　　② 화재 신고
③ 인명 구조　　④ 경찰서에 신고

> 해 어떠한 재해가 발생하더라도 가장 먼저 선행되어야 하는 것은 인명을 구조하는 것이다.

02. 산업안전에서 안전의 3요소와 가장 거리가 먼 것은?

① 관리적 요소　　② 자본적 요소
③ 기술적 요소　　④ 교육적 요소

> 해 산업안전의 3요소는 기술적 요소, 교육적 요소, 관리적 요소 이다.

03. 안전 보호구를 선택 시 유의사항으로 틀린 것은?

① 보호구 검정에 합격하고 보호성능이 보장될 것
② 반드시 강철로 제작되어 안전 보장형일 것
③ 작업 행동에 방해되지 않을 것
④ 착용이 용이하고 크기 등 사용자에게 편리할 것

> 해 보호구는 보호구 검정에 합격하고 보호성능이 보장되면 되는 것이지, 반드시 강철로 제작될 필요는 없다.

04. 보호구는 반드시 한국 산업안전 보건공단으로부터 보호구 검정을 받아야 한다. 검정을 받지 않아도 되는 것은?

① 안전모　　② 방한복
③ 안전장갑　　④ 보안경

> 해 보호구는 감전되거나 전기화상을 입을 위험이 있는 작업에서 제일 먼저 작업자가 구비해야 하는데... 보호구는 반드시 한국 산업안전 보건공단으로부터 보호구 검정을 받아야 하지만, 방한복은 검정을 받지 않아도 된다.

05. 다음 그림의 안전표지판이 나타내는 것은?

① 비상구　　② 출입금지
③ 인화성 물질 경고　　④ 보안경 착용

06. 현장에서 작업자가 작업 안전상 꼭 알아두어야 할 사항은?

① 장비의 가격
② 종업원의 작업 환경
③ 종업원의 기술 정도
④ 안전 규칙 및 수칙

> 해 안전수칙은 작업현장에서 작업자가 작업 시 작업 안전상 사고 예방을 위하여 반드시 알아두어야 할 중요한 사항이다.

07. 안전점검의 종류에 해당되지 <u>않는</u> 것은?

① 수시점검 　　② 정기점검
③ 특별점검 　　④ 구조점검

해 안전점검의 종류에는 일상(수시)점검, 정기점검, 특별점검이 있다.

08. 크레인 작업 방법 중 적합하지 <u>않은</u> 것은?

① 경우에 따라서는 수직방향으로 달아 올린다.
② 신호수의 신호에 따라 작업한다.
③ 제한하중 이상의 것은 달아 올리지 않는다.
④ 항상 수평으로 달아 올려야 한다.

해 원목처럼 길이가 긴 화물은 수직방향으로 달아 올린다.

09. 다음에서 가스 용기의 도색으로 모두 맞는 것은?

┌─────────────────────────────────────┐
│ ㉠ 산소 - 녹색　㉡ 수소 - 흰색　㉢ 아세틸렌 - 노란색 │
└─────────────────────────────────────┘

① ㉠ 　　　　　② ㉡, ㉢
③ ㉠, ㉢ 　　　④ ㉠, ㉡, ㉢

해 가스용기의 도색은 산소 - 녹색, 아세틸렌 - 황색(노란색)이다.

10. 일반적으로 장갑을 착용하고 작업을 하게 되는데, 안전을 위해서 오히려 장갑을 사용하지 않아야 하는 작업은?

① 전기 용접 작업 　② 해머작업
③ 타이어 교환 작업 　④ 건설기계운전

해 연삭 작업, 해머 작업, 정밀기계 작업, 드릴 작업 등은 미끄러지거나 장갑이 공구에 말려드는 등의 위험 때문에 장갑을 착용하지 않아야 한다.

11. 스패너를 사용할 때 올바른 것은?

① 스패너 입이 너트의 치수보다 큰 것을 사용해야 한다.
② 스패너를 해머로 사용한다.
③ 너트를 스패너에 깊이 물리고 조금씩 앞으로 당기 는 식으로 풀고 조인다.
④ 너트에 스패너를 깊이 물리고 조금씩 밀면서 풀고 조인다.

해 스패너는 볼트 · 너트에 잘 결합하고, 앞으로 잡아당길 때 힘이 걸리도록 한다.

12. 감전사고 예방을 위한 주의사항의 내용으로 <u>틀린</u> 것은?

① 젖은 손으로는 전기 기기를 만지지 않는다.
② 코드를 뺄 때는 반드시 플러그의 몸체를 잡고 뺀다.
③ 전력선에 물체를 접촉하지 않는다.
④ 220V는 단상이고, 저압이므로 생명의 위협은 없다.

해 감전되었을 때 위험정도는 인체에 전류가 (흐른 시간, 흐른 전류의 크기, 통과한 경로) 등으로 결정되므로, 220V라도 전류가 흐른 시간 또는 크기 등에 의해 생명에 위협이 될 수 있다.

13. 일상 점검정비 작업 내용에 속하지 <u>않는</u> 것은?

① 엔진 오일량
② 에어클리너 점검
③ 라디에이터 냉각수량
④ 연료 분사노즐 압력

해 연료 분사노즐 압력, 연료 분사량 등에 대한 정비작업은 고도의 기술을 요하는 부분이므로… 전문 정비업체의 정비업자가 행한다.

14. 타이어식 건설기계장비에서 조향 핸들의 조작을 가볍고 원활하게 하는 방법으로 <u>틀린</u> 것은?

① 동력조향을 사용한다.
② 바퀴의 정렬을 정확히 한다.
③ 타이어의 공기압을 적정압으로 한다.
④ 종감속 장치를 사용한다.

🔲 종감속 장치는 엔진의 회전 동력을 구동바퀴에 전달하는 장치로, 이는 조향핸들의 조작과 직접적인 관련이 없다.

15. 건설기계장비 작업 시 계기판에서 냉각수의 경고등이 점등되었을 때 운전자로서 가장 적합한 조치는?

① 오일량을 점검한다.
② 작업이 모두 끝나면 곧 바로 냉각수를 보충한다.
③ 작업을 중지하고 점검 및 정비를 받는다.
④ 라디에이터를 교환한다.

🔲 계기판에서 냉각수의 경고등이 점등되었다면, 즉시 작업을 중단하고 냉각장치 계통을 점검 및 정비한다.

16. 기동전동기 취급 시 주의사항으로 <u>틀린</u> 것은?

① 기동전동기의 회전속도가 규정 이하이면 오랜 시간 연속회전 시켜도 시동이 되지 않으므로 회전속도에 유의해야 한다.
② 기관이 시동된 상태에서 시동스위치를 켜서는 안 된다.
③ 기동전동기의 연속 사용 기간은 60초 정도로 한다.
④ 전선 굵기는 규정 이하의 것을 사용하면 안 된다.

🔲 기동전동기를 취급할 때, 기동전동기는 10초 이상 연속 사용하지 않는다.

17. 지게차로 가파른 경사지에서 적재물을 운반할 때에는 어떤 방법이 좋겠는가?

① 기어의 변속을 중립에 놓고 내려온다.
② 지그재그로 회전하여 내려온다.
③ 기어의 변속을 저속상태로 놓고 후진으로 내려온다.
④ 적재물을 앞으로 하여 천천히 내려온다.

🔲 내리막에서 지게차로 적재물을 운반할 때에는 기어의 변속을 저속상태로 놓고 후진으로 운행한다.

18. 지게차의 적재화물이 크고 현저하게 시계를 방해할 때 운전자의 운전방법으로 <u>틀린</u> 것은?

① 후진으로 주행한다.
② 필요시 경적을 울리면서 서행을 한다.
③ 적재물을 높이 들고 주행한다.
④ 유도자를 붙여 차를 유도한다.

🔲 지게차로 적재물을 높이 들고 주행하면 적재물의 낙하 위험으로 사고가 발생할 확률이 높으므로 지양해야 한다.

19. 지게차의 화물 운반 방법 중 <u>틀린</u> 것은?

① 운반 중 마스트를 뒤로 4° 가량 경사시킨다.
② 경사지 화물운반 시 내리막 시는 후진으로, 오르막 시는 전진으로 운행한다.
③ 운전 중 포크를 지면에서 20 ~ 30cm정도 유지한다.
④ 화물 적재운반 시는 항상 후진으로 운행한다.

🔲 지게차로 화물을 적재ㆍ운반할 때에는 전진 또는 후진으로 운행한다.

20. 지게차 운행 시 주의사항으로 옳지 <u>않은</u> 것은?

① 후진 시는 반드시 뒤를 살필 것

② 전·후진 변속시는 장비가 정지된 상태에서 행할 것

③ 주·정차시는 반드시 주차브레이크를 고정시킬 것

④ 이동시는 포크를 반드시 지상에서 높이 들고 이동할 것

해 지게차가 화물을 적재하고 주행할 때에 포크는 지면에서 20~30cm정도 유지한다.

21. 건설기계 관리법의 목적으로 가장 적합한 것은?

① 건설기계의 동산 신용증진

② 건설기계 사업의 질서 확립

③ 공로 운행상의 원활기여

④ 건설기계의 효율적인 관리

해 건설기계 관리법의 목적은 건설기계를 효율적으로 관리하고 건설기계의 안전도를 확보하여 건설공사의 기계화를 촉진함을 목적으로 한다.

22. 건설기계 등록자가 다른 시·도로 변경되었을 경우 해야 할 사항은?

① 등록사항 변경 신고를 하여야 한다.

② 등록이전 신고를 하여야 한다.

③ 등록증을 당해 등록처에 제출한다.

④ 등록증과 검사증을 등록처에 제출한다.

해 건설기계의 소유자는 등록한 주소지 등에 시·도간의 변경이 있는 경우 새로운 등록지를 관할하는 시·도지사에게 등록이전 신고하여야 한다.

23. 정기검사연기신청을 하였으나 불허통지를 받은 자는 언제까지 정기 검사를 신청하여야 하는가?

① 불허통지를 받은 날부터 5일 이내.

② 불허통지를 받은 날부터 10일 이내.

③ 정기검사신청기간 만료일부터 5일 이내.

④ 정기검사신청기간 만료일부터 10일 이내.

해 정기검사연기신청을 하였으나 불허통지를 받은 자는 검사신청기간 만료일부터 10일 이내에 검사신청을 하여야 한다.

24. 건설기계조종사 면허가 취소되었을 경우 그 사유가 발생한 날로부터 며칠이내에 면허증을 반납해야 하는가?

① 10일 이내　　② 30일 이내

③ 14일 이내　　④ 7일 이내

해 건설기계조종사면허를 받은 자는 건설기계조종사 면허증 반납 사유가 발생한 날부터 10일 이내에 시장·군수 또는 구청장에게 면허증을 반납하여야 한다.

25. 1년 간 벌점에 대한 누산점수가 최소 몇 점 이상이면 운전면허가 취소되는가?

① 190　　② 271

③ 121　　④ 201

해 1회의 위반·사고로 인한 벌점 또는 연간 누산점수가 1년간 121점 이상에 도달한 때 운전면허는 취소된다.

26. 그림의 교통안전표지는?

① 우로 이중 굽은 도로
② 좌우로 이중 굽은 도로
③ 좌로 굽은 도로
④ 회전형 교차로

27. 정비 명령을 이행하지 아니한 자에 대한 벌칙은?

① 1년 이하의 징역 또는 100만원 이하의 벌금
② 100만원 이하의 벌금
③ 50만원 이하의 벌금
④ 30만원 이하의 과태료

해 정비 명령을 이행하지 아니한 자는 100만원 이하의 벌금에 처한다.

28. 앞지르기를 할 수 없는 경우에 해당 되는 것은?

① 앞차의 좌측에 다른 차가 나란히 진행하고 있을 때
② 앞차가 우측으로 진로를 변경하고 있을 때
③ 앞차가 그 앞차와의 안전거리를 확보하고 있을 때
④ 앞차가 양보 신호를 할 때

해 앞지르기는 통상적으로 앞차의 좌측으로 진행하므로, 앞차의 좌측에 다른 차가 앞차와 나란히 가고 있는 경우에는 앞지르기를 할 수 없다.

29. 승차인원·적재중량에 관하여 안전기준을 넘어서 운행하고자 하는 경우 누구에게 허가를 받아야 하는가?

① 출발지를 관할하는 경찰서장
② 시·도지사
③ 절대 운행 불가
④ 국토해양부 장관

해 모든 차의 운전자는 승차 인원, 적재중량 및 적재용량에 관하여 운행상의 안전기준을 넘어서 승차시키거나 적재한 상태로 운전하여서는 아니 된다. (단, 출발지를 관할하는 경찰서장의 허가를 받은 경우에는 가능)

30. 지게차를 마스트 유압라인 고장으로 견인하려고 하는 경우 조치사항으로 틀린 것은?

① 지게차에 견인봉을 연결하고 속도는 2km/h 이하로 운행한다.
② 안전주차 후 후면 안전거리에 고장표시판을 설치한다.
③ 포크를 마스트에 고정하고 주차브레이크를 푼다.
④ 시동은 켠 상태로 상용브레이크의 페달을 놓는다.

해 지게차의 마스트 유압라인 고장으로 견인 시에는 시동스위치를 off로 한다.

31. 피스톤의 운동 방향이 바뀔 때 실린더 벽에 충격을 주는 현상을 무엇이라고 하는가?

① 피스톤 스틱(stick) 현상
② 피스톤 슬랩(slap) 현상
③ 블로바이(blow by) 현상
④ 슬라이드(slide) 현상

해 피스톤 슬랩 현상은 피스톤이 실린더 벽에 충격을 주는 것이며, 피스톤 스틱 현상은 피스톤이 녹아 실린더에 눌러 붙는 것이다.

32. 디젤기관의 전기장치에 없는 것은?

① 스파크플러그　　② 글로우 플러그
③ 축전지　　　　　④ 솔레노이드 스위치

🔳 디젤기관은 전기점화기관이 아니므로, 점화와 관련된 부품[점화플러그, 배전기 등]은 필요 없다.

33. 디젤기관을 정지시키는 방법으로 가장 적합한 것은?

① 초크밸브를 닫는다.
② 연료공급을 차단한다.
③ 기어를 넣어 기관을 정지한다.
④ 축전지에 연결된 전선을 끊는다.

🔳 디젤기관은 연료공급을 차단하여 4행정 사이클의 진행이 중단되거나, 배기밸브를 개방하여 연소실내의 압력이 없어지면 정지한다.

34. 디젤기관에서 조속기가 하는 역할은?

① 분사시기 조정　　② 분사량 조정
③ 분사압력 조정　　④ 착화성 조정

🔳 디젤기관에서 조속기는 연료의 분사량을 조정한다.

35. 기관에 사용되는 윤활유 사용 방법으로 옳은 것은?

① 계절과 윤활유 SAE 번호는 관계가 없다.
② 겨울은 여름보다 SAE 번호가 큰 윤활유를 사용한다.
③ SAE 번호는 일정하다.
④ 여름은 겨울보다 SAE 번호가 큰 윤활유를 사용한다.

🔳 SAE(Society Automotive Engineers) 분류
1. 오일의 점도에 의해 분류한 것이다.
2. SAE 번호로 표시하며, 번호가 클수록 점도가 높다.

계절	겨울	봄 · 가을	여름
SAE 번호	10~20	30	40~50

36. 예열플러그를 빼서 보았더니 심하게 오염 되었다.그 원인으로 가장 적합한 것은?

① 불완전 연소 또는 노킹
② 언진 과열
③ 플러그의 용량 과다
④ 냉각수 부족

🔳 예열플러그는 불완전 연소 또는 노킹이 발생하였을 때 심하게 오염된다.

37. 전류의 3대작용이 아닌 것은?

① 발열작용　　② 자기작용
③ 물리작용　　④ 화학작용

🔳 전류의 3대 작용은 발열작용, 자기작용, 화학작용이다.

38. AC 발전기에서 전류가 발생 되는 것은?

① 로터 코일　　② 레귤레이터
③ 스테이터 코일　　④ 전기자 코일

해 교류(AC) 발전기에서 로터가 전자석이 되어 회전하면, 독립된 3개의 코일이 감겨져 있는 스테이터 코일에서 전류를 발생시킨다.

39. 납산축전지의 전해액을 만들 때 올바른 방법은?

① 황산에 윤을 조금씩 부으면서 유리 막대로 젓는다.
② 황산과 물을 1:1의 비율로 동시에 붓고 잘 젓는다.
③ 증류수에 황산을 조금씩 부으면서 잘 젓는다.
④ 축전지에 필요한 양의 황산을 직접 붓는다.

해 축전지의 전해액을 제조할 때는 증류수에 황산을 조금씩 부어가면서 혼합한다. 반대로 황산에 증류수를 부으면 순간적으로 많은 열이 발생하고, 물이 날아올라 매우 위험하다.

40. 방향지시등 스위치를 작동 시 한쪽은 정상이고, 다른 한쪽은 점멸작용이 정상과 다르게(빠르게 또는 느리게) 작용한다. 고장 원인으로 가장 거리가 먼 것은?

① 전구 1개가 단선되었을 때
② 한쪽 전구소켓에 녹이 발생하여 전압강하가 있을 때
③ 좌측램프 교체 시 규정용량의 전구를 사용하지 않았을 때
④ 플래셔 유닛이 고장 났을 때

해 플래셔 유닛은 전구에 흐르는 전류를 일정한 주기로 단속하여 점멸시키는 장치로, 플래셔 유닛이 고장 나면 양쪽의 방향지시등 모두에 불빛이 들어오지 않는다.

41. 동력을 전달하는 계통의 순서를 바르게 나타낸 것은?

① 피스톤 → 커넥팅로드→ 클러치 → 크랭크축
② 피스톤 → 클러치 → 크랭크축 → 커넥팅로드
③ 피스톤 → 크랭크축→ 커넥팅로드 → 클러치
④ 피스톤 → 커넥팅로드→ 크랭크축 → 클러치

해 동력전달순서
피스톤 → 커넥팅로드→ 크랭크축 → 플라이휠 →
클러치 → 변속기 → 추진축 → 종감속장치 →
차동장치 → 구동축 → 구동바퀴

42. 유성기어 장치의 주요 부품은?

① 유성기어, 베벨기어, 선기어
② 선기어, 클러치기어, 헬리컬기어
③ 유성기어, 베벨기어, 클러치기어
④ 선기어, 유성기어, 링기어, 유성캐리어

해 유성기어 장치는… 선 기어, 링 기어, 유성 기어, 유성기어 캐리어로 구성된다.

43. 타이어에 9.00-20-14PR 로 표시된 경우 20이 의미하는 것은?

① 외경　　② 내경
③ 폭　　④ 높이

해 통상적으로 타이어의 내경 또는 외경이 타이어의 폭보다 크므로, 지문은 저압타이어에 해당한다. 저압타이어의 표시는 '타이어의 폭 - 타이어의 내경 - 플라이 수'로 하므로 20은 타이어의 내경을 의미한다.

44. 공기식 브레이크에서 브레이크슈를 직접 작동 시키는 것은?

① 릴레이 밸브 　　② 브레이크 페달
③ 캠 　　　　　　 ④ 유압

> 해 공기식 브레이크는 압축공기의 압력을 이용하여, 캠으로 작동시키는 브레이크 슈로 브레이크 드럼을 압착하여 그 마찰력으로 제동한다.

45. 밀폐된 용기 내의 일부에 가해진 압력은 어떻게 전달되는가?

① 유체 각 부분에 다르게 전달된다.
② 유체 각 부분에 동시에 같은 크기로 전달된다.
③ 유체의 압력이 돌출부분에서 더 세게 작용된다.
④ 유체의 압력이 홈 부분에서 더 세게 작용된다.

> 해 파스칼의 원리는 밀폐된 용기 속에 유체에 가한 압력은 한 방향으로만 작용하지 않고 모든 방향으로 동일하게 작용한다는 원리이다.

46. 유압오일의 온도가 상승할 때 나타날 수 있는 결과가 아닌 것은?

① 오일 누설의 저하
② 점도 저하
③ 밸브류의 기능 저하
④ 펌프 효율 저하

> 해 유압유의 온도가 상승하면 점도가 저하되어 오일이 누설되기 쉽다.

47. 유압펌프 중 토출량을 변화시킬 수 있는 것은?

① 가변 토출량형 　　② 고정 토출량형
③ 회전 토출량형 　　④ 수평 토출량형

> 해 토출량의 변화가 가능하니까 가변 토출량형 이다.

48. 압력제어 밸브는 어느 위치에서 작동하는가?

① 탱크와 펌프
② 펌프와 방향전환 밸브
③ 방향전환 밸브와 실린더
④ 실린더 내부

> 해 압력제어 밸브는 유압펌프와 방향전환 밸브 사이에 설치한다.

49. 릴리프밸브(relief valve)에서 볼(ball)이 밸브의 시트(seat)를 때려 소음을 발생시키는 현상은?

① 채터링(chatterlng) 현상
② 베이퍼록(vapor lock) 현상
③ 페이드(fade) 현상
④ 노킹(knocking) 현상

> 해 릴리프 밸브의 스프링 장력이 약화되면 볼(ball)이 밸브으 시트(seat)를 때려 소음과 진동을 발생하는 채터링 현상이 생긴다.

50. 유압조정 밸브에서 조정 스프링의 장력이 클 때 나타나는 현상은?

① 채터링 현상이 생긴다.
② 플래터 현상이 생긴다.
③ 유압이 낮아진다.
④ 유압이 높아진다.

> 해 유압조정 밸브에서 조정 스프링의 장력이 크면 유압이 높아진다.

51. 유압유의 압력에너지(힘)를 기계적 에너지(일)로 변환시키는 작용을 하는 장치는?

① 유압펌프　　② 유압밸브
③ 어큐뮬레이터　④ 액추에이터

🔲 액추에이터는 유압펌프를 통해 송출된 유압에너지(힘)를 직선운동이나 회전운동을 통하여 기계적 에너지(일)로 변환시키는 장치이다.

52. 유압 모터의 종류가 <u>아닌</u> 것은?

① 기어 모터　　② 베인 모터
③ 피스톤 모터　④ 직권형 모터

🔲 유압 모터의 종류에는 기어형, 베인형, 플런저(피스톤)형이 있다.

53. 유압장치에 사용되는 블래더형 어큐뮬레이터(축압기)의 고무주머니 내에 주입되는 물질로 맞는 것은?

① 압축공기　　② 유압 작동유
③ 스프　　　　④ 질소

🔲 공기압축형의 블래더식 축압기는 강철제의 용기에 질소기체를 봉입한 고무주머니를 넣은 구조로 되어 있다.

54. 정 용량형 유압 펌프의 기호는?

① 　②

③ 　④ (M)⊢

🔲 ① 정 용량형 유압펌프, ② 가변 용량형 유압펌프, ③ 필터류, ④ 전동기

55. 지게차의 구조 중 <u>틀린</u> 것은?

① 마스트　　　② 밸런스 웨이트
③ 틸트 레버　　④ 레킹 볼

🔲 레킹 볼은 크레인 끝에 매달린 쇠공으로, 건물을 철거할 때 주로 쓰인다.

56. 지게차에서 틸트 실린더의 역할은?

① 포크의 상·하 이동
② 차체 수평유지
③ 마스트 앞·뒤 경사각 유지
④ 차체 좌·우 회전

🔲 틸트 실린더는 마스트를 전경 또는 후경으로 작동시킨다.

57. 지게차 조종레버의 설명으로 <u>틀린</u> 것은?

① 로우어링(lowering)
② 덤핑(dumping)
③ 리프팅(lifting)
④ 틸팅(tilting)

🔲 덤핑은 덤프트럭이나 로더의 조종레버이다.

58. 깨지기 쉬운 화물이나 불안전한 화물의 낙하를 방지하기 위하여 포크상단에 상하 작동할 수 있는 압력판을 부착한 지게차는?

① 하이 마스트
② 사이드 시프트 마스트
③ 로드 스테빌라이저
④ 3단 마스트

해 로드 스테빌라이저는 깨지기 쉽거나 불안전한 화물의 낙하를 방지하기 위하여 포크상단에 상하 작동할 수 있는 압력판을 부착한 장치이다.

59. 지게차가 무부하상태에서 최대 조향각으로 운행 시 가장 바깥쪽바퀴의 접지자국 중심점이 그리는 원의 반경을 무엇이라고 하는가?

① 최대 선회 반지름
② 최소 직각 통로폭
③ 최소 회전 반지름
④ 윤간거리

해 최소회전반경(반지름)은 무부하상태에서 지게차가 선회할 때 바퀴의 중심이 그리는 궤적 중 가장 큰 반지름을 가지는 궤적의 반지름이다.

60. 지게차 제동장치의 마스터 실린더 조립 시 무엇으로 세척하는 것이 좋은가?

① 솔벤트
② 브레이크 액
③ 석유
④ 경유

해 제동장치의 마스터 실린더 조립 시에는 브레이크 액(오일)으로 세척한다.

01. 산업공장에서 재해의 발생을 줄이기 위한 방법으로 **틀린** 것은?

① 폐기물은 정해진 위치에 모아둔다.
② 공구는 소정의 장소에 보관한다.
③ 소화기 근처에 물건을 적재한다.
④ 통로나 창문 등에 물건을 세워 놓아서는 안 된다.

해 원활한 소화 작업을 위해서 소화기 근처에는 물건을 적재하여서는 안 된다.

02. ILO(국제노동기구)의 구분에 의한 근로 불능 상해의 종류 중 응급조치 상해는 며칠 간 치료를 받은 다음부터 정상작업에 임할 수 있는 정도의 상해를 의미하는가?

① 1일 미만   ② 3~5일
③ 10일 미만   ④ 2주 미만

해 응급조치 상해는 1일 미만의 치료를 받고 정상작업에 임할 수 있는 정도의 상해를 의미한다.

03. 운전 및 정비 작업시의 작업복의 조건으로 **틀린** 것은?

① 잠바형으로 상의 옷자락을 여밀 수 있는 것
② 작업용구 등을 넣기 위해 호주머니가 많은 것
③ 소매를 오무려 붙이도록 되어 있는 것
④ 소매를 손목까지 가릴 수 있는 것

해 작업복의 호주머니가 많으면, 작업 시 호주머니 안에 넣어 두었던 공구 등이 떨어져서 안전사고가 발생할 우려가 크므로, 호주머니가 적은 것이 좋다.

04. 다음 그림은 안전표지의 어떠한 내용을 나타내는가?

보안경 착용

① 지시표지   ② 금지표지
③ 경고표지   ④ 안내표지

05. 회전중인 물체를 정지시킬 때 안전한 방법은?

① 발로 정지시킨다.
② 손으로 정지시킨다.
③ 스스로 정지하도록 한다.
④ 공구로 정지시킨다.

해 회전 중인 물체는 스스로 멈추도록 해야 한다.

06. 중량물 운반에 대한 설명으로 **틀린** 것은?

① 무거운 물건을 운반할 경우 주위사람에게 인지하게 한다.
② 무거운 물건을 상승시킨 채 오랫동안 방치하지 않는다.
③ 규정 용량을 초과해서 운반하지 않는다.
④ 흔들리는 중량물은 사람이 붙잡아서 이동한다.

해 흔들리는 중량물을 사람이 붙잡아서 이동하는 것은 매우 위험하다.

07. 운반 작업을 하는 작업장의 통로에서 통과 우선순위로 가장 적당한 것은?

① 짐차 - 빈차 - 사람　② 빈차 - 짐차 - 사람
③ 사람 - 짐차 - 빈차　④ 사람 - 빈차 - 짐차

해 운반 작업장 통로에서는 짐차가 가장 우선하고, 빈차가 그 다음, 사람이 가장 나중에 통과한다.

08. 동력전달장치 중 재해가 가장 많이 일어날 수 있는 것은?

① 기어　　　　② 차축
③ 벨트　　　　④ 커플링

해 동력전달장치 중 재해는 벨트에서 가장 많이 발생한다.

09. 작업환경 개선과 가장 거리가 먼 것은?

① 채광을 좋게 한다.
② 조명을 밝게 한다.
③ 신품의 부품으로 모두 교환한다.
④ 소음을 줄인다.

해 작업환경을 개선한다는 것은 채광을 좋게 하거나, 조명을 밝게 하거나, 소음을 줄이는 등의 외부적인 환경을 향상시키는 것이다.

10. 복스 렌치를 오픈엔드렌치 보다 많이 권장하여 사용하는 가장 적합한 이유는?

① 가볍다.
② 값이 싸다.
③ 다양한 크기의 볼트 와 너트에 사용할 수 있다.
④ 볼트와 너트 주위를 완전히 싸게 되어 있어 사용 중에 미끄러지지 않는다.

해 복스 렌치는 공구의 끝부분이 볼트와 너트 주위를 완전히 싸게 되어 있어 사용 중에 미끄러지지 않아 6각 볼트, 너트를 조이고 풀 때 가장 적합하다.

11. 보기의 조정렌치 사용상 안전수칙 중 옳은 것은?

[보기]
ㄱ. 잡아당기며 작업한다.
ㄴ. 조정 죠에 당기는 힘이 많이 가해지도록 한다.
ㄷ. 볼트 머리나 너트에 꼭 끼워서 작업을 한다.
ㄹ. 조정렌치 자루에 파이프를 끼워서 작업을 한다.

① ㄱ, ㄴ　　　② ㄱ, ㄷ
③ ㄴ, ㄷ　　　④ ㄴ, ㄹ

해 조정렌치는 제한된 범위 내에서 어떠한 규격의 볼트나 너트에도 사용할 수 있고, 볼트 머리나 너트에 꼭 끼워서 잡아당기며 작업을 한다.

12. 연소의 3요소에 해당되지 않는 것은?

① 물　　　　② 공기
③ 불　　　　④ 가연물

해 연소의 3요소는 가연물, 산소공급원(공기), 점화원(불)이다.

13. 건설기계의 운전 전에 점검할 사항이 아닌 것은?

① 냉각수　　　② 연료
③ 윤활유　　　④ 크랭크샤프트

해 크랭크샤프트는 기관의 운전 중에 점검한다.

14. 브레이크를 밟았을 때 차가 한쪽방향으로 쏠리는 원인으로 가장 거리가 먼 것은?

① 브레이크 오일회로에 공기혼입
② 타이어의 좌·우 공기압이 틀릴 때
③ 드럼슈에 그리스나 오일이 붙었을 때
④ 드럼의 변형

해 브레이크 오일회로에 공기가 들어가면 기포가 형성되어 브레이크가 잘 듣지 않는데, 이는 브레이크 작동 시 차가 한쪽방향으로 쏠리는 원인과 무관하다.

15. 운전 중 엔진오일 경고등이 점등되었을 때의 원인으로 볼 수 없는 것은?

① 드레인 플러그가 열렸을 때
② 윤활계통이 막혔을 때
③ 오일필터가 막혔을 때
④ 연료필터가 막혔을 때

🔲 연료필터가 막히면 시동이 꺼지는 원인이 되는데... 이 때에는 즉시 시동을 끄고 연료장치 계통을 점검한다.

16. 지게차를 주차시킬 때 포크의 적당한 위치는?

① 지상으로부터 30cm 위치
② 지상으로부터 20cm 위치
③ 지면에 내려놓는다.
④ 아무 위치나 상관없다.

🔲 지게차를 주차시킬 때는 포크를 지면에 완전히 내려놓는다.

17. 지게차로 적재작업을 할 때 유의사항으로 틀린 것은?

① 운반하려고 하는 화물가까이가면 속도를 줄인다.
② 화물 앞에서 일단 정지한다.
③ 화물이 무너지거나 파손 등의 위험성 여부를 확인한다.
④ 화물을 높이 들어 올려 아랫부분을 확인하며 천천히 출발한다.

🔲 화물을 높이 올려 아랫부분을 확인하는 동작은 자칫 화물이 낙하할 가능성이 있으므로 매우 위험하다.

18. 지게차로 하역작업을 할 때에 전후 안정도 및 좌우 안정도로 맞는 것은?

① 전후 안정도 2% 이내, 좌우 안정도 4% 이내
② 전후 안정도 4% 이내, 좌우 안정도 6% 이내
③ 전후 안정도 6% 이내, 좌우 안정도 8% 이내
④ 전후 안정도 8% 이내, 좌우 안정도 10% 이내

🔲 지게차로 하역작업 시 전후 안정도는 4% 이내, 좌우 안정도는 6% 이내이다.

19. 지게차의 화물 운반 작업 중 가장 적당한 것은?

① 댐퍼를 뒤로 3° 정도 경사시켜서 운반한다.
② 마스트를 뒤로 4° 정도 경사시켜서 운반한다.
③ 바이브레이터를 뒤로 8° 정도 경사시켜서 운반한다.
④ 샤퍼를 뒤로 6° 정도 경사시켜서 운반한다.

🔲 지게차에 화물을 싣고 운행할 때는, 마스트를 뒤로 4°~6° 가량 경사시키고 운반한다.

20. 지게차의 작업방법 중 틀린 것은?

① 경사 길에서 내려올 때는 후진으로 진행한다.
② 주행방향을 바꿀 때에는 완전 정지 또는 저속에서 운행한다.
③ 틸트는 적재물이 백레스트에 완전히 닿도록 하고 운행한다.
④ 조향륜이 지면에서 5cm 이하로 떨어졌을 때에는 밸런스 카운터 중량을 높인다.

🔲 지게차의 적재중량이 많이 무거워서 뒷바퀴(조향륜)가 지면에서 들리는 것이므로, 적재하중을 낮추어서 조향륜이 지면에 닿게 하여야 한다.

21. 건설기계라 함은 건설공사에 사용할 수 있는 기계로서 무슨 영으로 정해져 있는가?

① 산업자원부령　　② 대통령령
③ 행정자치부령　　④ 시·도지사령

해 건설기계란 건설공사에 사용할 수 있는 기계로서 대통령령으로 정한 것이다.

22. 시·도지사는 건설기계 등록원부를 건설기계의 등록을 말소한 날 부터 몇 년간 보존하여야 하는가?

① 1년　　　　　② 2년
③ 4년　　　　　④ 10년

해 시·도지사는 건설기계 등록원부를 건설기계의 등록을 말소한 날부터 10년간 보존하여야 한다.

23. 건설기계의 구조 또는 장치를 변경하는 사항으로 적합하지 <u>않은</u> 것은?

① 관할 시·도지사에게 구조변경 승인을 받아야 한다.
② 건설기계 정비업소에서 구조 또는 장치의 변경 작업을 한다.
③ 구조변경검사를 받아야한다.
④ 구조변경검사는 주요구조를 변경 또는 개조한 날부터 20일 이내에 신청하여야한다.

해 건설기계의 구조 또는 장치를 변경하는 사항은 구조변경검사를 신청하면 되는 것이지 승인까지 받을 필요가 없다.

24. 건설기계관리법령상 건설기계조종사 면허취소 또는 효력정지를 시킬 수 있는 자는?

① 대통령　　　　② 경찰서장
③ 시·군·구청장　④ 국토교통부장관

해 시장·군수 또는 구청장은 건설기계조종사면허를 취소하거나 1년 이내의 기간을 정하여 건설기계조종사 면허의 효력을 정지시킬 수 있다

25. 앞지르기 금지 장소가 <u>아닌</u> 것은?

① 교차로, 도로의 구부러진 곳
② 버스 정류장부근, 주차금지 구역
③ 터널 내, 앞지르기 금지표지 설치장소
④ 경사로의 정상부근, 급경사로의 내리막

해 앞지르기 금지 장소
- 교차로, 터널 안, 다리 위
- 도로의 구부러진 곳
- 비탈길의 고갯마루 부근
- 가파른 비탈길의 내리막
- 시 도경찰청장이 필요하다고 인정하는 곳으로서 안전표지로 지정한 곳

26. 폐기요청을 받은 건설기계를 폐기하지 아니하거나 등록번호표를 폐기하지 아니한 자에 대한 벌칙은?

① 2년 이하의 징역 또는 2천만원 이하의 벌금 접
② 1년 이하의 징역 또는 1천만원 이하의 벌금
③ 2백만원 이하의 벌금
④ 1백만원 이하의 벌금

해 폐기요청을 받은 건설기계를 폐기하지 아니하거나 등록번호표를 폐기하지 아니한 자는 1년 이하의 징역 또는 1천만원 이하의 벌금에 해당한다.

27. 다음 중 긴급자동차로 볼 수 없는 차는?

① 긴급배달 우편물 운송차에 유도되고 있는 차
② 국군이나 국제연합군 긴급차에 유도되고 있는 차
③ 생명이 위급한 환자를 태우고 가는 승용자동차
④ 경찰 긴급자동차에 유도되고 있는 자동차

해 긴급자동차란 소방차, 구급차, 혈액 공급차량, 그 밖에 대통령령으로 정하는 자동차로서 그 본래의 긴급한 용도로 사용되고 있는 자동차를 말하므로, 긴급배달 우편물 운송차에 유도되는 차는 긴급자동차에 포함되지 않는다.

28. 교통사고를 야기한 도주차량 신고로 인한 벌점 상계에 대한 특혜점수는?

① 40점　　　　② 특혜점수 없음
③ 30점　　　　④ 120점

해 인적 피해 있는 교통사고를 야기하고 도주한 차량의 운전자를 검거하거나 신고하여 검거하게 한 운전자(교통사고의 피해자가 아닌 경우로 한정)에게는 검거 또는 신고할 때마다 40점의 특혜점수를 부여한다.

29. 그림과 같은 교통안전표지의 설명으로 맞는 것은?

① 삼거리 표지
② 우회로 표지
③ 회전형 교차로 표지
④ 좌로 계속 굽은 도로표지

30. 고장 유형별 응급처치에 대한 사항으로 옳지 않은 것은?

① 이상의 징후가 발견되면 신속히 조치를 취하여야 한다.
② 유압기기와 전기전자 부품의 분해, 수리 등은 기본적인 사항이므로 직접 조치한다.
③ 원인불명의 징후가 나타나는 경우에는 가까운 지역의 서비스센터와 상담하고 대처하여야 한다.
④ 평상시에 이상의 원인을 확인하고, 정비하여 고장을 미연에 방지하여야 한다.

해 유압기기와 전기전자 부품의 분해, 수리 등은 고도의 기술이 요구되므로 반드시 가까운 지역의 서비스센터에 연락하여 전문가의 도움을 받아야 한다.

31. 실린더 벽이 마멸되었을 때 발생되는 현상은?

① 기관의 회전수가 증가한다.
② 오일 소모량이 증가한다.
③ 열효율이 증가한다.
④ 폭발압력이 증가한다.

해 실린더와 피스톤의 기밀성이 파괴되어 접촉부분 사이로 오일이 상승하여 연소실에서 연소되므로 오일 소모량이 증가한다.

32. 디젤기관의 진동 원인과 가장 거리가 먼 것은?

① 분사시기, 분사간격이 다르다.
② 각 피스톤의 중량차가 크다.
③ 각 실린더의 분사압력과 분사량이 다르다.
④ 윤활 펌프의 유압이 높다.

해 윤활 펌프(오일 펌프)는 오일 팬의 엔진 오일을 흡수·가압하여 엔진의 각 윤활부로 보내는 펌프로, 이는 디젤기관의 진동과 상관이 없다.

33. 압력식 라디에이터 캡에 대한 설명으로 적합한 것은?

① 냉각장치 내부압력이 부압이 되면 공기밸브는 열린다.

② 냉각장치 내부압력이 규정보다 낮을 때 공기밸브는 열린다.

③ 냉각장치 내부압력이 규정보다 높을 때 진공밸브는 열린다.

④ 냉각장치 내부압력이 부압이 되면 진공밸브는 열린다.

해 냉각장치의 내부압력이 규정보다 높을 때 압력(공기) 밸브가 열리고, 냉각장치의 내부압력이 규정보다 낮을 때(부압이 될 때) 진공 밸브가 열린다.

34. 윤활유 공급펌프에서 공급된 윤활유 전부가 엔진오일 필터를 거쳐 윤활부로 가는 방식은?

① 분류식   ② 자력식

③ 전류식   ④ 샨트식

해 전류식 여과방식은 오일펌프에서 압송된 오일의 전부를 오일필터로 여과하여 윤활부로 가게 하는 방식이다.

35. 에어클리너가 막혔을 때 발생되는 현상으로 가장 적절한 것은?

① 배기색은 무색이며, 출력은 정상이다.

② 배기색은 흰색이며, 출력은 증가한다.

③ 배기색은 검은색이며, 출력은 저하된다.

④ 배기색은 흰색이며, 출력은 저하된다.

해 공기청정기가 막히면 유입되는 공기가 부족하므로 불완전연소가 일어나게 된다. 따라서 배출가스는 검은색을 띄며, 출력은 저하된다.

36. 디젤기관의 시동보조장치에 사용되는 디콤프 (de-comp)의 기능 설명으로 **틀린** 것은?

① 기관의 출력을 증대하는 장치이다.

② 한랭 시 시동할 때 원활한 회전으로 시동이 잘 될 수 있도록 하는 역할을 하는 장치이다.

③ 기관의 시동을 정지할 때 사용될 수 있다.

④ 기동전동기에 무리가 가는 것을 예방하는 효과가 있다.

해 기관의 출력을 증대하는 장치는 터보차저이고, 디콤프는 기관의 시동을 보조하는 장치이다.

37. 퓨즈에 대한 설명 중 **틀린** 것은?

① 퓨즈는 정격용량을 사용한다.

② 퓨즈 용량은 A로 표시한다.

③ 퓨즈는 철사로 대용하여도 된다.

④ 퓨즈는 표면이 산화되면 끊어지기 쉽다.

해 규격품의 퓨즈를 사용하지 않고 다른 용품(철사, 가는 구리선 등)으로 대용하면 전장품의 손상을 일으킬 수 있다

38. 납산축전지의 용량은 어떻게 결정 되는가?

① 극판의 크기, 극판의수, 황산의 양에 의해 결정 된다.

② 극판의 크기, 극판의수, 셀의 수에 의해 결정 된다.

③ 극판의수, 셀의 수, 발전기의 충전능력에 따라 결정 된다.

④ 극판의수와 발전기의 충전능력에 따라 결정 된다.

해 축전지의 용량은 축전지를 완전 충전시킨 후 방·전종지전압에 이르게 될 때까지 사용 가능한 총 전기량으로... 이는 극판의 수, 극판의 크기, 전해액의 양, 전해액의 온도 등에 의해 결정된다.

39. 교류발전기의 특징이 <u>아닌</u> 것은?

① 브러시의 수명이 길다.
② 전류 조정기만 있다.
③ 저속 회전 시 충전이 양호하다.
④ 경량이고 출력이 크다.

해 직류 발전기는 컷 아웃 릴레이, 전류 조정기, 전압 조정기 모두 필요 하지만, 교류 발전기는 전압 조정기만 필요하다.

40. 실드빔식 전조등에 대한 설명으로 맞지 <u>않는</u> 것은?

① 대기 조건에 따라 반사경이 흐려지지 않는다.
② 내부에 불활성가스가 들어있다.
③ 사용에 따른 광도의 변화가 적다.
④ 필라멘트를 갈아 끼울 수 있다.

해 실드빔식 전조등은 반사경과 필라멘트가 일체형으로 되어 있어서, 필라멘트가 끊어지면 전조등 전부를 교환해야 한다.

41. 기계식 변속기가 장착된 건설기계에서 클러치 스프링의 장력이 약하면 어떤 현상이 발생되는가?

① 주행 속도가 빨라진다.
② 기관의 회전속도가 빨라진다.
③ 기관이 정지된다.
④ 클러치가 미끄러진다.

해 클러치 스프링의 장력이 약하면 클러치를 지지하기가 어려워지므로, 클러치가 미끄러진다.

42. 동력전달 장치에서 두 축 간의 충격완화와 각도변화를 융통성 있게 동력 전달하는 기구는?

① 슬립이음(slip joint)
② 유니버설 조인트(universal joint)
③ 파워 시프트(power shift)
④ 크로스 멤버(cross member)

해 자재이음(유니버설 조인트)은 두 축(추진축, 구동축)간의 충격 완화와 각도 변화를 가능하게 하여 동력을 전달하는 기구이다.

43. 튜브리스 타이어의 장점이 <u>아닌</u> 것은?

① 펑크 수리가 간단하다.
② 못이 박혀도 공기가 잘 새지 않는다.
③ 고속 주행하여도 발열이 적다
④ 타이어 수명이 길다

해 타이어의 수명은 운전 조건에 따른 트레드의 마모 상태로 판단하는 것이므로, 튜브리스 타이어라고 해서 수명이 길다고 할 수는 없다.

44. 브레이크에서 하이드로백에 관한 설명으로 틀린 것은?

① 대기압과 흡기다기관 부압과의 차를 이용하였다.
② 하이드로백에 고장이 나면 브레이크가 전혀 작동이 안 된다.
③ 외부에 누출이 없는데도 브레이크 작동이 나빠지는 것은 하이드로백 고장일 수도 있다.
④ 하이드로백은 브레이크 계통에 설치되어 있다.

해 하이드로백은 유압식 브레이크에 진공식 배력 장치를 병용한 것으로, 하이드로백에 고장이 나도 기본적인 유압식 브레이크가 작용하여 제동된다.

45. 건설기계에 사용되는 유압 실린더 작용은 어떠한 것을 응용한 것인가?

① 베르누이의 정리　② 파스칼의 정리
③ 지렛대의 원리　④ 후크의 법칙

해 파스칼의 원리는 건설기계에 사용하는 유압 실린더·유압식 브레이크, 정비업소의 유압식 승강기 등에 응용된다.

46. 유압유에 점도가 서로 다른 2종류의 오일을 혼합하였을 경우에 대한 설명으로 맞는 것은?

① 오일 첨가제의 좋은 부분만 작동하므로 오히려 더욱 좋다.
② 점도가 달라지나 사용에는 전혀 지장이 없다.
③ 혼합은 권장사항이며, 사용에는 전혀 지정이 없다.
④ 열화 현상을 촉진시킨다.

해 유압유에 점도가 서로 다른 2종류의 오일을 혼합하면, 재료의 기능과 성능 등이 악화되어 뒤떨어지는 열화 현상이 촉진된다.

47. 유압펌프의 기능을 설명한 것 중 맞는 것은?

① 유압에너지를 동력으로 전환한다.
② 원동기의 기계적 에너지를 유압에너지로 전환한다.
③ 어큐뮬레이터와 동일한 기능이다.
④ 유압회로내의 압력을 측정하는 기구이다.

해 유압펌프는 원동기(내연기관, 전동기 등)로 부터의 기계적인 에너지를 유압에너지로 변환시켜주는 유압장치이다.

48. 피스톤 펌프의 특징 중 맞지 <u>않은</u> 것은?

① 일반적으로 토출압력이 높다.
② 펌프 효율이 높다.
③ 구조가 간단하고 값이 싸다.
④ 베어링에 부하가 크다.

해 플런저(피스톤)펌프는 유압펌프 중 가장 고압, 고효율이지만... 구조가 복잡하고 값이 비싸다.

49. 유압 회로의 최고압력을 제한하는 밸브로서, 회로의 압력을 일정하게 유지시키는 밸브는?

① 첵 밸브　② 감압 밸브
③ 릴리프 밸브　④ 카운터 밸런스 밸브

해 릴리프 밸브는 유압회로의 최고압력을 제한하고, 회로의 압력을 일정하게 유지시키며, 회로 내의 과부하를 방지하는 밸브이다.

50. 다음 보기에서 분기 회로에 사용되는 밸브만 골라 나열한 것은?

[보기]
ㄱ. 릴리프 밸브　　ㄴ. 리듀싱 밸브
ㄷ. 시퀀스 밸브　　ㄹ. 언로더 밸브
ㅁ. 카운터 밸런스 밸브

① ㄱ, ㄴ　② ㄴ, ㄷ
③ ㄷ, ㄹ　④ ㄹ, ㅁ

해 분기 회로에 사용되는 밸브는 리듀싱(감압) 밸브와 시퀀스 밸브이다.

51. 건설기계에 사용되는 유압 실린더의 구성 부품이 **아닌** 것은?

① 어큐뮬레이터(축압기)
② 로드
③ 피스톤
④ 실(seal)

해 어큐뮬레이터(축압기)는 유압펌프에서 발생한 유압을 저장하고 맥동을 소멸시키는 장치로, 유압회로의 기능을 향상시키기 위한 부속기기이다.

52. 유압모터의 용량을 나타내는 것은?

① 입구압력(kgf/㎠)당 토크
② 유압작동압력(kgf/㎠)당 토크
③ 주입된 동력(HP)
④ 체적(㎤)

해 유압모터의 용량은 입구압력(kgf/cm²)당 토크(회전력)로 표시한다.

53. 일반적인 오일탱크 내의 구성품이 **아닌** 것은?

① 압력조절기   ② 스트레이너
③ 드레인플러그   ④ 베플

해 유압탱크의 구성품에는 스트레이너, 배플, 드레인 플러그, 주유구, 유면계 등이 있다.

54. 그림에서 첵밸브를 나타낸 것은?

① ─◇─   ② Ⓜ═

③ ▶─   ④ └─┐

해 ① 체크 밸브, ② 전동기, ③ 유압 동력원, ④ 오일탱크

55. 지게차의 리프트 실린더의 역할은?

① 마스터를 틸트시킨다.
② 마스터를 이동시킨다.
③ 포크를 상승, 하강시킨다.
④ 포크를 앞뒤로 기울게 한다.

해 리프트 실린더는 포크를 상승 또는 하강시킨다.

56. 작업할 때 안정성 및 균형을 잡아주기 위해 지게차 장비 뒤쪽에 설치되어 있는 것은?

① 변속기   ② 기관
③ 클러치   ④ 카운터 웨이트

해 카운터 웨이트(밸런스 웨이트, 평형추)는... 지게차 장비 뒤쪽에 설치되어 작업할 때 안정성 및 균형을 잡아준다.

57. 지게차 마스트 작업 시 조종레버가 3개 이상일 경우 좌측으로부터 그 설치 순서가 바르게 나열된 것은?

① 틸트 레버, 부수장치 레버, 리프트 레버
② 리프트 레버, 부수장치 레버, 틸트 레버
③ 리프트 레버, 틸트 레버, 부수장치 레버
④ 틸트 레버, 리프트 레버, 부수장치 레버

해 지게차의 마스트 작업 시에 조종레버가 3개 이상일 경우에는 좌측으로부터 리프트 레버, 틸트 레버, 부수장치 레버 순으로 설치한다.

58. 지게차에서 마스트가 2단으로 확장되어 높은 곳에 물건을 옮길 수 있는 장치는?

① 하이 마스트   ② 클램프
③ 프리 마스트   ④ 힌지드 포크

해 하이 마스트는 지게차에서 마스트가 2단으로 확장되어 높은 곳에 물건을 옮길 수 있는 장치로, 가장 기본적인 형태이다.

59. 지게차의 일반적인 조향방식은?

① 앞바퀴 조향방식이다.
② 허리꺾기 조향방식이다.
③ 작업조건에 따라 바꿀 수 있다.
④ 뒷바퀴 조향방식이다.

해 지게차는 안전을 위해서 뒷바퀴 조향방식을 사용한다.

60. 지게차의 인칭조절 장치에 대한 설명으로 맞는 것은?

① 트랜스미션 내부에 있다.
② 브레이크 드럼 내부에 있다.
③ 디셀레이터 페달이다.
④ 작업장치의 유압상승을 억제한다.

해 지게차의 인칭조절 장치는 지게차를 전·후진 방향으로 서서히 화물에 접근시키거나 빠른 유압작동으로 신속히 화물을 상승 또는 적재 시 사용하는 장치로, 트랜스미션(변속기)의 내부에 위치한다.

01. 다음 중 산업재해 조사의 목적에 대한 설명으로 가장 적절한 것은?

① 적절한 예방대책을 수립하기 위하여
② 작업능률 향상과 근로기강 확립을 위하여
③ 재해 발생에 대한 통계를 작성하기 위하여
④ 재해를 유발한 자의 책임추궁을 위하여

> 해 재해조사의 목적은 재해원인을 규명하고, 예방자료를 수집하여 동종·유사 재해의 재발을 방지하는 적절한 예방대책을 수립하기 위한 것이다.

02. 사고 발생이 많이 일어날 수 있는 원인에 대한 순서로 맞는 것은?

① 불안전행위 > 불안전조건 > 불가항력
② 불안전행위 > 불가항력 > 불안전조건
③ 불안전조건 > 불안전행위 > 불가항력
④ 불가항력 > 불안전조건 > 불안전행위

> 해 사고는 불안전행위(불안전한 행동) > 불안전조건(불안전한 상태) > 불가항력의 순서로 많이 발생한다.

03. 배터리 전해액처럼 강산, 알칼리 등의 액체를 취급할 때 가장 적합한 복장은?

① 면장갑착용
② 면직으로 만든 옷
③ 나일론으로 만든 옷
④ 고무로 만든 옷

> 해 강산, 강알칼리 등의 액체를 취급할 때는 강산, 강알칼리와 잘 반응하지 않는 고무로 만든 옷을 착용하고 작업해야 안전하다.

04. 안전·보건표지에서 그림이 표시하는 것으로 맞는 것은?

① 독극물 경고   ② 폭발물 경고
③ 고압전기 경고   ④ 낙하물 경고

05. 작업장에서 이동 및 선회 시에 먼저 하여야 할 것은?

① 굴착 작업   ② 버킷 내림
③ 경적 울림   ④ 급방향 전환

> 해 작업장에서 이동 및 선회 시에는 주의를 환기시켜서 안전사고를 예방하기 위해 제일 먼저 경적을 울려야 한다.

06. 인양 물체의 중심을 측정하여 인양하여야 한다. 다음 중 잘못된 것은?

① 와이어로프나 매달기용 체인이 벗겨질 우려가 있으면 되도록 높이 인양한다.
② 인양 물체를 서서히 올려 지상 약 30cm지점에서 정지 확인한다.
③ 인양 물체의 중심이 높으면 물체가 기울 수 있다.
④ 형상이 복잡한 물체의 무게 중심을 확인한다.

> 해 와이어로프나 매달기용 체인이 벗겨질 우려가 있으면, 작업을 중지하고 정비를 한 후 작업을 진행한다.

07. 폭풍이 불어 올 우려가 있을 때에는 옥외에 있는 주행 크레인에 대하여 이탈을 방지하기 위한 조치를 하여야 한다. 폭풍이란 순간 풍속이 매초당 몇 미터를 초과하는 바람인가?

① 10   ② 20
③ 30   ④ 40

해 폭풍이란 순간 풍속이 초당 30m를 초과하는 바람이다.

08. 전기장치의 퓨즈가 끊어져서 다시 새것으로 교체하였으나 또 끊어졌다면 어떤 조치가 가장 옳은가?

① 계속 교체한다.
② 용량이 큰 것으로 갈아 끼운다.
③ 구리선이나 납선으로 바꾼다.
④ 전기장치의 고장개소를 찾아 수리한다.

해 퓨즈의 문제 보다는 전기장치 자체의 문제일 가능성이 크므로, 전기장치에서 고장된 곳을 찾아서 수리해야 한다.

09. 세척제로서 가장 좋은 것은?

① 솔벤트, 경유   ② 석유, 비누
③ 가솔린, 그리이스   ④ 증유수, 경유

해 일반적으로 세척제로는 솔벤트나 경유가 우수하여 가장 많이 사용한다.

10. 보통화재 라고 하며 목재, 종이 등 일반 가연물의 화재로 분류되는 것은?

① A급 화재   ② B급 화재
③ C급 화재   ④ D급 화재

해 화재는 A, B, C, D, E, K 급 화재로 분류되는데... 이 중에서 A급 화재는 보통화재라고 하며, 연소 후 재를 남긴다.

11. 다음 중 일반 드라이버 사용 시 안전수칙으로 <u>틀린</u> 것은?

① 정을 대신할 때는 (-) 드라이버를 사용한다.
② 드라이버에 충격압력을 가하지 말아야 한다.
③ 자르가 쪼개졌거나 또한 허술한 드라이버는 사용하지 않는다.
④ 드라이버의 끝을 항상 양호하게 관리하여야 한다.

해 드라이버는 정을 대신하여 사용하지 않는다.

12. 안전적 측면에서 인화점이 낮은 연료는?

① 화재발생 위험이 있다.
② 연소상태의 불량 원인이 된다.
③ 압력 저하 요인이 발생한다.
④ 화재발생 부분에서 안전하다.

해 인화점은 점화원에 의해 불이 붙을 수 있는 최저온도로, 인화점이 낮은 연료는 화재발생 위험이 있다.

13. 운전 중 점검해야 할 사항이 <u>아닌</u> 것은?

① 충전상태   ② 엔진 오일량
③ 냉각수의 온도   ④ 유압유의 압력

해 인진오일은 기관의 운전 전에 점검해야 할 사항이다.

14. 기관을 시동하기 전에 점검할 사항과 가장 관계가 먼 것은?

① 연료의 량
② 냉각수 및 엔진오일의 량
③ 기관오일의 온도
④ 유압유의 량

해 기관 오일의 온도는 기관을 시동한 후 작동 중에 점검한다.

15. 운전 중 갑자기 계기판에 충전 경고등이 점등되었다. 그 현상으로 맞는 것은?

① 정상적으로 충전이 되고 있음을 나타낸다.
② 충전이 되지 않고 있음을 나타낸다.
③ 충전계통에 이상이 없음을 나타낸다.
④ 주기적으로 점등되었다가 소등되는 것이다.

剖 운전 중 계기판에서 충전경고등이 점등되면, 충전계통에 이상이 있거나 충전이 잘되지 않고 있음을 나타낸다.

16. 화물을 적재하고 주행할 때 포크와 지면과 간격으로 가장 적당한 것은?

① 80 ~ 85cm   ② 지면에 밀착
③ 50 ~ 55cm   ④ 20 ~ 30cm

剖 지게차로 화물을 운반할 때 포크는 지면으로부터 20 ~ 30㎝ 정도 높이를 유지한다.

17. 디젤기관에서 시동이 걸리지 않는다. 점검해야 할 곳이 아닌 것은?

① 기동 전동기가 이상이 없는지 점검해야 한다.
② 배터리의 충전상태를 점검해야 한다.
③ 배터리 접지 케이블의 단자가 잘 조여져 있는지 점검해야 한다.
④ 발전기가 이상이 없는지 점검해야 한다.

剖 시동이 걸리지 않을 때 점검해야 할 곳이 시동계통이므로, 충전계통과 관련이 있는 발전기의 이상 유무는 점검할 필요가 없다.

18. 평탄한 노면에서의 지게차운전 하역 시 올바른 방법이 아닌 것은?

① 파렛트에 실은 짐이 안정되고 확실하게 실려 있는가를 확인 한다.
② 포크는 상황에 따라 안전한 위치로 이동한다.
③ 불안정한 적재의 경우에는 빠르게 작업을 진행시킨다.
④ 파렛트를 사용하지 않고 밧줄로 짐을 걸어 올릴 때에는 포크에 잘 맞는 고리를 사용한다.

剖 화물의 적재가 불안정하면 하역 시 안전사고의 위험이 크므로, 천천히 작업을 진행해야 한다.

19. 지게차를 경사면에서 운전할 때 짐의 방향은?

① 짐이 언덕 위쪽으로 가도록 한다.
② 짐이 언덕 아래쪽으로 가도록 한다.
③ 운전에 편리하도록 짐의 방향을 정한다.
④ 짐의 크기에 따라 방향이 정해진다.

剖 지게차가 경사지에서 화물을 적재하고 내려올 때는 화물이 떨어지는 것을 방지하기 위해 화물이 언덕 위쪽을 향하게 한다.

20. 다음 중 지게차 운전 작업 관련사항으로 틀린 것은?

① 운전 시 급정지, 급선회를 하지 않는다.
② 화물을 적재 후 포크를 될 수 있는 한 높이 들고 운행한다.
③ 화물 운반 시 포크의 높이는 지면으로부터 20~30cm를 유지한다.
④ 포크를 상승 시에는 액셀레이터를 밟으면서 상승시킨다.

剖 화물을 적재한 후 지게차의 포크를 높이 들고 주행하면 적재물이 떨어져 사고가 발생할 수 있다.

21. 등록 건설기계의 기종별 표시 방법 중 맞는 것은?

① 01 : 불도저　　② 02 : 모터그레이더

③ 03 : 지게차　　④ 04 : 덤프트럭

해 기종별 기호표시

기호 표시	기종	기호 표시	기종
01	불도저	06	덤프트럭
02	굴착기	07	기중기
03	로더	08	모터그레이더
04	지게차	09	롤러
05	스크레이퍼	10	노상안정기

22. 시 · 도지사로부터 등록번호표 제작통지를 받은 건설기계 소유자는 며칠이내에 등록번호표 제작자에게 제작 신청을 하여야 하는가?

① 3일　　② 10일

③ 20일　　④ 30일

해 건설기계 소유자는 시 · 도지사로부터 등록번호표 제작통지를 받은 날부터 3일 이내에 등록번호표 제작자에게 등록번호표 제작 신청을 하여야 한다.

23. 건설기계의 구조 변경 범위에 속하지 <u>않은</u> 것은?

① 건설기계의 길이, 너비, 높이 변경

② 적재함의 용량 증가를 위한 변경

③ 조종 장치의 형식 변경

④ 수상작업 용 건설기계 선체의 형식변경

해 건설기계의 기종변경, 육상작업용 건설기계규격의 증가 또는 적재함의 용량증가를 위한 구조변경은 할 수 없다.

24. 건설기계관리법상 건설기계 조종사의 면허를 받을 수 있는 자는?

① 파산자로서 복권되지 아니한 자

② 사지의 활동이 정상적이 아닌 자

③ 마약 또는 알콜 중독자

④ 심신장애자

해 파산으로 생활이 힘든 파산자에게 면허도 못 따게 하면 너무 가혹하므로, 파산자는 건설기계조종사면허를 받을 수 있다.

25. 도로교통법 상 도로에 해당 되지 <u>않는</u> 것은?

① 해상 도로법에 의한 항로

② 차마의 통행을 위한 도로

③ 유료 도로법에 의한 유료도로

④ 도로법에 의한 도로

해 해상 도로법에 의한 항로는 도로교통법 상 도로에 해당하지 않는다.

26. 최고속도의 20/100을 줄인 속도로 운행하여 할 경우는?

① 노면이 얼어붙은 때

② 폭우, 폭설, 안개 등으로 가시거리가 100m 이내일 때

③ 눈이 20mm 이상 쌓인 때

④ 비가 내려 노면이 젖어 있을 때

해 비가 내려 노면이 젖어있는 경우에는 최고속도의 100분의 20을 줄인 속도로 운행하여야 한다.

27. 다음 중 통행의 우선순위가 맞는 것은?

① 긴급자동차 → 일반 자동차 → 원동기장치 자전거

② 긴급자동차 → 원동기장치 자전거 → 승용자동차

③ 건설기계 → 원동기장치 자전거 → 승용자동차

④ 승합자동차 → 원동기장치 자전거 → 긴급자동차

해 차마의 통행 우선순위는... 긴급자동차 → 긴급자동차 외의 자동차 → 원동기장치자전거 → 자동차 및 원동기장치자전거 외의 차마 순서이다.

28. 다음 건설기계 중 도로교통법에 의한 1종 대형 면허로 조종할 수 없는 것은?

① 아스팔트 살포기

② 노상 안정기

③ 트럭 적재식 천공기

④ 골재 살포기

해 골재살포기는 롤러 운전기능사 면허를 소지한 사람만이 조종할 수 있다.

29. 교통사고 처리특례법상 12개 항목에 해당되지 않는 것은?

① 중앙선 침범   ② 무면허 운전

③ 신호위반   ④ 통행 우선순위 위반

해 교통사고 처리특례법상 12개 중과실 항목
- 신호 · 지시 위반
- 중앙선 침범
- 무면허 운전
- 음주 운전
- 보도 침범
- 제한속도를 시속 20킬로미터 초과하여 운전
- 앞지르기 방법 위반
- 철길건널목 통과방법 위반
- 횡단보도에서의 보행자보호의무 위반
- 승객의 추락 방지의무 위반
- 어린이보호구역 안전운전의무 위반
- 자동차 화물의 낙하 방지조치 위반

30. 그림의 교통안전 표지는?

① 좌/우회전 금지표지이다.

② 양 측방 일방 통행표지이다.

③ 좌/우회전 표지이다.

④ 양 측방 통행 금지표지이다.

31. 압축 말 연료분사 노즐로부터 실린더 내로 연료를 분사하여 연소시켜 동력을 얻는 행정은?

① 폭발행정   ② 압축행정

③ 배기행정   ④ 흡기행정

해 폭발(동력)행정은 압축행정 끝 시점에서 연료분사 노즐로부터 실린더 내로 연료를 분사하여 연소시켜 동력을 얻는 행정이다.

32. 연료의 세탄가와 가장 밀접한 관련이 있는 것은?

① 열효율　　　　　② 폭발압력
③ 착화성　　　　　④ 인화성

해 세탄가는 디젤 연료의 착화성을 표시하는 수치이다.

33. 라디에이터 캡의 스프링이 파손 되었을 때 가장 먼저 나타나는 현상은?

① 냉각수 비등점이 낮아진다.
② 냉각수 순환이 불량해진다.
③ 냉각수 순환이 빨라진다.
④ 냉각수 비등점이 높아진다.

해 라디에이터 캡의 스프링이 파손되면 냉각수의 가압이 어려워 냉각수의 끓는점이 낮아진다.

34. 엔진오일 교환 후 압력이 높아졌다면 그 원인으로 가장 적절한 것은?

① 엔진오일 교환 시 냉각수가 혼입되었다.
② 오일의 점도가 낮은 것으로 교환하였다.
③ 오일회로 내 누설이 발생하였다.
④ 오일 점도가 높은 것으로 교환하였다.

해 기관 오일의 점도가 높으면, 기관 오일의 압력이 높아진다.

35. 보기에서 머플러(소음기)와 관련된 설명이 모두 올바르게 조합된 것은?

> a. 카본이 많이 끼면 엔진이 과열되는 원인이 될 수 있다.
> b. 머플러가 손상되어 구멍이 나면 배기음이 커진다.
> c. 카본이 쌓이면 엔진출력이 떨어진다.
> d. 배기가스의 압력을 높여서 열효율을 증가시킨다.

① a, b, d　　　　② b, c, d
③ a, c, d　　　　④ a, b, c

해 소음기에 카본이 많이 쌓이면 배기가스가 제대로 배출되지 않아 배압이 증가해서 엔진출력이 떨어지고 엔진이 과열된다. 또한 소음기가 손상되어 구멍이 성기면 배기음이 커진다.

36. 디젤 기관에서 시동을 돕기 위해 설치된 부품으로 적당한 것은?

① 과급 장치　　　　② 발전기
③ 디퓨저　　　　　④ 히트레인지

해 히트레인지는 흡기 다기관 내에 설치하여 흡입공기를 가열함으로써 디젤 기관의 시동을 돕는다.

37. 건설기계 기관에 사용되는 축전지의 가장 중요한 역할은?

① 주행 중 점화장치에 전류를 공급한다.
② 즈행 중 등화장치에 전류를 공급한다.
③ 주행 중 발생하는 전기부하를 담당한다.
④ 기동장치의 전기적 부하를 담당한다.

해 축전지는 화학적 에너지와 전기적 에너지 사이에 전환이 이루어지도록 하는 장치로, 이는 기동장치의 전기적 부하를 담당한다.

38. 축전지의 충, 방전 작용은?

① 물리 작용　　　　② 화학 작용
③ 환원 작용　　　　④ 전기 작용

해 축전지의 충·방전작용은 화학적 변화를 수반하는 화학 작용이다.

39. 기동전동기는 회전되나 엔진은 크랭킹이 되지 않는 원인으로 옳은 것은?

① 축전지 방전
② 기동전동기의 전기자 코일 단선
③ 플라이휠 링 기어의 소손
④ 발전기 브러시 장력 과다

해 플라이휠의 링 기어가 소손되면, 모터는 회전하지만 모터의 회전이 크랭크축에 전달되지 않아 엔진은 시동하지 못한다.

40. 현재 널리 사용되고 있는 할로겐램프에 대하여 운전사 두 사람(A, B)이 서로 주장하고 있다. 다음 중 어느 운전사의 말이 옳은가?

• 운전사 A : 실드빔형 이다.
• 운전사 B : 세미실드빔형 이다.

① A가 맞다.　　　② B가 맞다.
③ A, B 모두 맞다.　④ A, B 모두 틀리다.

해 세미 실드빔형 전조등은 렌즈와 반사경은 일체이며, 전구는 반사경과 분리되어 따로 교환이 가능하다. 반사경에 공기, 습기, 먼지 등이 들어가 조명효율이 떨어질 수 있으나, 할로겐 램프와 결합하여 현재 가장 많이 사용한다.

41. 기계식 변속기가 설치된 건설기계에서 클러치판의 비틀림 코일스프링의 역할은?

① 클러치판이 더욱 세게 부착되게 한다.
② 클러치 작동 시 충격을 흡수한다.
③ 클러치의 회전력을 증가시킨다.
④ 클러치 압력판의 마멸을 방지한다.

해 비틀림 코일스프링(토션 스프링)은 클러치가 작동할 때에 충격을 흡수한다.

42. 유체 클러치(Fluid coupling)에서 가이드 링의 역할은?

① 와류를 감소시킨다.
② 터빈(Turbine)의 손상을 줄이는 역할을 한다.
③ 마찰을 증대시킨다.
④ 플라이휠(fly wheel)의 마모를 감소시킨다.

해 유체 클러치에서 가이드 링은 유체의 와류(소용돌이)를 감소시켜 동력의 전달 효율을 증대시킨다.

43. 타이어에서 고무로 피복된 코드를 여러 겹으로 겹친 층에 해당 되며 타이어 골격을 이루는 부분은?

① 카커스(carcass)부　② 트레드(tread)부
③ 숄더(shoulder)부　④ 비드(bead)부

해 타이어의 구성 중 고무로 피복된 코드를 여러 겹으로 겹친 층으로, 타이어의 골격을 이루는 부분은 카커스이다.

44. 긴 내리막길을 내려갈 때는 베이퍼 록을 방지하려고 하는 좋은 운전 방법은?

① 변속레버를 중립으로 놓고 브레이크 페달을 밟고 내려간다.
② 시동을 끄고 브레이크 페달을 밟고 내려간다.
③ 엔진 브레이크를 사용한다.
④ 클러치를 끊고 브레이크 페달을 계속 밟고 속고를 조정하며 내려간다.

해 긴 내리막길을 내려갈 때는 기어를 저단에 위치시키고 엔진 브레이크와 주 브레이크를 적절히 함께 사용하여야 한다.

45. 유압유의 점도를 틀리게 설명한 것은?

① 온도가 상승하면 점도는 저하된다.
② 점성의 정도를 나타내는 척도이다.
③ 온도가 내려가면 점도는 높아진다.
④ 점성계수를 밀도로 나눈 값이다.

해 일반적으로 점도는 끈적거림의 정도를 나타내는 (절대)점도를 의미한다. 이에 반해 점성계수를 유체의 밀도로 나눈 값은 상대점도(동점도) 라고 한다.

46. 작동유의 열화 및 수명을 판정하는 방법으로 적합하지 <u>않는</u> 것은?

① 점도 상태로 확인
② 오일을 가열 후 냉각되는 시간 확인
③ 냄새로 확인
④ 색깔이나 침전물의 유무 확인

해 유압유의 점도상태, 색깔의 변화나 수분·침전물의 유무, 자극적인 악취가 발생 하는가 등을 확인하여 유압유의 열화를 판정한다.

47. 플러싱 후의 처리방법으로 <u>틀린</u> 것은?

① 작동유 탱크 내부를 다시 청소한다.
② 잔류 플러싱 오일을 반드시 제거하여야 한다.
③ 작동유 보충은 24시간 경과 후 하는 것이 좋다.
④ 라인필터 엘리먼트를 교환한다.

해 플러싱은 유압계통의 오일장치 내에 슬러지 등이 생겼을 때 장치 내를 깨끗이 하는 작업이며, 작동유의 보충은 탱크 내부를 깨끗이 한 후 바로 해야 한다.

48. 유압장치의 수명 연장을 위해 가장 중요한 요소는?

① 오일 탱크의 세척 및 교환
② 오일 필터의 점검 및 교환
③ 오일펌프의 점검 및 교환
④ 오일쿨러의 점검 및 세척

해 오일 필터가 이물질로 인해 막히면 유압장치의 수명이 단축되므로, 오일 필터는 정기적으로 점검 후 교환해야 한다.

49. 유압 펌프에서 사용되는 GPM의 의미는?

① 분당 토출하는 작동유의 양
② 복동 실린더의 치수
③ 계통 내에서 형성되는 압력의 크기
④ 흐름에 대한저항

해 GPM(gallon per minute)은 분당 토출하는 액체의 체적(갤론), 즉 단위시간에 이동되는 유체의 양을 의미한다.

50. 유압펌프가 작동 중 소음이 발생할 때의 원인으로 <u>틀린</u> 것은?

① 릴리프 밸브 출구에서 오일이 배출되고 있다.
② 스트레이너가 막혀 흡입용량이 너무 작아졌다.
③ 펌프흡입관 접합부로부터 공기가 유입된다.
④ 펌프 축의 편심 오차가 크다.

해 릴리프 밸브는 펌프의 토출측에 위치하여 회로 전체의 압력을 제어해주는 압력 제어밸브로, 이는 펌프 작동 중에 소음이 발생하는 것과 관련이 없다.

51. 직동형, 평형, 피스톤형 등의 종류가 있으며 회로의 압력을 일정하게 유지시키는 밸브는?

① 릴리프 밸브　　② 무부하 밸브
③ 시퀀스 밸브　　④ 메이크업 밸브

해 릴리프 밸브의 종류에는 직동형, 평형, 피스톤형 등이 있다.

52. 유압장치에서 유압 조정밸브의 조정 방법은?

① 압력 조정밸브가 열리도록하면 유압이 높아진다.
② 밸브스프링의 장력이 커지면 유압이 낮아진다.
③ 조정스크루를 조이면 유압이 높아진다.
④ 조정스크루를 풀면 유압이 높아진다.

해 유압장치에서 유압 조정밸브를 조정할 때는 조정스크루를 사용하는데, 조정스크루를 조이면 유압이 높아지고, 풀면 유압이 낮아진다.

53. 유압실린더의 작동속도가 느릴 경우 그 원인으로 옳은 것은?

① 엔진오일 교환시기가 경과되었을 때
② 유압회로 내에 유량이 부족할 때
③ 운전실에 있는 가속페달을 작동시켰을 때
④ 릴리프 밸브의 셋팅 압력이 높을 때

해 유압장치의 작동속도는 유압회로 내의 유량과 비례하므로, 유량이 증가하면 작동속도는 빨라진다.

54. 그림의 유압 기호에서 어큐뮬레이터는?

① 　　②
③　　④

해 ① 압력 스위치
② 정 용량형 유압펌프
③ 가변 용량형 유압펌프
④ 가변 교축밸브

55. 지게차의 리프트 체인에 주유하는 가장 적합한 오일은?

① 자동변속기 오일　　② 작동유
③ 엔진 오일　　④ 솔벤트

해 지게차의 리프트 체인의 주유는 엔진 오일로 한다.

56. 지게차의 작업장치가 <u>아닌</u> 것은?

① 사이드 시프트　　② 로테이팅 클램프
③ 힌지드 버킷　　④ 브레이커

해 브레이커는 굴착기의 작업장치이다.

57. 일반적으로 지게차의 자체 중량에 포함되지 않는 것은?

① 운전자　　② 그리스
③ 냉각수　　④ 연료

해 자체중량은 연료, 냉각수 및 윤활유 등을 가득 채우고 휴대 공구, 작업 용구 및 예비 타이어를 싣거나 부착하고, 즉시 작업할 수 있는 상태에 있는 지게차의 중량으로... 여기에 조종사의 체중은 제외한다.

58. 지게차의 주된 구동방식은?

① 앞바퀴구동   ② 뒷바퀴구동
③ 전후구동   ④ 중간차축구동

🖹 지게차는 앞바퀴 구동방식과 뒷바퀴 조향방식을 사용하고 있다.

59. 클러치식 지게차 동력 전달 순서는?

① 엔진 → 클러치 → 변속기 → 종감속기어 및 차동장치 → 앞구동축 → 차륜

② 엔진 → 변속기 → 클러치 → 종감속기어 및 차동장치 → 앞구동축 → 차륜

③ 엔진 → 클러치 → 종감속기어 및 차동장치 → 변속기 → 앞구동축 → 차륜

④ 엔진 → 변속기 → 클러치 → 앞구동축 → 종감속기어 및 차동장치 → 차륜

🖹 클러치식 지게차의 동력은... 엔진 → 클러치 → 변속기 → 추진축 → 종감속 기어 및 차동 기어 → 앞구동축 → 차륜 순서로 전달된다.

60. 지게차의 유압식 브레이크와 브레이크 페달은 어떤 원리를 이용한 것인가?

① 지렛대 원리, 애커먼 장토식 원리
② 파스칼 원리, 지렛대 원리
③ 랙크 피니언 원리, 애커먼 장토식 원리
④ 랙크 피니언 원리, 파스칼 원리

🖹 지게차의 유압식 브레이크는 파스칼의 원리를, 브레이크 페달은 지렛대의 원리를 이용한다.

01. 안전사고와 부상의 종류에서 중상해란 어느 정도의 상해를 말하는가?

① 부상으로 1주 이상의 노동 손실을 가져온 상해 정도

② 부상으로 2주 이상의 노동 손실을 가져온 상해 정도

③ 부상으로 3주 이상의 노동 손실을 가져온 상해 정도

④ 부상으로 4주 이상의 노동 손실을 가져온 상해 정도

해 중상해란 부상으로 2주 이상의 노동 손실을 가져온 상해정도를 말한다.

02. 작업자가 작업을 할 때 반드시 알아두어야 할 사항이 <u>아닌</u> 것은?

① 안전수칙　　　② 1인당 작업량

③ 기계기구의 성능　④ 경영관리

해 경영관리는 작업자가 아닌 사업주가 고려할 사항이다.

03. 작업과 안전 보호구의 연결이 잘못된 것은?

① 그라인딩 작업 – 보안경 착용

② 10m 높이에서 작업 – 안전벨트 착용

③ 산소 결핍 장소 – 공기 마스크 착용

④ 아크 용접 – 도수 렌즈 안경 착용

해 용접 시에는 차광용 보안경을 착용하여야 한다.

04. 다음 그림의 안전 표지판이 나타내는 것은?

① 안전제일　　　② 출입금지

③ 인화성 물질경고　④ 보안경 착용

해 안내표지 중 녹십자표지를 의미하며, 안전제일을 나타낸다.

05. 작업장의 안전수칙 중 틀린 것은?

① 공구는 오래 사용하기 위하여 기름을 묻혀서 사용한다.

② 작업복과 안전장구는 반드시 착용한다.

③ 각종기계를 불필요하게 공회전 시키지 않는다.

④ 기계의 청소나 손질은 운전을 정지 시킨 후 실시한다.

해 공구에 기름을 묻혀서 사용하면 미끄러지기 쉬워서 안전사고의 원인이 된다.

06. 기중기로 물건을 운반 시 주의할 사항으로 잘못된 것은?

① 적재물이 떨어지지 않도록 한다.

② 규정 무게보다 약간 초과할 수도 있다.

③ 로프 등의 안전여부를 항상 점검한다.

④ 운반 중 사람이 다치지 않도록 한다.

해 기중기로 물건 운반 시 규정 무게를 초과하여 적재하면 안 된다.

07. 작업장에서 용접작업의 유해광선으로 눈에 이상이 생겼을 때 적절한 조치로 맞는 것은?

① 손으로 비빈 후 과산화수소로 치료한다.
② 냉수로 씻어낸 냉수포를 얹거나 병원에서 치료한다.
③ 알코올로 씻는다.
④ 뜨거운 물로 씻는다.

해 작업장에서 용접작업의 유해광선으로 눈에 이상이 생겼을 때에는, 냉수로 씻어낸 다음 병원에서 치료하거나, 냉수로 씻어낸 냉수포를 얹은 다음 병원에서 치료한다.

08. 인화성 물질이 아닌 것은?

① 아세틸렌가스　　② 가솔린
③ 프로판가스　　　④ 산소

해 산소는 다른 물질의 연소를 도와주는 조연성 물질이다.

09. 건설기계 조종사가 일반적인 작업조건에 의해 생길 수 있는 직업병은?

① 난청　　　　　② 납중독
③ 신경통　　　　④ 벤젠중독

해 건설기계들은 소음을 많이 수반하므로, 난청이 생길 가능성이 많다.

10. 해머 작업 시 틀린 것은?

① 장갑을 끼지 않는다.
② 작업에 알맞은 무게의 해머를 사용한다.
③ 해머는 처음부터 힘차게 때린다.
④ 자루가 단단한 것을 사용한다.

해 해머는 1~2회 정도는 가볍게 치고 나서 본격적으로 작업한다.

11. 유류 화재 시 소화방법으로 부적절한 것은?

① 모래를 뿌린다.
② 다량의 물을 부어 끈다.
③ ABC소화기를 사용한다.
④ B급 화재 소화기를 사용한다.

해 유류화재에 물을 사용하면 화재면이 확대되어 위험하므로... 물 소화기는 적합하지 않고, 가스 소화기 또는 모래 등이 적합하다.

12. 일반화재 발생장소에서 화염이 있는 곳을 대피하기 위한 요령이다. 보기 항에서 맞는 것을 모두 고른 것은?

> [보기]
> a. 머리카락, 얼굴, 발, 손 등을 불과 닿지 않게 한다.
> b. 수건에 물을 적셔 코와 입을 막고 탈출한다.
> c. 몸을 낮게 엎드려서 통과한다.
> d. 옷을 둘로 적시고 통과한다.

① a　　　　　　　② a, c
③ a, b, c, d　　　④ a, b, c

해 화재발생으로 화염이 있는 곳을 대피하기 위한 요령은, 위의 보기 4가지가 모두가 해당한다.

13. 지게차의 일상 점검 사항이 아닌 것은?

① 냉각수 점검　　　② 연료량 점검
③ 엔진오일 점검　　④ 배터리 전해액 점검

해 배터리의 전해액 점검은 매 50시간 마다 정비하는 주간 점검 사항이다.

14. 기관 온도계의 눈금은 무엇의 온도를 표시하는가?

① 배기가스의 온도　② 기관 오일의 온도
③ 연소실내의 온도　④ 냉각수의 온도

🖩 기관 온도계의 눈금은 냉각수의 온도로 표시한다.

15. 지게차의 체인장력 조정법으로 <u>틀린</u> 것은?

① 좌우체인이 동시에 평행한가 확인한다.
② 포크를 지상에서 조금 올린 후 조정한다.
③ 손으로 체인을 눌러보아 양쪽이 다르면 조정 너트로 조정한다.
④ 조정 후 록크 너트를 풀어준다.

🖩 록크 너트는 지게차의 체인을 고정하기 위한 너트가 헐거워지는 것을 방지하는 부품으로, 체인 조정 후 조여서 잠근다.

16. 지게차의 난기운전 방법으로 <u>틀린</u> 것은?

① 가속페달을 서서히 밟으면서 2~3회 틸트 실린더의 전경, 후경을 반복한다.
② 동절기에는 횟수를 증가시켜 실시한다.
③ 엔진 시동 후 5분 정도 고속 운전을 실시한다.
④ 가속페달을 서서히 밟으면서 2~3회 리프트 실린더의 상승, 하강을 반복한다.

🖩 난기운전은 날씨가 추울 때 지게차를 시동한 후 작업 전에 유압오일의 온도를 높이는 것을 의미하는데, 엔진 시동 후 5분 정도 저속 운전을 실시하여 엔진 온도를 정상 온도까지 상승시킨다.

17. 운전차에 물건을 실을 때 무거운 물건의 중심 위치는 어느 곳에 두는 것이 안전한가?

① 상부　　　　　② 중부
③ 하부　　　　　④ 좌 또는 우측

🖩 물건을 실을 때 무거운 물건의 중심은 하부에 두는 것이 안전하다.

18. 지게차의 하역 방법 설명으로 가장 적절하지 <u>못한</u> 것은?

① 짐을 내릴 때는 마스트를 앞으로 약 4°정도 경사 시킨다.
② 짐을 내릴 때는 틸트 레버 조작은 필요 없다.
③ 짐을 내릴 때는 가속페달의 사용은 필요 없다.
④ 리프트 레버를 사용할 때 시선은 포크를 주시한다.

🖩 지게차의 하역 작업은 틸트 레버를 앞으로 밀어서 마스트를 앞쪽으로 약 4°정도 경사시킨 후 진행한다.

19. 지게차를 운전하여 화물운반 시 주의사항으로 적합하지 <u>않은</u> 것은?

① 노면이 좋지 않을 때는 저속으로 운행한다.
② 경사지를 운전 시 화물을 위쪽으로 한다.
③ 화물운반 거리는 5m 이내로 한다.
④ 노면에서 약 20~30cm상승 후 이동한다.

🖩 지게차로 화물을 운반하는 거리가 5m 이내라면, 사람이 직접 지게로 운반하는 게 더 낫다.

20. 지게차 운전 시 지게차 운행통로의 선에 대한 설명으로 맞는 것은?

① 황색 실선으로 하고, 선의 폭은 12cm로 한다.
② 백색 점선으로 하고, 선의 폭은 12㎝로 한다.
③ 황색 실선으로 하고, 선의 폭은 20㎝로 한다.
④ 백색 점선으로 하고, 선의 폭은 20㎝로 한다.

해 지게차 운전 시에 지게차 운행통로의 선은 황색 실선으로 하고, 선의 폭은 12㎝로 한다.

21. 건설기계관리법상 건설기계형식의 정의로 옳은 것은?

① 건설기계의 구조, 규격 및 성능 등에 관하여 일정하게 정한 것을 말한다.
② 건설기계의 크기를 말한다.
③ 건설기계의 종류를 말한다.
④ 건설기계의 제작번호를 말한다.

해 건설기계관리법상 "건설기계형식"이란 건설기계의 구조 · 규격 및 성능 등에 관하여 일정하게 정한 것을 말한다.

22. 건설기계 등록번호표의 표시내용이 <u>아닌</u> 것은?

① 기종   ② 등록 번호
③ 등록 관청   ④ 장비 연식

해 등록번호표의 표시내용은 등록관청, 용도, 기종, 등록번호이다.

23. 건설기계관리법상 구조변경범위 대상으로 <u>틀린</u> 것은?

① 건설기계의 기종 변경
② 원동기의 형식변경
③ 주행장치의 형식변경
④ 조종장치의 형식변경

해 구조변경범위 대상
 - (원동기, 동력전달장치, 제동장치, 주행장치, 유압장치, 조종장치, 조향장치, 작업장치)의 형식변경
 - 건설기계의 길이 · 너비 · 높이 등의 변경
 - 수상작업용 건설기계의 선체의 형식변경

24. 건설기계 운전자가 조종 중 고의로 중상 2명, 경상 5명의 사고를 일으킬 때 면허 처분기준은?

① 면허취소
② 면허효력정지 30일
③ 면허효력정지 20일
④ 면허효력정지 10일

해 고의로 인명사고를 일으키면, 사망 · 중상 · 경상 등에 상관없이 무조건 면허취소의 처분을 받는다.

25. 안전지대라 함은?

① 버스정류장 표지가 있는 장소
② 자동차가 주차할 수 있도록 설치된 장소
③ 도로를 횡단하는 보행자나 통행하는 차마의 안전을 위하여 안전표지 등으로 표시된 도로의 부분
④ 사고가 잦은 장소에 보행자의 안전을 위하여 설치한 장소

해 안전지대란 도로를 횡단하는 보행자나 통행하는 차마의 안전을 위하여 안전표지나 이와 비슷한 인공구조물로 표시한 도로의 부분을 말한다.

26. 노면이 얼어붙은 경우 또는 폭설로 가시거리가 100미터 이내인 경우 최고속도의 얼마나 감속 운행하여야 하는가?

① $\frac{50}{100}$ ② $\frac{30}{100}$

③ $\frac{40}{100}$ ④ $\frac{20}{100}$

🆑 폭우 · 폭설 · 안개 등으로 가시거리가 100m 이내인 경우, 노면이 얼어붙은 경우, 눈이 20mm 이상 쌓인 경우에는 최고속도의 50/100을 줄인 속도로 감속운행 하여야 한다.

27. 건설기계관리법에 따라 최고주행속도 15km/h 미만의 타이어식 건설기계가 필히 갖추어야 할 조명장치가 <u>아닌</u> 것은?

① 전조등 ② 후부반사기

③ 비상점멸 표시등 ④ 제동등

🆑 최고주행속도 15km/h 미만의 타이어식 건설기계가 필히 갖추어야 할 조명장치는 전조등, 후부반사기, 제동등이다.

28. 보기에서 도로교통법 상 어린이보호와 관련하여 위험성이 큰 놀이기구로 정하여 운전자가 특별히 주의 하여야 할 놀이기구로 지정한 것을 모두 조합한 것은?

ㄱ. 킥보드	ㄴ. 롤러스케이트
ㄷ. 인라인스케이트	ㄹ. 스케이트보드
ㅁ. 스노우보드	

① ㄱ, ㄴ ② ㄱ, ㄴ, ㄷ

③ ㄱ, ㄴ, ㄷ, ㄹ ④ ㄱ, ㄴ, ㄷ, ㄹ , ㅁ

🆑 도로교통법 상 어린이보호와 관련하여 위험성이 큰 놀이기구로 지정한 것은 킥보드, 롤러스케이트, 인라인스케이트, 스케이트보드 이다.

29. 다음 그림과 같은 교통표지의 설명으로 맞는 것은?

① 좌로 일방통행 표지이다.
② 우로 일반통행 표지이다.
③ 일단 정지 표지이다.
④ 진입 금지 표지이다.

30. 지게차의 응급견인 방법에 대한 사항으로 틀린 것은?

① 견인은 단거리 이동 방법이며, 장거리 이동 시는 수송트럭으로 운반하여야 한다.
② 견인하는 지게차는 고장난 지게차보다 커야 한다.
③ 경사로 아래로 견일할 때는 몇 대의 지게차를 뒤에 연결하여 예기치 못한 구름을 방지한다.
④ 견인되는 지게차에는 운전자를 탑승시켜 핸들 조작 및 브레이크 조작을 하도록 한다.

🆑 견인되는 지게차는 안전을 위하여 운전자의 핸들과 브레이크 조작이 금지되고, 운전자 외에 어느 누구도 탑승하여서는 아니 된다.

31. 디젤기관에서 압축행정 시 밸브는 어떤 상태가 되는가?

① 흡입밸브만 닫힌다.
② 배기밸브만 닫힌다.
③ 흡입과 배기밸브 모두 열린다.
④ 흡입과 배기밸브 모두 닫힌다.

🆑 각 행정 시 밸브의 열림, 닫힘 상태

	흡입 행정	압축 행정	폭발 행정	배기 행정
흡기 밸브	열림	닫힘	닫힘	닫힘
배기 밸브	닫힘	닫힘	닫힘	열림

32. 디젤엔진은 연소실에 연료를 어떤 상태로 공급하는가?

① 가솔린 엔진과 같은 연료 공급펌프로 공급한다.
② 노즐로 연료를 안개와 같이 분사한다.
③ 기화기와 같은 기구를 사용하여 연료를 공급한다.
④ 액체 상태로 공급한다.

🈁 디젤엔진은 표면적을 넓혀서 착화가 용이하도록 연소실에 분사노즐로 연료를 안개와 같이 분사한다.

33. 냉각장치의 수온조절기가 완전히 열리는 온도가 낮을 경우 가장 적절한 것은?

① 엔진의 회전속도가 빨라진다.
② 엔진이 과열되기 쉽다.
③ 워밍업 시간이 길어지기 쉽다.
④ 물 펌프에 부하가 걸리기 쉽다.

🈁 수온조절기가 열리는 온도가 낮게 되면 엔진이 과냉되어, 엔진을 뜨겁게 하여 적정한 온도를 유지시켜야 하는 워밍업 시간이 길어지게 된다.

34. 점도지수가 큰 오일의 온도변화에 따른 점도변화는?

① 크다.　　　　② 작다.
③ 불변이다.　　④ 온도와는 무관하다.

🈁 점도지수가 크면 온도에 따른 점도 변화가 작아서 점성이 계속 유지된다.

35. 배기관이 불량하여 배압이 높을 때 기관에 생기는 현상 중 틀린 것은?

① 기관이 과열된다.
② 냉각수 온도가 내려간다.
③ 기관의 출력이 감소된다.
④ 피스톤의 운동을 방해한다.

🈁 배기관이 불량하면 배기가스가 제대로 배출되지 않아 배압이 증가하게 되고, 이로 말미암아 기관이 과열되어 냉각수 온도가 증가한다.

36. 6기통 디젤기관에서 병렬로 연결된 예열(Grow)플러그가 있다. 3번 기통의 예열(Grow)플러그가 단선 되면 어떤 현상이 발생되는가?

① 예열플러그 전체가 작동이 안 된다.
② 3번 실린더 예열플러그만 작동이 안 된다.
③ 3번 옆에 있는 2번과 4번의 예열플러그도 작동이 안 된다.
④ 축전지 용량의 배가 방전된다.

🈁 병렬로 연결된 예열플러그는 단락·단선 시 각각의 실린더 예열 플러그에 영향을 미치지 않으므로, 3번 기통의 예열플러그가 단선되면 3번 실린더의 예열 플러그만 작동되지 않는다.

37. 전기회로에서 퓨즈의 설치 방법은?

① 직렬　　　　② 병렬
③ 직·병렬　　④ 상관없다.

🈁 퓨즈를 병렬로 연결하면... 퓨즈가 끊어지더라도 다른 구성부분으로 계속 전류가 흘러 열이 발생함으로써 위험해 지므로, 직렬로 연결한다.

38. 납산축전지를 충전할 때 화기를 가까이 하면 위험한 이유로 옳은 것은?

① 수소가스가 폭발성 가스이기 때문에
② 산소가스가 폭발성 가스이기 때문에
③ 수소가스가 조연성 가스이기 때문에
④ 산소가스가 인화성 가스이기 때문에

해 납산 축전지의 충전 시 발생하는 수소는 가연성 가스로써, 축전지 충전 중에 화기를 가까이 하면 폭발한다.

39. 다음 중 충전장치의 발전기는 어떤 축에 의해 구동되는가?

① 크랭크축
② 캠축
③ 추진축
④ 변속기 입력축

해 발전기는 크랭크 축 끝부분에 달린 크랭크축 풀리에서 발전기 풀리로 연결된 벨트를 통해 엔진의 회전이 전달되어 구동된다.

40. 전자제어 디젤 분사장치에서 연료를 제어하기 위해 센서로 부터 각종 정보(가속페달의 위치, 기관속도, 분사시기, 흡기, 냉각수, 연료온도 등)를 입력받아 전기적 출력신호로 변환하는 것은?

① 자기진단(self diagnosis)
② 제어유닛(ECU)
③ 컨트롤 슬리브 액츄에이터
④ 컨트롤 로드 액츄에이터

해 전자제어장치(Electric Control Unit)는 전자제어 디젤 분사장치에서 연료의 제어를 위해 센서로부터 각종 정보를 입력받아 전기적 출력신호로 변환한다.

41. 기관의 플라이휠과 같이 회전하는 부품은?

① 압력판
② 릴리스 베어링
③ 클러치 축
④ 디스크

해 압력판은 클러치 스프링의 장력에 의해 클러치판을 밀어서 플라이휠에 압착시키는 역할을 하며, 기관의 플라이휠과 항상 같이 회전한다.

42. 토크컨버터의 구성품이 아닌 것은?

① 펌프
② 터빈
③ 스테이터
④ 플라이휠

해 플라이휠은 크랭크축에 연결된 원판으로, 이는 기관의 본체이다.

43. 엔진에서 발생한 회전동력을 바퀴까지 전달할 때 마지막으로 감속작용을 하는 것은?

① 클러치
② 트랜스미션
③ 프로펠러샤프트
④ 파이널 드라이버 기어

해 종감속 기어(파이널 드라이버 기어)는 추진축의 회전력을 뒤차축에 전달하고, 최종적인 감속을 통해 회전력을 증대시킨다.

44. 조향 핸들의 유격이 커지는 원인과 관계없는 것은?

① 피트먼 암의 헐거움
② 타이어 공기압 과대
③ 조향기어, 링키지 조정불량
④ 앞바퀴 베어링 과대 마모

해 타이어의 공기압은 타이어의 수명, 승차감, 연료 소모 등과 관련이 있고, 조향핸들의 유격과는 상관이 없다.

45. 다음 [보기]에서 유압작동유가 갖추어야 할 조건으로 모두 맞는 것은?

```
                    [보기]
ㄱ. 압력에 대해 비압축성일 것
ㄴ. 밀도가 작을 것
ㄷ. 열팽창계수가 작을 것
ㄹ. 체적탄성계수가 작을 것
ㅁ. 점도지수가 낮을 것
ㅂ. 발화점이 높을 것
```

① ㄱ, ㄴ, ㄷ, ㄹ   ② ㄴ, ㄷ, ㅁ, ㅂ
③ ㄴ, ㄹ, ㅁ, ㅂ   ④ ㄱ, ㄴ, ㄷ, ㅂ

해 유압유는 비압축성이며 밀도와 열팽창계수가 작고 발화점이 높아야 한다. 또한 체적탄성계수와 점도지수는 커야 한다.

46. 유압 오일 내에 공기 기포(거품)가 형성되는 이유로 가장 적합한 것은?

① 오일속의 수분혼입
② 오일의 열화
③ 오일속의 공기혼입
④ 오일의누설

해 오일 속에 공기가 혼입되면, 유압유에 기포가 형성되거나 수분이 생성된다.

47. 건설기계 작업 시 갑자기 유압상승이 되지 않을 경우 점검 내용으로 적절하지 않는 것은?

① 펌프로부터 유압발생이 되는지 점검
② 오일탱크의 오일량 점검
③ 릴리프 밸브의 고장인지 점검
④ 작업장치의 자기탐상법에 의한 균열 점검

해 자기 탐상법은 전자석을 이용하여 재료의 결함을 찾아내는 방법으로, 이는 유압장치의 점검과는 아무런 상관이 없다.

48. 일반적으로 유압펌프 중 가장 고압, 고효율인 것은?

① 베인 펌프   ② 플런저 펌프
③ 2단 베인 펌프   ④ 기어 펌프

해 플런저펌프는 플런저가 실린더 내를 왕복운동하면서 유체를 흡입, 송출하는 방식의 펌프로... 가장 고압, 고효율이어서 최근에 많이 사용되고 있다.

49. 2개 이상의 분기 회로를 갖는 회로 내에서 작동순서를 회로의 압력 등에 의하여 제어하는 밸브는?

① 첵 밸브(check valve)
② 시퀀스 밸브(sequence valve)
③ 한계 밸브(limit valve)
④ 서보 밸브(servo valve)

해 시퀀스 밸브는 2개 이상의 분기 회로를 갖는 회로에서 유압회로의 압력에 의해 작동 순서를 제어한다.

50. 일반적인 유압 실린더의 종류에 해당하지 않는 것은?

① 단동 실린더 피스톤(piston) 형
② 단동 실린더 램(ram) 형
③ 단동 실린더 레이디얼(radial) 형
④ 복동 실린더 양로드(double rod) 형

해 유압 실린더의 종류
　- 단동식 : 피스톤형, 램형, 플런저형
　- 복동식 : 싱글로드형(편로드형),
　　　　　　더블로드형(양로드형)

51. 유압모터의 단점에 해당되지 <u>않는</u> 것은?

① 작동유에 먼지나 공기가 침입하지 않도록 특히 보수에 주의해야 한다.

② 작동유가 누출되면 작업 성능에 지장이 있다.

③ 작동유의 점도변화에 의하여 유압모터의 사용에 제약이 있다.

④ 릴리프 밸브를 부착하여 속도나 방향제어하기가 곤란하다.

해 유압모터에는 릴리프 밸브를 부착하여 압력제어가 가능하다.

52. 다음 보기 중 유압 오일탱크의 기능으로 모두 맞는 것은?

[보기]
ㄱ. 계통 내의 필요한 유량 확보
ㄴ. 격판에 의한 기포 분리 및 제거
ㄷ. 계통 내의 필요한 압력 설정
ㄹ. 스트레이너 설치로 회로 내 불순물 혼입 방지

① ㄱ, ㄴ, ㄷ   ② ㄱ, ㄴ, ㄹ
③ ㄴ, ㄷ, ㄹ   ④ ㄱ, ㄷ, ㄹ

해 계통 내 필요한 압력의 설정은 유압 제어밸브가 그 기능을 담당한다.

53. 유압회로 내에서 서지압(surge pressure)이란?

① 과도적으로 발생하는 이상 압력의 최대값

② 정상적으로 발생하는 압력의 최대값

③ 정상적으로 발생하는 압력의 최소값

④ 과도적으로 발생하는 이상 압력의 최소값

해 서지압이란 유압회로 내의 밸브를 갑자기 닫았을 때, 에너지가 변환되면서 일시적으로 과도하게 발생하는 이상 압력의 최대값을 말한다.

54. 그림의 유압 기호에서 어큐뮬레이터는?

①   ②

③   ④

해 ① 축압기, ② 필터, ③ 압력계, ④ 유압 동력원

55. 지게차의 틸트 실린더에 사용하는 유압 실린더의 형식은?

① 단동식   ② 왕복시
③ 복동식   ④ 복합식

해 틸트 실린더는 마스트와 프레임 사이에 설치된 복동식 유압실린더이다.

56. 지게차의 운전장치를 조작하는 동작의 설명으로 <u>틀린</u> 것은?

① 전·후진 레버를 앞으로 밀면 후진이 된다.

② 틸트 레버를 뒤로 당기면 마스트는 뒤로 기운다.

③ 리프트 레버를 앞으로 밀면 포크가 내려간다.

④ 전·후진 레버를 뒤로 당기면 후진이 된다.

해 전·후진 레버는 지게차의 전진 또는 후진에 사용하는데... 레버를 앞으로 밀면 전진하고, 뒤로 당기면 후진한다.

57. 지게차를 작업용도에 따라 분류할 때 원추형 화물을 조이거나 회전시켜 운반 또는 적재하는데 적합한 것은?

① 힌지드 버킷　　　② 힌지드 포크
③ 로테이팅 클램프　④ 로드 스테빌라이져

해 로테이팅 클램프는 원추형 화물을 조이거나 회전시켜 운반 또는 적재하는데 적합한 장치로, 고무판이 클램프에 부착되어 화물이 미끄러지지 않도록 한다.

58. 지게차의 앞 차축과 뒤 차축 각각의 중심을 지나는 두 개의 횡단방향 수직면 사이의 최단거리를 무엇이라 하는가?

① 축간거리　　② 전장
③ 윤거　　　　④ 전폭

해 지게차의 축간거리는 지게차의 앞바퀴 중심에서 뒷바퀴 중심까지의 거리이다.

59. 지게차의 동력전달순서로 맞는 것은?

① 엔진→변속기→토크컨버터→종감속 기어 및 차동장치→최종 감속기→앞구동축→차륜
② 엔진→변속기→토크컨버터→종감속 기어 및 차동장치→앞구동축→최종 감속기→차륜
③ 엔진→토크컨버터→변속기→앞구동축→종감속 기어 및 차동장치→최종 감속기→차륜
④ 엔진→토크컨버터→변속기→종감속 기어 및 차동장치→앞구동축→최종 감속기→차륜

해 토크 컨버터식 지게차의 동력은... 엔진 → 토크컨버터 → 변속기 → 추진축 → 종감속 기어 및 차동 기어 → 앞구동축 → 차륜 순서로 전달된다.

60. 지게차의 조향장치 원리는 무슨 형식인가?

① 애커먼 장토식　② 포토래스 형
③ 전부동식　　　④ 빌드업형

해 지게차의 조향장치 원리는 현재 애커먼 장토식이 가장 많이 사용된다.

최신기출문제 5회

01. 다음은 재해발생시 조치요령이다. 조치순서에 맞는 것은?

① 운전정지	② 2차 재해방지
③ 피해자 구조	④ 응급처치

① ①-③-②-④
② ①-③-④-②
③ ③-④-①-②
④ ③-④-②-①

해 재해가 발생했을 때는 운전정지 → 피해자 구조 → 응급처치 → 2차 재해방지의 순서로 조치한다.

02. 다음 중 안전의 제일 이념에 해당하는 것은?
① 품질 향상
② 재산 보호
③ 인간 존중
④ 생산성 향상

해 안전의 제일 이념은 무엇보다도 인간 존중이다.

03. 산소결핍의 우려가 있는 장소에서 착용하는 마스크는?
① 방독 마스크
② 방진 마스크
③ 가스 마스크
④ 송기 마스크

해 산소가 부족할 우려가 있는 곳에서는 송기(공기) 마스크를 착용한다.

04. 밀폐된 공간에서 엔진을 가동할 때 가장 주의해야 할 사항은?
① 소음으로 인한 추락
② 배출가스 중독
③ 진동으로 인한 직업병
④ 작업 시간

해 밀폐된 공간에서 엔진 가동 시 배출가스에 의한 질식우려가 있다.

05. 중량물 운반 작업 시 착용하여야 할 안전화로 가장 적절한 것은?
① 중 작업용
② 보통 작업용
③ 경 작업용
④ 절연용

해 중량물 운반 작업 시에는 중 작업용 안전화를 착용해야 한다.

06. 가스장치의 누출 여부 및 위치를 정확하게 확인하는 방법으로 맞는 것은?
① 분말 소화기 사용
② 소리로 감지
③ 비눗물 사용
④ 냄새로 감지

해 산소, 아세틸렌가스 누설 시험에는 비눗물을 사용한다.

07. 벨트를 교체 할 때 기관의 상태는?

① 고속상태　　　　② 중속상태
③ 저속상태　　　　④ 정지상태

뒘 벨트의 교환 및 점검은 엔진이 완전히 멈춘 상태에서 한다.

08. 수공구 취급 시 지켜야 될 안전수칙으로 옳은 것은?

① 줄질 후 쇳가루는 입으로 불어 낸다.
② 해머 작업 시 손에 장갑을 끼고 한다.
③ 사용 전에 충분한 사용법을 숙지하고 익히도록 한다.
④ 큰 회전력이 필요한 경우 스패너에 파이프를 끼워서 사용한다.

뒘 수공구를 취급할 때는 사용 전에 사용법을 숙지하고 익혀서, 안전사고가 발생하지 않도록 해야 한다.

09. 실린더헤드 등 면적이 넓은 부분에서 볼트를 조이는 방법으로 맞는 것은?

① 외측에서 중심을 향하여 대각선으로 조인다.
② 규정 토크를 한 번에 조인다.
③ 조이기 쉬운 곳부터 조인다.
④ 중심에서 외측을 향하여 대각선으로 조인다.

뒘 볼트는 중심에서 바깥측을 향하여 대각선으로 조인다.

10. 목재 섬유 등 일반화재에도 사용되며, 가솔린과 같은 유류나 화학 약품의 화재에도 적당하나, 전기 화재는 부적당한 특징이 있는 소화기는?

① ABC소화기　　　② 모래
③ 포말소화기　　　④ 분말소화기

뒘 전기화재 시 물을 사용하면 감전되어 위험하므로... 물 소화기 중 하나인 포말 소화기는 사용하면 안 된다.

11. 다음 중 금속나트륨이나 금속칼륨 화재의 소화재로서 가장 적합한 것은?

① 물　　　　　　　② 건조사
③ 분말 소화기　　　④ 할론 소화기

뒘 금속화재의 소화방법은 건조사(마른 모래)로 가연물을 덮어 소화하는 피복소화이다.

12. 작업 중 화재 발생의 점화 원인이 될 수 있는 것과 가장 거리가 먼 것은?

① 과부하로 인한 전기장치의 과열
② 부주의로 인한 담뱃불
③ 전기배선 합선
④ 연료유의 자연발화

뒘 작업 중에 화재가 발생하는 점화 원인을 물어보는 것인데, 자연적으로 연료유가 발화하는 것은 작업 중이 아니므로 정답과는 거리가 멀다.

13. 예방정비에 관한 설명 중 틀린 것은?

① 사고나 고장 등을 사전에 예방하기 위해 실시한다.
② 운전자와는 관련이 없다.
③ 계획표를 작성하여 실시하면 효과적이다.
④ 장비의 수명, 성능유지 등에 효과가 있다.

뒘 예방정비는 사고나 고장 등을 사전에 예방하기 위해 실시하는 정비로, 운전자와 매우 관련성이 크다.

14. 유압식 조향장치의 핸들의 조작이 무거운 원인과 가장 거리가 먼 것은?

① 유압이 낮다.
② 오일이 부족하다.
③ 유압 계통 내에 공기가 혼입되었다.
④ 펌프의 회전이 빠르다.

해 펌프의 회전이 빠르면 오히려 핸들 조작이 가볍고 쉽다.

15. 지게차에서 주행 중 핸들이 떨리는 원인으로 틀린 것은?

① 노면에 요철이 있을 때
② 포크가 휘었을 때
③ 휠이 휘었을 때
④ 타이어 밸런스가 맞지 않을 때

해 지게차의 주행 중에 핸들이 떨리는 것은 지면과의 접촉이 매끄럽지 않아서 발생하는 것이고, 단지 포크가 휜 것과는 무관하다.

16. 지게차의 운전을 종료했을 취해야 할 안전사항이 아닌 것은?

① 각종 레버는 중립에 둔다.
② 연료를 빼낸다.
③ 주차브레이크를 작동시킨다.
④ 전원 스위치를 차단시킨다.

해 지게차의 운전을 종료했을 때에는... 연료를 더 채워서 다음의 운행을 준비해야 하며, 연료를 빼낼 필요는 없다.

17. 지게차 작업 시 안전 수칙으로 틀린 것은?

① 주차 시에는 포크를 완전히 지면에 내려야 한다.
② 화물을 적재하고 경사지를 내려갈 때는 운전 시야 확보를 위해 전진으로 운행해야 한다.
③ 포크를 이용하여 사람을 싣거나 들어 올리지 않아야 한다.
④ 경사지를 오르거나 내려올 때는 급회전을 금해야 한다.

해 지게차로 화물을 적재하고 경사지를 내려갈 때는 화물 낙하 방지를 위해 후진으로 운행한다.

18. 지게차가 화물을 적재하고 주행 시 최대 제한 속도는?

① 10km/h　　　② 20km/h
③ 30km/h　　　④ 40km/h

해 지게차의 화물 적재 시 속도는 10㎞/h를 초과하지 못한다.

19. 지게차의 운행사항으로 틀린 것은?

① 틸트는 적재물이 백레스트에 완전히 닿도록 한 후 운행한다.
② 주행 중 노면상태에 주의하고 노면이 고르지 않는 곳에서 천천히 운행한다.
③ 내리막길에서는 급회전을 삼간다.
④ 지게차의 중량제한은 필요에 따라 무시해도 된다.

해 지게차의 중량제한은 사람의 안전과 밀접한 관련이 있으므로, 절대 무시해서는 안 된다.

20. 지게차 1대를 운전할 때에 지게차 운행통로의 폭은 지게차의 최대 폭에 얼마를 더한 값으로 하는가?

① 30cm 이상　　② 60cm 이상
③ 900cm 이상　　④ 120cm 이상

해 지게차의 운행통로의 폭
- 지게차 1대 : 지게차의 최대 폭 + 60㎝ 이상
- 지게차 2대 : 지게차 2대의 최대 폭 + 90㎝ 이상

21. 도로에서는 차로별 통행구분에 따라 통행하여야 한다. 위반이 아닌 경우는?

① 여러 차로를 연속적으로 가로 지르는 행위
② 갑자기 차로를 바꾸어 옆 차선에 끼어드는 행위
③ 두 개의 차로를 걸쳐서 운행하는 행위
④ 일방통행 도로에서 중앙 좌측부분을 통행하는 행위

해 차마의 운전자는 도로(보도와 차도가 구분된 도로에서는 차도)의 중앙(중앙선이 설치되어 있는 경우에는 그 중앙선) 우측 부분을 통행하여야 하지만, 도로가 일방통행인 경우 예외적으로 도로의 중앙 또는 좌측으로 통행할 수 있다.

22. 건설기계의 등록신청은 누구에게 하는가?

① 건설기계 작업현장 관할 시 · 도지사
② 국토해양부장관
③ 건설기계소유자의 주소지 또는 사용본거지 관할 시 · 도지사
④ 국무총리실

해 건설기계의 소유자는 건설기계 소유자의 주소지 또는 사용본거지 관할 시 · 도지사에게 등록신청을 하여야 한다.

23. 대형 건설기계 특별 표지판 부착을 하지 않아도 되는 건설기계는?

① 너비 3미터인 건설기계
② 길이 16미터인 건설기계
③ 최소 회전반경이 13미터인 건설기계
④ 총중량 50톤인 건설기계

해 특별표지판 부착 대상인 대형 건설기계
- 길이가 16.7미터를 초과하는 건설기계
- 너비가 2.5미터를 초과하는 건설기계
- 높이가 4.0미터를 초과하는 건설기계
- 최소회전반경이 12미터를 초과하는 건설기계
- 총중량이 40톤을 초과하는 건설기계
- 총중량 상태에서 축하중이 10톤을 초과하는 건설기계

24. 건설기계검사의 종류가 아닌 것은?

① 신구등록검사　　② 정기검사
③ 구조변경검사　　④ 예비검사

해 건설기 계검사의 종류에는 신규등록검사, 정기검사, 구조변경검사, 수시검사가 있다.

25. 건설기계관리법령상 건설기계조종사 면허를 받지 아니하고 건설기계를 조종한 자에 대한 벌칙은?

① 3년 이하의 징역 또는 3천만 원 이하의 벌금
② 2년 이하의 징역 또는 2천만 원 이하의 벌금
③ 1년 이하의 징역 또는 1천만 원 이하의 벌금
④ 1년 이하의 징역 또는 5백만 원 이하의 벌금

해 건설기계관리법령상 건설기계조종사 면허를 받지 아니하고 건설기계를 조종한 자는 1년 이하의 징역 또는 1천만원 이하의 벌금에 해당한다.

26. 도로 교통법상 가장 우선하는 신호는?

① 경찰공무원의 수신호
② 신호기의 신호
③ 운전자의 수신호
④ 안전표지의 지시

🖼 도로를 통행하는 보행자와 모든 차마의 운전자는 교통안전시설이 표시하는 신호 또는 지시와 교통정리를 하는 경찰공무원 등의 신호 또는 지시가 서로 다른 경우에는 경찰공무원 등의 신호 또는 지시에 따라야 한다.

27. 편도 4차로 자동차 전용도로에서 굴착기와 지게차의 주행 차선은?

① 4차로   ② 3차로
③ 2차로   ④ 1차로

🖼 굴착기와 지게차는 느리니까, 편도 4차로 도로의 맨 끝차선(4차로)으로 주행한다.

28. 도로교통법 상 철길 건널목을 통과할 때 방법으로 가장 적합한 것은?

① 신호등이 없는 철길 건널목을 통과할 때에는 서행으로 통과 하여야 한다.
② 신호등이 있는 철길 건널목을 통과할 때에는 건널목 앞에서 일시정지 하여 안전한지의 여부를 확인한 후에 통과하여야 한다.
③ 신호가 없는 철길 건널목을 통과할 때에는 건널목 앞에서 일시정지 하여 안전한지의 여부를 확인한 후에 통과하여야 한다.
④ 신호기와 관련 없이 철길 건널목을 통과할 때에는 건널목 앞에서 일시 정지하여 안전한지의 여부를 확인한 후에 통과 하여야 한다.

🖼 철길 건널목을 통과할 때... 신호기 등이 없는 경우에는 건널목 앞에서 일시정지 하여 안전한지 확인한 후에 통과하여야 하며, 신호기 등이 표시하는 신호에 따르는 경우에는 정지하지 아니하고 통과할 수 있다.

29. 다음 중 정차 및 주차가 금지되어 있지 <u>않은</u> 장소는?

① 횡단보도
② 교차로
③ 경사로의 정상부근
④ 건널목

🖼 주·정차 금지 장소
 - 교차로·횡단보도·건널목이나 보도와 차도가 구분된 도로의 보도
 - 교차로의 가장자리나 도로의 모퉁이로부터 5m 이내인 곳
 - 안전지대가 설치된 도로에서는 그 안전지대의 사방으로부터 각각 10m 이내인 곳
 - 버스의 정류지임을 표시하는 기둥이나 표지판 또는 선이 설치된 곳으로부터 10m 이내인 곳
 - 건널목의 가장자리 또는 횡단보도로부터 10m 이내인 곳
 - 소방용수시설 또는 비상소화장치가 설치된 곳으로부터 5m 이내인 곳
 - 시·도경찰청장이 필요하다고 인정하여 지정한 곳
 - 시장 등이 지정한 어린이 보호구역

30. 다음 그림의 교통안전표지는 무엇인가?

① 차간거리 최저 50m이다.
② 차간거리 최고 50m이다.
③ 최저속도 제한표지이다.
④ 최고속도 제한표지이다.

31. 4행정 기관에서 크랭크축 기어와 캠축 기어와의 지름의 비 및 회전 비는 각각 얼마인가?

① 2:1 및 1:2　　② 2:1 및 2:1
③ 1:2 및 2:1　　④ 1:2 및 1:2

해 4행정 사이클 기관은 크랭크축이 2회전할 때 캠축이 1회전 하므로, 지름의 비는 1:2, 회전 비는 2:1이 된다.

32. 디젤엔진의 연료탱크에서 분사노즐까지 연료의 순환 순서로 맞는 것은?

① 연료탱크→연료공급 펌프→분사펌프→연료필터→분사노즐
② 연료탱크→연료필터→분사펌프→연료공급펌프→분사노즐
③ 연료탱크→연료공급 펌프→연료필터→분사펌프→분사노즐
④ 연료탱크→분사펌프→연료필터→연료공급펌프→분사노즐

해 연료장치는 연료탱크 속의 연료를, 연료공급펌프를 거쳐 연료필터로 여과하여 분사펌프로 보낸 후, 분사노즐을 통하여 연소실 내에 분사하는 장치이다.

33. 냉각팬의 벨트 유격이 클 때 일어나는 현상은?

① 베어링의 마모가 심하다.
② 벨트가 절단된다.
③ 기관 과열의 원인이 된다.
④ 점화시기가 빨라진다.

해 냉각팬의 벨트 유격이 크면... 물펌프의 회전속도가 느려지거나, 냉각팬이 회전하지 않아 냉각이 제대로 이루어지지 않으므로, 기관이 과열된다.

34. 윤활방식 중 오일펌프로 급유하는 방식은?

① 비산식　　　　② 압송식
③ 분사식　　　　④ 비산분무식

해 압송식은 오일펌프로 윤활유를 압송하는 방식으로, 가장 많이 사용한다.

35. 국내에서 디젤기관에 규제하는 배출 가스는?

① 탄화수소　　　② 매연
③ 일산화탄소　　④ 공기과잉률

해 매연은 연료가 탈 때 발생하는 그을음과 연기로, 국내·외적으로 규제하는 배출가스이다.

36. 터보차저에 사용하는 오일로 맞는 것은?

① 유압오일　　　② 특수오일
③ 기어오일　　　④ 기관오일

해 터보차저는 기관(엔진)의 보조기구이므로 기관오일(엔진오일)을 사용한다.

37. 장비에 장착된 축전지를 급속 충전할 때 축전지의 접지 케이블을 분리시키는 이유로 맞는 것은?

① 과 충전을 방지하기 위해
② 발전기의 다이오드를 보호하기 위해
③ 시동스위치를 보호하기 위해
④ 기동 전동기를 보호하기 위해

해 건설기계에 장착된 축전지를 급속 충전 할 때에는 발전기의 다이오드를 보호하기 위해 축전지의 접지 케이블을 분리시킨다.

38. AC 발전기에서 전류가 흐를 때 전자석이 되는 것은?

① 계자 철심 　　② 로터
③ 스테이터 철심 　④ 아마추어

해 로터(Rotor, 회전자)는 엔진의 힘이 전달되어 회전하며, 브러시와 슬립링을 통해 들어온 여자 전류로 전자석이 된다.

39. 전조등의 좌·우 램프 간 회로에 대한 설명으로 맞는 것은?

① 직렬 또는 병렬로 되어 있다.
② 병렬과 직렬로 되어 있다.
③ 병렬로 되어 있다.
④ 직렬로 되어 있다.

해 전조등의 좌·우 램프 회로는 병렬로 연결한 복선식으로 한다.

40. 엔진의 정지 상태에서 계기판 전류계의 지침이 정상에서 (-)방향을 지시하고 있다. 그 원인이 아닌 것은?

① 전조등 스위치가 점등위치에서 방전되고 있다.
② 배선에서 누전되고 있다.
③ 시동 시 엔진 예열장치를 동작시키고 있다.
④ 발전기에서 축전지로 충전되고 있다.

해 정상적으로 발전기에서 축전지로 충전되고 있으면, 계기판 전류계의 지침이 정상에서 (+)방향을 지시한다.

41. 수동식 변속기가 장착된 건설장비에서 클러치가 끊어지지 않는 원인으로 맞는 것은?

① 클러치페달의 유격이 너무 크다.
② 클러치페달의 유격이 작다
③ 클러치디스크의 마모가 많다.
④ 압력판의 마모가 많다.

해 클러치 유격이 너무 크면... 클러치가 잘 끊어지지 않고, 기어 변속이 잘 이루어지지 않으며, 기어 변속 시 소음이 발생한다.

42. 수동변속기가 장착된 건설기계에서 기어의 이중 물림을 방지하는 장치는?

① 인젝션 장치 　　② 인터쿨러 장치
③ 인터록 장치 　　④ 인터널 기어 장치

해 변속기 기어가 이중으로 물리는 것을 방지하는 장치는 인터록 장치이다.

43. 슬립이음이나 유니버설 조인트에 윤활주입으로 가장 좋은 것은?

① 유압유 　　　　② 기어오일
③ 그리스 　　　　④ 엔진오일

해 슬립이음, 유니버설 조인트, 베어링 등에는 그리스로 윤활한다.

44. 유압브레이크에서 잔압을 유지시키는 것과 가장 관계가 깊은 것은?

① 피스톤 　　　　② 실린더
③ 체크 밸브 　　　④ 부스터

해 마스터 실린더는 브레이크 페달을 밟으면 유압을 발생시키는 부분이며, 이것의 구성성분인 체크 밸브는 잔압을 유지시키는 역할을 한다.

45. 유압 작동유의 점도가 너무 높을 때 발생되는 현상으로 적합한 것은?

① 동력손실의 증가 ② 내부누설의 증가
③ 펌프효율의 증가 ④ 마찰 · 마모 감소

해 유압유의 점도가 높으면 내부저항이 커서 유동성이 나쁘다. 따라서 동력손실이 증가하여 기계효율이 감소하고, 유압이 높아지는 등의 현상이 발생한다.

46. 유압유가 과열되는 원인과 가장 거리가 먼 것은?

① 릴리프밸브(relief valve)가 닫힌 상태로 고장일 때
② 오일냉각기의 냉각핀이 오손 되었을 때
③ 유압유가 부족할 때
④ 유압 유량이 규정보다 많을 때

해 먹는 것을 포함해서 뭐든지 부족하면 열 받으므로, 당연히 무언가가 많은 경우는 열을 받지 않는다.

47. 구동되는 기어펌프의 회전수가 변하였을 때 가장 적합한 설명은?

① 오일의 유량이 변한다.
② 오일의 압력이 변한다.
③ 오일의 흐름 방향이 변한다.
④ 회전 경사판의 각도가 변한다.

해 기어펌프는 회전수가 변화하면 유량도 함께 변화한다.

48. 유압장치에서 유압의 제어방법이 아닌 것은?

① 압력제어 ② 방향제어
③ 속도제어 ④ 유량제어

해 유압의 제어방법에는 압력제어, 유량제어, 방향제어가 있는데... 일반적으로 작동체의 속도는 유량을 조절하여 제어한다.

49. 유압장치에서 고압 소용량, 저압 대용량 펌프를 조합 운전할 때, 작동 압력이 규정 압력 이상으로 상승 시 동력을 절감하기 위해 사용하는 밸브는?

① 감압 밸브 ② 릴리프 밸브
③ 시퀀스 밸브 ④ 무부하 밸브

해 언로드 밸브(무부하 밸브)는 유압장치에서 두 개의 펌프(고압 소용량, 저압 대용량)를 조합하여 운전할 때, 작동 압력이 규정 이상으로 상승 시 동력의 절감과 유온상승을 방지하기 위해 사용한다.

50. 유압 실린더에서 피스톤 행정이 끝날 때 발생하는 충격을 흡수하기 위해 설치하는 장치는?

① 쿠션기구 ② 압력보상 장치
③ 서보 밸브 ④ 스로틀 밸브

해 쿠션기구는 유압실린더의 피스톤이 고속으로 왕복 운동할 때 행정의 끝에서 피스톤이 커버에 충돌하여 발생하는 충격을 흡수하기 위해 설치하는 장치이다.

51. 유압모터의 장점이 될 수 없는 것은?

① 소형 · 경량으로서 큰 출력을 낼 수 있다.
② 공기와 먼지 등이 침투하여도 성능에는 영향이 없다.
③ 변속 · 역전의 제어도 용이하다.
④ 속도나 방향의 제어가 용이하다.

해 모든 장치나 부품들은 공기와 먼지 등이 침투하면 성능이 나빠진다.

52. 유압탱크의 구비 조건이 <u>아닌</u> 것은?

① 적당한 크기의 주유구 및 스트레이너를 설치한다.
② 드레인(배출밸브) 및 유면계를 설치한다.
③ 오일에 이물질이 혼입되지 않도록 밀폐 되어야 한다.
④ 오일 냉각을 위한 쿨러를 설치한다.

圖 오일 쿨러는 윤활유 또는 유압유의 온도를 냉각시키는 장치로, 기관의 라디에이터에 설치한다.

53. 유압작동부에서 오일이 새고 있을 때 가장 먼저 점검해 보아야 하는 것은?

① 밸브(valve)   ② 기어(gear)
③ 플런저(plunger)   ④ 실(seal)

圖 오일 실(Oil Seal)은 유압장치에서 오일의 누설을 방지하기 위한 부품으로, 유압 작동부에서 오일이 새고 있을 때 우선적으로 점검해야 한다.

54. 방향전환 밸브의 조작 방식에서 단동 솔레노이드 기호는?

①   ②

③   ④

圖 ① 단동 솔레노이드, ② 직접 파일럿 조작,
③ 인력조작, ④ 기계조작

55. 지게차 작업장치의 동력전달 기구가 <u>아닌</u> 것은?

① 리프터 체인   ② 틸트 실린더
③ 리프트 실린더   ④ 트랜치호

圖 트랜치호는 기중기의 작업장치이다.

56. 지게차의 전경각과 후경각은 조종사가 적절하게 선정하여 작업을 하여야 하는데 이를 조정하는 레버는?

① 전후진 레버   ② 리프트 레버
③ 틸트 레버   ④ 변속 레버

圖 틸트 레버는 마스트를 앞, 뒤로 경사시켜 작동(틸팅, tilting)시킨다.

57. 석탄, 소금, 비료, 모래 등 흘러내리기 쉬운 화물을 운반하는데 적합한 것은?

① 스키드 포크
② 로테이팅 포크
③ 로드 스테빌라이저
④ 힌지드 버킷

圖 힌지드 버킷은 힌지드 포크에 포크 대신에 버킷을 설치하여 흘러내리기 쉬운 화물을 운반하는데 적합하다.

58. 기준부하상태의 지게차가 포크(쇠스랑)를 들어 올린 경우 하강작업 또는 유압 계통의 고장에 의한 쇠스랑의 하강속도는 초당 몇 m 이하이어야 하는가?

① 0.2   ② 0.8
③ 0.4   ④ 0.6

圖 지게차의 기준부하상태에서 포크를 들어 올린 경우 하강작업 또는 유압 계통의 고장에 의한 쇠스랑의 하강속도는 초당 0.6m 이하이어야 한다.

59. 지게차 동력조향장치에 사용하는 유압실린더로 적합한 것은?

① 다단실린더 텔레스코핑
② 복동실린더 싱글로드형
③ 단동실린더 싱글로드형
④ 복동실린더 더블로드형

해 지게차 동력조향장치의 유압실린더는 복동실린더 더블로드(양로드)형을 많이 사용한다.

60. 지게차의 앞바퀴는 어디에 설치되는가?

① 섀클 핀에 설치된다.
② 직접 프레임에 설치된다.
③ 너클 암에 설치된다.
④ 등속이음에 설치된다.

해 지게차의 앞바퀴는 직접 프레임에 설치한다.

2026 쩐 기능장의 3일끝!
지계차운전기능사 필기 + 100% 무료강의 제공

발행일 2025년 10월 2일

발행처 직업상점

발행인 박유진

편저자 전범준

디자인 김지원

※ 낙장이나 파본은 교환해 드립니다.

※ 이 책의 무단 전제 또는 복제행위는 저작권법 제136조에 의거하여 처벌을 받게 됩니다.

정 가 14,000원   **ISBN** 979-11-94695-24-0